住房和城乡建设领域专业人员岗位培训考核系列用书

施工员专业基础知识
（装饰装修）

江苏省建设教育协会　组织编写

中国建筑工业出版社

图书在版编目(CIP)数据

施工员专业基础知识（装饰装修）/江苏省建设教育协
会组织编写. —北京：中国建筑工业出版社，2014.9
　住房和城乡建设领域专业人员岗位培训考核系列用书
　ISBN 978-7-112-17253-5

Ⅰ.①施… Ⅱ.①江… Ⅲ.①建筑工程-工程施工-岗
位培训-教材②建筑装饰-工程施工-岗位培训-教材 Ⅳ.
①TU7②TU767

中国版本图书馆 CIP 数据核字(2014)第 211458 号

　　　　本书是《住房和城乡建设领域专业人员岗位培训考核系列用书》中的
一本，依据《建筑与市政工程施工现场专业人员职业标准》编写，供施工
员（装饰装修）学习专业基础知识使用。全书共分 8 章，内容包括：工程
识图；建筑、装饰构造与建筑防火；装饰施工测量放线；装饰材料与施工
机具；建筑与装饰工程计价定额；建设工程法律基础；计算机知识；岗位
职责与职业道德。本书可作为施工员（装饰装修）岗位培训考核的指导用
书，又可作为施工现场相关专业人员的实用手册，也可供职业院校师生和
相关专业技术人员参考使用。

　　　　责任编辑：刘　江　岳建光　王华月
　　　　责任设计：张　虹
　　　　责任校对：李美娜　刘　钰

住房和城乡建设领域专业人员岗位培训考核系列用书
施工员专业基础知识
（装饰装修）
江苏省建设教育协会　组织编写

*

中国建筑工业出版社出版、发行（北京西郊百万庄）
各地新华书店、建筑书店经销
北京科地亚盟排版公司制版
北京市安泰印刷厂印刷

*

开本：787×1092 毫米　1/16　印张：13¼　字数：316 千字
2014 年 11 月第一版　　2015 年 6 月第三次印刷
定价：35.00 元
ISBN 978 - 7 - 112 - 17253 - 5
(26030)

住房和城乡建设领域专业人员岗位培训考核系列用书

编审委员会

主　任：杜学伦

副主任：章小刚　　陈　曦　　曹达双　　漆贯学

　　　　金少军　　高　枫　　陈文志

委　员：王宇旻　　成　宁　　金孝权　　郭清平

　　　　马　记　　金广谦　　陈从建　　杨　志

　　　　魏僡燕　　惠文荣　　刘建忠　　冯汉国

　　　　金　强　　王　飞

出版说明

为加强住房城乡建设领域人才队伍建设，住房和城乡建设部组织编制了住房城乡建设领域专业人员职业标准。实施新颁职业标准，有利于进一步完善建设领域生产一线岗位培训考核工作，不断提高建设从业人员队伍素质，更好地保障施工质量和安全生产。第一部职业标准——《建筑与市政工程施工现场专业人员职业标准》（以下简称《职业标准》），已于 2012 年 1 月 1 日实施，其余职业标准也在制定中，并将陆续发布实施。

为贯彻落实《职业标准》，受江苏省住房和城乡建设厅委托，江苏省建设教育协会组织了具有较高理论水平和丰富实践经验的专家和学者，以职业标准为指导，结合一线专业人员的岗位工作实际，按照综合性、实用性、科学性和前瞻性的要求，编写了这套《住房和城乡建设领域专业人员岗位培训考核系列用书》（以下简称《考核系列用书》）。

本套《考核系列用书》覆盖施工员、质量员、资料员、机械员、材料员、劳务员等《职业标准》涉及的岗位（其中，施工员、质量员分为土建施工、装饰装修、设备安装和市政工程四个子专业），并根据实际需求增加了试验员、城建档案管理员岗位；每个岗位结合其职业特点以及培训考核的要求，包括《专业基础知识》、《专业管理实务》和《考试大纲·习题集》三个分册。随着住房城乡建设领域专业人员职业标准的陆续发布实施和岗位的需求，本套《考核系列用书》还将不断补充和完善。

本套《考核系列用书》系统性、针对性较强，通俗易懂，图文并茂，深入浅出，配以考试大纲和习题集，力求做到易学、易懂、易记、易操作。既是相关岗位培训考核的指导用书，又是一线专业人员的实用手册；既可供建设单位、施工单位及相关高、中等职业院校教学培训使用，又可供相关专业技术人员自学参考使用。

本套《考核系列用书》在编写过程中，虽经多次推敲修改，但由于时间仓促，加之编者水平有限，如有疏漏之处，恳请广大读者批评指正（相关意见和建议请发送至 JYXH05@163.com），以便我们认真加以修改，不断完善。

本书编写委员会

主　　编：高　枫

副 主 编：朱　农

编写人员：吴俊书　徐秋生　黄　玥　谭福庆

　　　　　唐　剑　吴贞义　胡本国　李　明

　　　　　黄翼波　刘晓琦　何光辉　张　凯

　　　　　郑　旭　殷婷婷　陆建军　高　枫

主　　审：刘清泉

前　言

为贯彻落实住房城乡建设领域专业人员新颁职业标准，受江苏省住房和城乡建设厅委托，江苏省建设教育协会组织编写了《住房和城乡建设领域专业人员岗位培训考核系列用书》，本书为其中的一本。

施工员（装饰装修）培训考核用书包括《施工员专业基础知识（装饰装修）》、《施工员专业管理实务（装饰装修）》、《施工员考试大纲·习题集（装饰装修）》三本，反映了国家现行规范、规程、标准，并以建筑工程（装饰装修）施工技术操作规程和建筑工程（装饰装修）施工安全技术操作规程为主线，不仅涵盖了现场施工人员应掌握的通用知识、基础知识和岗位知识，还涉及新技术、新设备、新工艺、新材料等方面的知识。

本书为《施工员专业基础知识（装饰装修）》分册，全书共分8章，内容包括：工程识图；建筑、装饰构造与建筑防火；装饰施工测量放线；装饰材料与施工机具；建筑与装饰工程计价定额；建设工程法律基础；计算机知识；岗位职责与职业道德。

本书在编写过程中得到江苏省装饰装修发展中心、苏州市住房和城乡建设局、苏州金螳螂建筑装饰股份有限公司、苏州智信建设职业培训学校等单位的支持与帮助，在此表示谢意。

本书既可作为施工员（装饰装修）岗位培训考核的指导用书，又可作为施工现场相关专业人员的实用手册，也可供职业院校师生和相关专业技术人员参考使用。

目　　录

第1章 工程识图

工程图纸是工程招投标、设计、施工及审计等环节最重要的技术文件。图纸是工程师的语言，是一种将设计构思中的三维空间信息等价转换成二维、三维几何信息的表示形式。工程识图是装饰施工员的一项基本功。要看懂图纸，必须了解投影的基本知识、基本的制图规范。装饰施工员应该了解工程图纸的种类，能较准确、快速的识别图纸所要表达的内容。本章主要以建筑室内装饰设计图为例介绍制图的基本概念、识图知识，以及深化设计的概念。

1.1 投影及图样

1.1.1 投影

物体在光线照射下，会在地面或墙面上产生影子，就是物体的一种图形，同一物体如果照射的光线不同，影子也不同，因此用不同光线去照射物体就会产生不同的图形。所以，要识图必须先了解工程图是怎样画出来的，懂得制图的基本原理，从而识读建筑装饰图样。

假定光线可以穿透物体（物体的面是透明的，而物体的轮廓线是不透的），并规定在影子当中，光线直接照射到的轮廓线画成实线，光线间接照射到的轮廓线画成虚线，则经过抽象后的"影子"称为投影。投影通常分为中心投影和平行投影两类，见图1-1、图1-2。

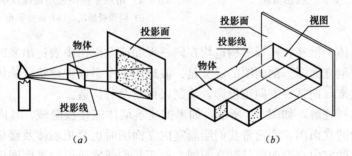

图1-1 投影图的形成
(*a*) 中心投影；(*b*) 平行投影

1.1.2 平面、立面、剖面图

建筑图纸最普遍运用的就是用于正投影的平行投影图，如通常的平面、立面、剖面图都是用平行投影法原理绘制的。在图1-3中，自B的投影应为平面图；自C、D、E、F的投影应为立面图；A的投影镜像图应为顶棚平面图（镜像投影法原理见图1-4）。

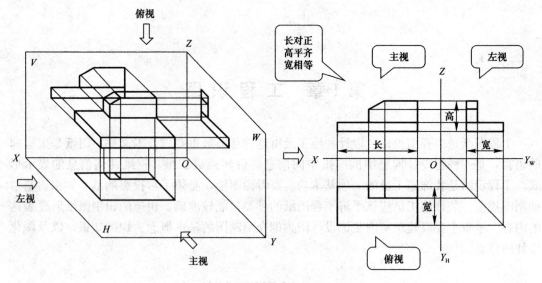

图 1-2　物体在三个投影面上的投影

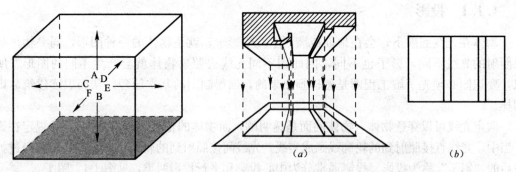

图 1-3　平面、立面图投影方向　　　　图 1-4　吊顶平面图采用镜像投影法

（a）镜像投影法；（b）顶棚平面

　　而如果把墙体、梁柱、楼板等构造均在同一平面或立面图中表达出来时，我们也称之为水平剖面图或剖立面图。剖面图的定义是：假想用一个平面把建筑或物体剖开，让它内部的构造显示出来，向某一方向正投影，绘制出形状及其构造。

　　我们可以这样理解，如图 1-5 所示，如果把建筑墙体或楼板隐藏，其内部的图纸完全是我们通常认为的立面图，而通常我们绘制室内立面图时也会把墙体及楼板表现出来，可见我们通常所说的室内立面图就是剖立面图。对于我们通常所说的平面图也就是水平剖面图，也是一个道理。而吊顶（顶棚）平面图就是镜像投影的水平剖面图。剖切到部分的轮廓线应该用粗实线表示，没有剖切到但是在投射方向看到的部分用细实线表示。

　　对于构造节点图（详图），其实是一种放大的局部剖面图，在表达建筑构造或局部造型的细部做法时会采用。

1.1.3　轴侧图、透视图

　　平行正投影只是一种假想的投影图，虽然可以反映空间或建筑构件长、宽、高等准确

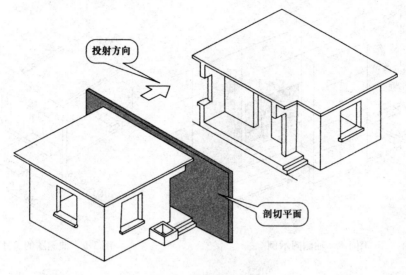

图 1-5　剖面图的形成

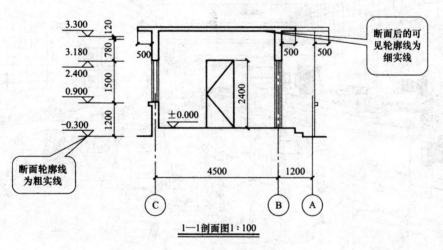

图 1-6　剖面图的试读

的尺寸，但对于人通常的视觉感受来说直观性较差。作为补充还有一些三维投影图形，如轴测图（平行投影，远近尺寸相同，是一种抽象的三维图形）或透视图（中心投影，特征是近大远小。如人的正常视角或相机拍摄，根据透视原理绘制或建模设置）。三维图形较为逼真、直观，接近于人们通常的视觉习惯，见图 1-7、图 1-8。轴测图或透视图

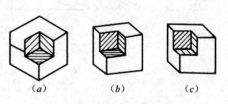

图 1-7　轴测图的种类
（a）正等测；（b）正二测；（c）正面斜二测

在表达复杂构造或节点时有其独特的优势，能比较清楚地表达设计意图和正确地传递设计信息。

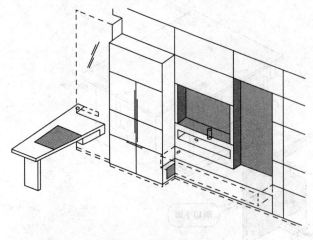

图 1-8 轴侧图示例

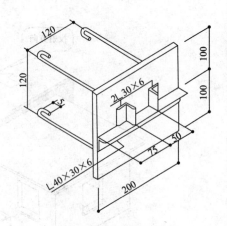

图 1-9 轴侧图的尺寸标注

图 1-10 某餐厅透视图

1.2 制图的基本知识

　　建筑装饰制图的制图标准参考《房屋建筑室内装修设计制图标准》GB/T 50244—2011、《房屋建筑制图统一标准》GB/T 50001—2010、《建筑制图标准》GB/T 50104—2010 等制图规范，可保证制图质量、提高制图效果，做到图面清晰、简明，并符合设计、施工、存档的要求。适用于各专业的工程制图及绘制的图样表现，也适用于所有的手工和计算机绘制方式，还适用于建筑装饰室内设计的各方案设计（扩初设计）和施工图阶段的

4

设计图及竣工图。

1.2.1 图纸幅面规格

1. 图纸幅面

建筑工程图纸幅面的尺寸是有明确规定的，其基本尺寸有五种，它们的代号分别为 A0，A1、A2、A3、A4。其幅面的尺寸和图框的形式、图框的尺寸见表 1-1。

图纸幅面及图框尺寸（mm） 表 1-1

尺寸代号	幅面代号				
	A0	A1	A2	A3	A4
$b \times l$	841×1189	594×841	420×594	297×420	210×297
c	10			5	
a	25				

注：表中 b 为幅面短边尺寸，l 为长边尺寸，c 为图框线与幅面线间宽度，a 为图框线与装订边间宽度。

图纸的短边尺寸不应加长，A0～A3 幅面的长边尺寸可加长。但应符合《房屋建筑制图统一标准》GB 50001—2010 关于图纸幅面的规定。

建筑装饰装修设计图以 A1～A3 图幅为主，住宅装饰装修设计图以 A3 为主，设计修改通知单以 A4 为主。图纸以短边作为垂直边应为横式，以短边作为水平边应为立式。A0～A3 图纸宜横式使用；必要时，也可作立式使用。在一个工程设计中，每个专业所使用的图纸，不宜多于两种幅面，目录及表格所采用的 A4 幅面不受此限。

2. 标题栏与会签栏

图纸中应有标题栏、图框线、幅面线、装订边线。根据图纸的标题栏及装订边的位置，横式使用的图纸，按如图 1-11（a）、（b）所示的形式进行布置；立式使用的图纸，按如图 1-11（c）、（d）所示的形式进行布置。

标题栏的样式见图 1-12（横式幅面示意图），签字栏应包含实名列和签名列，在计算机制图文件中使用电子签名和认证时，应符合国家有关电子签名法的规定。

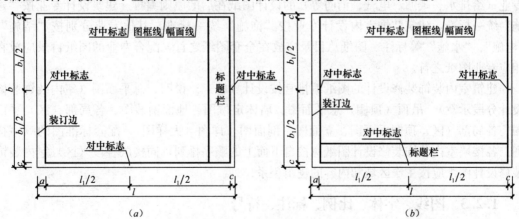

图 1-11 图纸的幅面（一）

（a）A0～A3 横式幅面（一）；（b）A0～A3 横式幅面（二）

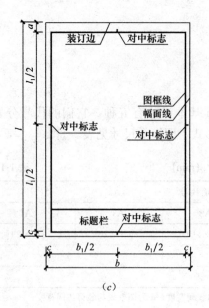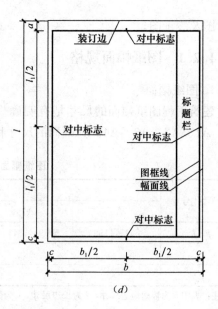

图 1-11　图纸的幅面（二）

(c) A0～A4 立式幅面（一）；(d) A0～A4 立式幅面（二）

30～50	设计单位名称	注册师签章	项目经理	修改记录	工程名称区	图号区	签字区	会签栏

图 1-12　标题栏

1.2.2　图纸编排顺序

工程图纸应按专业顺序编排，应为封面、图纸目录、（设计总说明）、总图、建筑图、结构图、给水排水图、暖通空调图、电气图等。各专业的图纸，应按图纸内容的主次关系、逻辑关系进行分类排序。

建筑室内装饰装修设计图纸的编排顺序应按室内装饰装修设计专业图纸在前，各配合专业（给排水、暖通、电气、消防等）的设计图纸在后的原则编排。建筑设计专业按"建施"统一标准，建筑装饰室内设计专业按"饰施"统一标准，其他专业分别按"结施"、"电施"、"水施"等标注。图纸总目录应放在全套图纸之首，配合专业的图纸目录应放在相应专业图纸之首。

建筑室内装饰装修设计的图纸编排宜按设计（施工）说明、总平面图（室内装饰装修设计分段示意）、吊顶（顶棚）总平面图、墙体定位图、地面铺装图、各局部（区）平面图、各局部（区）顶棚平面图、立面图、剖面图、详图（大样图）、配套标准图的顺序排列。各楼层室内装饰装修设计图纸应按自下而上的顺序排列，同楼层各段（区）室内装饰装修设计图纸应按主次区域和内容的逻辑关系排列。

1.2.3　图线、字体、比例、标注、符号

1. 图线

建筑室内装饰装修设计图纸中图线的宽度一般根据图纸幅面、图纸内容及比例设置

3～4 种线宽度，如 0.1mm、0.18mm、0.25mm、0.5mm 等。每个图样，应根据复杂程度与比例大小，先选定基本线宽 b，再选用相应的线宽组，如表 1-2。

在建筑装饰工程中为了清楚地表达不同的内容，规定了不同的线型代表了不同的意义。线型主要分实线、虚线、单点长画线、折断线、波浪线、点线、样条曲线、云线等。

对于计算机制图，通常事先设定用不同的图层及颜色把线型进行归类，如图层 axie（轴线）用的单点长画线作为缺省图线；图层 wall（墙体）的缺省图线是红色的直线，如在打印时把红色的线宽设置为 0.5mm，则打印成图时红色的线为 0.5mm 宽（包括其他图层的红色线也是这个宽度。但不包括已设定宽度的 Pline 线）。

房屋建筑室内装饰装修制图常用线型　　　　表 1-2

名　称		线　型	线宽	一　般　用　途
实线	粗	————————	b	1. 平、剖面图中被剖切的房屋建筑和装饰装修构造的主要轮廓线 2. 房屋建筑室内装饰装修立面图的外轮廓线 3. 房屋建筑室内装饰装修构造详图、节点图中被剖切部分的主要轮廓线 4. 平、立、剖面图的剖切符号
	中粗	————————	$0.7b$	1. 平、剖面图中被剖切的房屋建筑和装饰装修构造的次要轮廓线 2. 房屋建筑室内装饰装修详图中的外轮廓线
	中	————————	$0.5b$	1. 房屋建筑室内装饰装修构造详图中的一般轮廓线 2. 小于 $0.7b$ 的图形线、家具线、尺寸线、尺寸界线、索引符号、标高符号、引出线、地面、墙面的高差分界线等
	细	————————	$0.25b$	图形和图例的填充线
虚线	中粗	— — — — —	$0.7b$	1. 表示被遮挡部分的轮廓线 2. 表示被索引图样的范围 3. 拟建、扩建房屋建筑室内装饰装修部分轮廓线
	中	— — — —	$0.5b$	1. 表示平面中上部的投影轮廓线 2. 预想放置的房屋建筑或构件
	细	- - - - - - -	$0.25b$	表示内容与中虚线相同，适合小于 $0.5b$ 的不可见轮廓线
单点长画线	中粗	—— · —— · ——	$0.7b$	运动轨迹线
	细	—·—·—·—·—	$0.25b$	中心线、对称线、定位轴线
折断线	细	——／\———	$0.25b$	不需要画全的断开界线
波浪线	细	～～～～～	$0.25b$	1. 不需要画全的断开界线 2. 构造层次的断开界线 3. 曲线形构件断开界限
点线	细	·············	$0.25b$	制图需要的辅助线
样条曲线	细	⌒⌒	$0.25b$	1. 不需要画全的断开界线 2. 制图需要的引出线（可带箭头）
云线	中	☁	$0.5b$	1. 圈出需要绘制详图的图样范围 2. 标注材料的范围 3. 标注需要强调、变更或改动的区域

在图纸绘制时还应注意图线不得与文字、数字或符号重叠、混淆，不可避免时，应首先保证文字的清晰。

2. 字体

图纸上所需书写的文字、数字或符号等，均应笔画清晰、字体端正、排列整齐；标点符号应清楚正确。文字的字高一般为 3（3.5）mm、5mm、7mm、10mm、14mm 等。图样及说明的汉字字体宜采用宋体、仿宋或黑体等常用字体，不应超过两种。大标题、封面、标题栏等处也可部分选用其他字体，但应易于辨认。图纸中表示数量的数字应采用阿拉伯数字书写，拉丁字母、阿拉伯数字与罗马数字的字高，应不小于 2.5mm。小数点应采用圆点，齐基准线书写，例如 0.01。

3. 比例

图样的比例，为图形与实物相对应的线性尺寸之比。比例的大小，是指其比值的大小，如 1∶50 大于 1∶100。比例的符号为"∶"，比例以阿拉伯数字表示。比例宜注写在图名的右侧或下方。

绘图所用的比例应根据图样的用途与被绘对象的复杂程度，从表 1-3 中选用，并应优先采用表中常用比例。工程图纸一般要求不能拿比例尺直接度量图纸，但应该按设定的比例绘制或设定，打印为正式图纸也应按原先设定的图纸幅面及比例打印。计算机制图里图形的比例建议在图纸空间里设置，不在模型空间里直接放大或缩小（scale）原图形。

	常用及可用的图纸比例	表 1-3
常用比例	1∶1、1∶2、1∶5、1∶10、1∶20、1∶30、1∶50、1∶100、1∶150、1∶200	
可用比例	1∶3、1∶4、1∶6、1∶15、1∶25、1∶40、1∶60、1∶80、1∶250、1∶300	

根据建筑室内装饰装修设计的不同部位、不同阶段的图纸内容和要求，绘制的比例宜在表 1-4 中选取。由于室内装饰装修设计中的细部内容多，故常使用较大的比例。但在较大规模的室内装饰装修设计中，根据要求要采用较小的比例。

	建筑装饰图纸各部位常用图纸比例	表 1-4
比　例	部　位	图 纸 内 容
1∶200～1∶100	总平面、总顶面	总平面布置图、总顶棚平面布置图
1∶100～1∶50	局部平面、局部顶棚平面	局部平面布置图、局部顶棚平面布置图
1∶100～1∶50	不复杂的立面	立面图、剖面图
1∶50～1∶30	较复杂的立面	立面图、剖面图
1∶30～1∶10	复杂的立面	立面放大图、剖面图
1∶10～1∶1	平面及立面中需要详细表示的部位	详图
1∶10～1∶1	重点部位的细部构造	节点图

4. 尺寸标注

建筑工程图纸的单位，除建筑总平面图及标高以米（m）为单位外，一般均以毫米（mm）为单位。图纸上图样尺寸一般不再标注尺寸单位。

（1）尺寸界线、尺寸线及尺寸起止符

尺寸标注一般包括尺寸界线、尺寸线、尺寸起止符和尺寸数字四个要素，如图 1-13

所示。尺寸界线应用细实线绘制，一般应与备注长度垂直，其一端应离开图样轮廓线不应小于 2mm，另一端宜超出尺寸线 2～3mm。图线可用作尺寸界线，但不可以作为尺寸线。

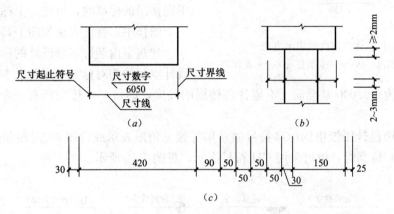

图 1-13 尺寸标注

(a) 尺寸的组成；(b) 尺寸界线；(c) 尺寸数字的注写位置

尺寸起止符号可用中粗斜短线绘制，也可用黑色圆点绘制，其直径宜为 1mm。

对于圆弧或角度的尺寸标注，起止符号一般用三角箭头表示。对于坡度，通常用单箭头表示，箭头指向下坡方向。

(2) 尺寸的排列和布置

尺寸宜标注在图样轮廓以外，尺寸标注均应清晰，不宜与图线、文字及符号等相交或重叠。互相平行的尺寸线，较大尺寸应离图样轮廓线较远，如图 1-14 所示。

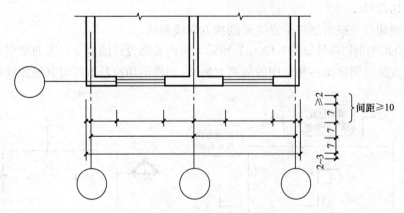

图 1-14 尺寸的排列

(3) 标高

标高是以某一水平面为基准面，此基准面作为零点起算至其他基准面（如楼地面、吊顶或墙面某一特征点）的垂直高度。标高数字应以米（m）为单位，标高精确至小数点后第三位。标高数字后面不标单位。零点标高注写成 ±0.000，正数标高不注"+"，负数标高应加注"-"。标高符号的尖端应指至被注高度的位置。尖端一般应向下，也可向上，如图 1-15（a）所示。

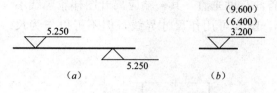

图 1-15　建筑标高的表示方法

(a) 标高的指向；(b) 同一位置注写多个标高数字

表示建筑多个楼层的相对标高时，通常以建筑底层主要地坪完成面标高为相对标高的零点（±0.000）。同一位置表示建筑不同楼层的标高时，可把各个标高注写在同一个图样中，标注方法如图 1-15 (b) 所示。

建筑室内装饰装修设计的标高应标注该设计空间的相对标高，通常以本层的楼地面装饰完成面为±0.000 基准面（不累计各楼层的高度，即每一个楼层都有一个±0.000 的标高）。

室内装饰设计图纸里的标高符号通常用等腰三角形表示或者用 90°对顶角的圆，标注吊顶（顶棚）标高时，也可采用 CH 符号表示，见图 1-16 所示。

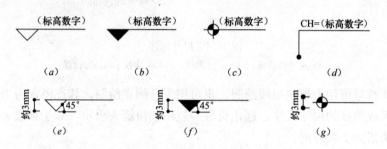

图 1-16　室内装饰图纸的标高符号

5. 常用符号

（1）剖切符号

剖视的剖切符号应由剖切位置线及剖视方向线组成。

建筑剖立面的剖切符号如图 1-17 (a) 所示。室内装饰设计的剖立面图通常用图 1-17 (b) 所示的表达方法（国际统一和常用的剖视方法）。剖视剖切符号不应与其他图线相接触。

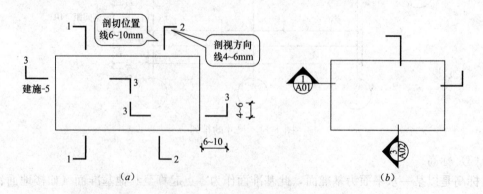

图 1-17　建筑剖切符号图例

室内装饰设计中局部剖视（如详图）的剖切符号采用由剖切位置线、投射方向线及索引符号组成的剖视的剖切符号，如图 1-18 所示。

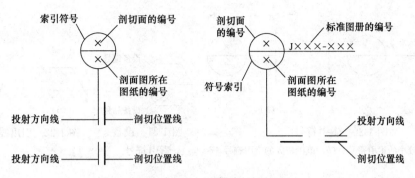

图 1-18　剖视的剖切符号

注：左图表示从左向右的剖切投影；右图表示从上向下方向的剖切投影。

（2）索引符号

索引符号根据用途的不同可分为立面索引符号、剖切索引符号、详图索引符号、设备索引符号。在立面及剖切索引符号中还需表示出具体的方向，故索引符号需附有三角形箭头表示；当立面、剖面图的图纸量较少时，对应的索引符号可仅注图样编号，不注索引图所在页码。

立面索引符号表示室内立面在平面上的位置及立面图所在页码，应在平面图上使用立面索引符号，如图 1-19 所示。剖切索引符号同立面索引符号类似。

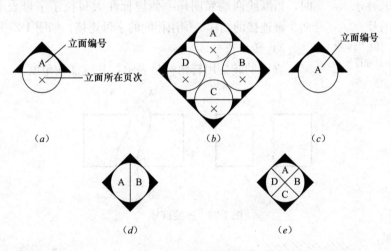

图 1-19　立面索引符号

索引图样时应以引出圈将需被放大的图样范围完整圈出，由引出线连接详图索引符号。图样范围较小的引出圈以圆形细虚线绘制，范围较大的引出圈以有弧角的矩形细虚线绘制，如图 1-20 所示。范围较大的引出符号也可以用云线表示。

各类设备、家具、灯具的索引符号，通常用正六边形表示，六边形内应注明设备编号及设备品种代号。如图 1-21 所示。

（3）引出线符号

引出线其文字与水平直线前端对齐或为保证图样的完整和清晰，对符号编号、尺寸标注和一些文字说明。引出线应以细实线绘制，宜采用水平方向的直线，或与水平方向成30°、45°、60°、90°的直线再折为水平线。引出线起止符号可采用圆点绘制，也可采用箭头绘制，如图 1-22 所示。起止符号的大小应与本图样尺寸的比例相一致。

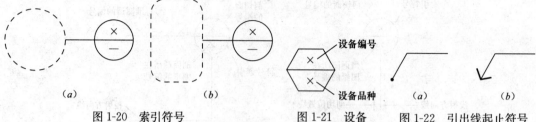

（a）　　　　　　　　（b）

图 1-20　索引符号

（a）范围较小的索引符号；（b）范围较大的索引符号

图 1-21　设备
索引符号

（a）　　　（b）

图 1-22　引出线起止符号

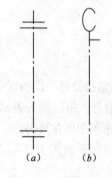

（a）　　（b）

图 1-23　对称符号、
中心线符号

（a）对称符号；（b）中心线
符号（也可表示对称符号）

（4）其他符号

1）对称符号：对于完全对称的图样，可在对称线上画上对称符号，只绘制一半图样即可。对称符号用细点画线绘制，在对称线上下各画两段水平的互相平行的线段表示，如图 1-23（a）所示；采用英文缩写为分中符号时，大写英文 CL 置于对称线一端，如图 1-23（b）所示。

2）连接符号

连接符号应以折断线表示需要连接的位置。两部位相聚过远时，折断线两端靠图样一侧应标注大写拉丁字母表示连接编号，两个被连接的图样必须用相同的字母连接，如图 1-24 所示。

3）转角符号

立面的转折用转角符号表示，并应加注角度。

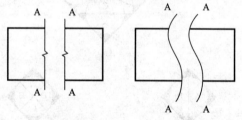

图 1-24　连接符号

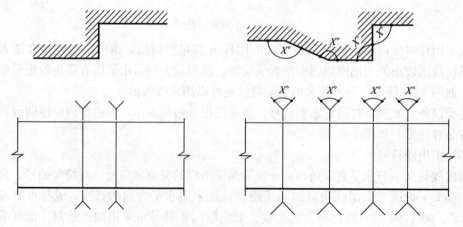

图 1-25　转角符号

6. 图层

对于计算机制图（常用软件有 AutoCAD、Archicad 等），还有一个图层的概念。图层是计算机制图文件中相关图形元素数据的一种组织结构，属于同一图层的实体具有统一的颜色、线型、线宽等属性。图层应能对不同用途及属性的图元进行合理的分类，每一个图层有自己的名称、缺省颜色、缺省线型。

利用图层可以对数据信息进行分类管理、共享或交换，以方便控制实体数据的显示、编辑、检索或打印输出。例如，可以将某一专业的设计信息可分类存放到相应的图层中，分别为专业内部和相关专业之间的协同设计提供方便。需注意的是，图层和线型颜色并不是越多越好。

1.2.4 定位轴线

定位轴线指建筑物主要墙、柱等承重构件加上编号的轴线，是用来确定房屋主要结构或构件的位置及其尺寸的基线。用于平面时，称平面定位轴线（即定位轴线）；用于竖向时，称竖向定位轴线。定位轴线之间的距离，应符合模数数列的规定。

定位轴线表示方法定位轴线用细单点长画线绘制，定位轴线应编号。编号应注写在轴线端部的圆内。横向编号应用阿拉伯数字，从左至右顺序编写；竖向编号用大写拉丁字母，从下至上顺序编写。

装饰图纸的轴线位置和编号一般直接从建筑图纸或结构图纸上引用来，也不需要重新进行编号。轴线在多数情况下位于某一墙柱的中心位置，但也有特殊情况（偏位）。

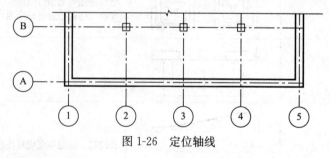

图 1-26 定位轴线

1.2.5 常用图例画法

常用建筑材料、装饰材料的图例画法，对其尺度比例不作具体规定。使用时，应根据图样大小而定，并应注意：图例线应间隔均匀，疏密适度，做到图例正确，表示清楚，不同品种的同类材料使用同一图例时，应在图上附加必要的说明。

1. 常用建筑构件图例

常用建筑构件图例 表 1-5

序 号	名 称	图 例	备 注
1	墙体		1. 上图为外墙，下图为内墙 2. 本图仅为基本形式，应加注填充图案或文字表示各种材料的墙体以示区别 3. 在平面图中，防火墙宜以特殊图案填充表示

序 号	名 称	图 例	备 注
2	隔断		1. 适用于到顶及不到顶的隔断 2. 宜加注文字或填充图案表示各种材料的轻质隔断
3	栏杆		
4	楼梯	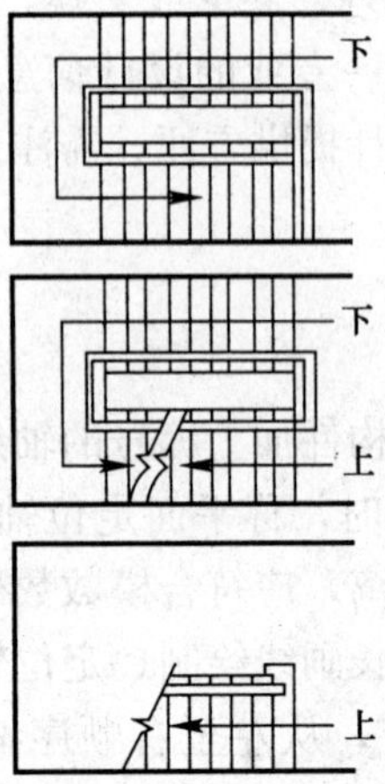	1. 上图为顶层楼梯平面，中图为中间层楼梯平面，下图为底层楼梯平面 2. 如设置靠墙扶手或中间扶手时，应在图中进行表示
5	检查口		左图为可见检查口，右图为暗藏检查口（或不可见检查口）
6		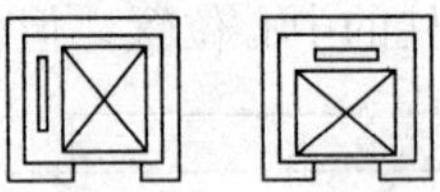	电梯应注明类型（用途），按照实际的平衡锤、导轨及门的位置进行绘制
7	台阶	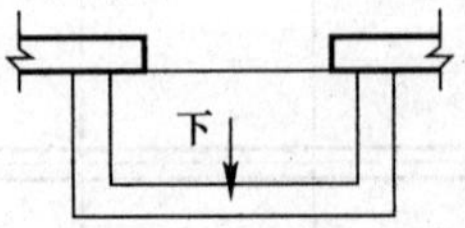	
8	坡道	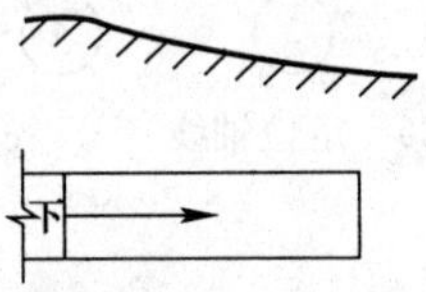	长坡道。注意坡度应标注坡度
9	平面高差	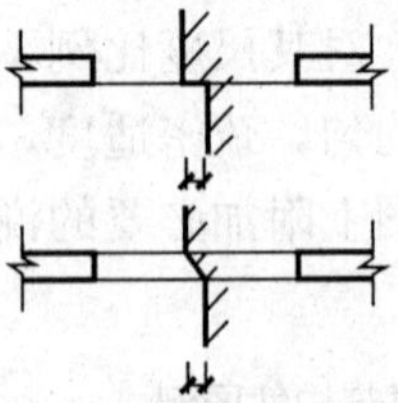	1. 用于高差小的地面或楼面交接处，并应与门的开启方向协调 2. 有高差部位宜注标高
10	管道井	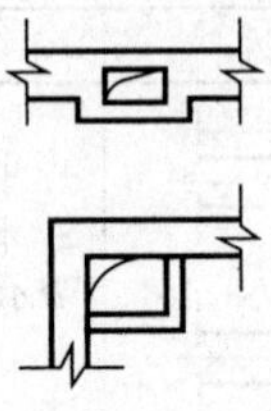	管道与墙体为相同材料时，其相接处墙身线应连通

14

序号	名　称	图　例	备　注
11	空门洞	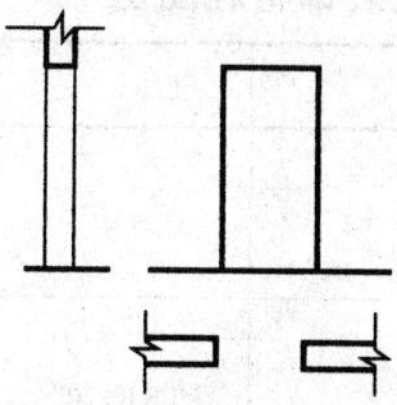	
12	单面开启单扇门（包括平开或单面弹簧）	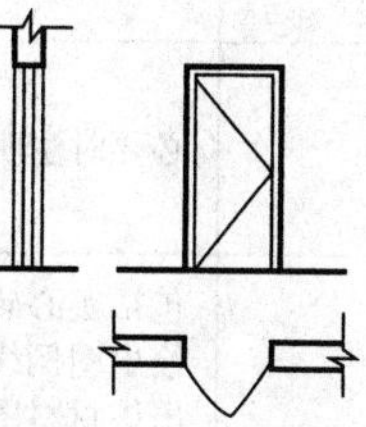	1. 门应进行编号，用 M 表示 2. 门的开启弧线宜汇出 3. 立面图中，开启线实线为外开，虚线为内开。
13	双面开启单扇门（包括双面平开或双面弹簧）	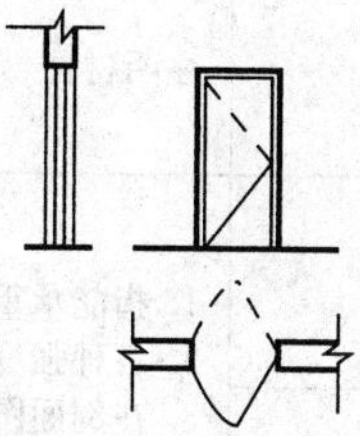	
14	单面开启双扇门（包括平开或单面弹簧）	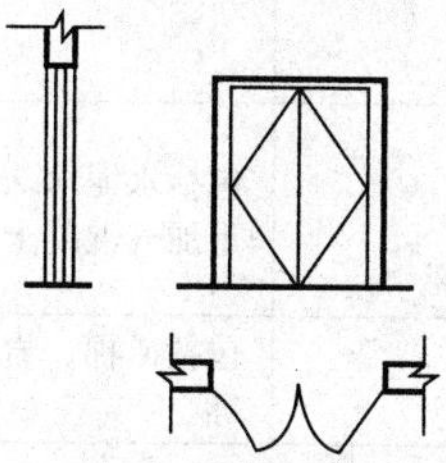	1. 门应进行编号，用 M 表示 2. 门的开启弧线宜汇出 立面图中，开启线实线为外开，虚线为内开。
15	双面开启双扇门（包括双面平开或双面弹簧）	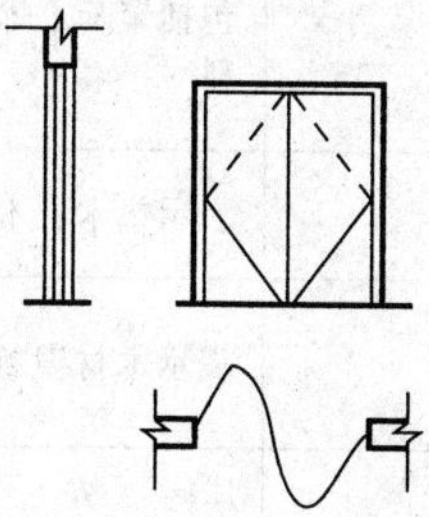	
16	单层外开平开窗	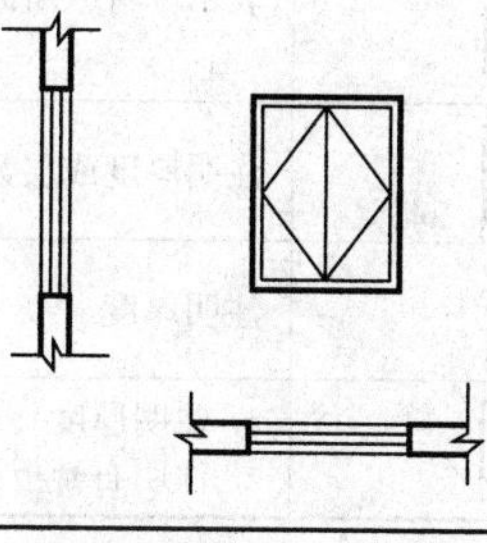	同理，单层内开平开窗的开启符号应为虚线表示

2. 常用建筑装饰材料图例

常用建筑装饰材料图例

表 1-6

序 号	名 称	图 例	备 注
1	夯实土壤		—
2	石材		注明厚度
3	毛石		必要时注明石料块面大小及品种
4	普通砖		包括实心砖、多孔砖、砌块等砌体。断面较窄不易绘出图例线时，可涂黑，并在备注中加注说明，画出该材料图例
5	轻钢龙骨板材隔墙		注明材种
6	混凝土		1. 指能承重的混凝土及钢筋混凝土 2. 各种强度等级、骨料、添加剂的混凝土 3. 在剖面图上画出钢筋时，不画图例线 4. 断面图形小，不易画出图例线时，可涂黑
7	钢筋混凝土		
8	多孔材料		包括水泥珍珠岩、沥青珍珠岩、泡沫混凝土、非承重加气混凝土、软木、蛭石制品等
9	纤维材料		包括矿棉、岩棉、玻璃棉、麻丝、木丝板、纤维板等
10	泡沫塑料材料		包括聚苯乙烯、聚乙烯、聚氨酯等多孔聚合物类材料
11	实木		表示垫木、木砖或木龙骨
			表示木材横断面
			表示木材纵断面
12	胶合板		注明厚度或层数
13	木工板		注明厚度
14	石膏板		1. 注明厚度 2. 注明石膏板品种名称

序 号	名 称	图 例	备 注
15	金属		1. 包括各种金属，注明材料名称 2. 图形小时，可涂黑
16	普通玻璃	（立面）	注明材质、厚度 镜面
17	地毯		注明种类
18	防水材料		注明材质、厚度
19	窗帘		箭头所示为开启方向，注意窗帘有单双层之分

3. 常用的灯具、设备图例

常用的灯具、设备图例　　　　　　　　　表 1-7

序 号	名 称	图 例	序 号	名 称	图 例
1	艺术吊灯		8	感温探测器	
2	吸顶灯		9	感烟探测器	S
3	筒灯		10	消防自动喷淋头	
4	射灯		11	扬声器	
5	格栅射灯	（单头） （双头）	12	空调风口	
6	格栅荧光灯		13	侧送风、侧回风	
7	暗藏灯带	- - - - - -	14	防火卷帘	F

1.3 建筑装饰识图

1.3.1 设计文件概述

建筑工程设计文件，一般包括设计说明、设计图纸、计算书、物料表等。通常我们所说的设计图纸，往往是特指以图样、设计说明为主的设计文件。建筑工程图，一般包括各个专业的图纸，如建筑图、结构图、设备图（给水排水图、电气图、空调通风图、消防专业图等）、装饰图。

对于建筑装饰图纸，按不同设计阶段分为：概念设计图，方案设计图，初步设计图，施工设计图、变更设计图、竣工图等。一般的工程都会有方案设计和施工图设计两个阶段，技术要求高的工程项目可增加概念设计及初步设计阶段；而工程简单的装饰设计也可将方案设计和施工图设计合并，如家庭装饰装修设计。概念图（方案设计草图）设计阶段以"构思"为主要内容，方案设计图纸表达阶段以"表现"为主要内容，而施工图则以"施工做法"为主要内容。

设计文件应该保证其设计质量及深度，满足招投标、概预算、材料采购制作及施工安装等要求。国家建设主管部门在 2008 年更新了《建筑工程设计文件编制深度规定》，有助于保证各阶段设计文件的质量和完整性。对于建筑装饰装修设计图纸，江苏省建设厅在 2007 年出版过《江苏省建筑装饰装修工程设计文件编制深度规定》。在实际操作中由于多方面客观原因，施工图深度往往达不到要求或与现场差异较大，有些部件产品如木制品、石材制品、幕墙门窗等还需进行工艺设计，所以一般装饰施工图均需进行深化设计才能满足测量放线、材料下单及施工安装的需要。

1.3.2 方案设计图

方案设计阶段，应根据设计任务书的要求和使用功能特点、空间的形态特征、建筑的结构状况等，运用技术和艺术的处理手法，表达总体设计思想，做到布局科学、功能合理、造型美观、结构安全工艺正确，并能达到能据以进行施工图设计和满足工程估算的要求。

方案设计文件一般包括以下内容：设计说明书、设计图纸（包括设计招标、设计委托、设计合同中规定的平面、立面及分析图、透视图等）、主要装饰材料表（或附材料样板）、业主要求提供的工程投资估算（概算）书。

方案设计图纸是方案设计文件的主要内容。图纸应包括主要楼层和主要部位的平面图、吊顶（顶棚）平面图、主要立面图等。也可根据业主的要求调整图纸的内容和深度。

方案设计图纸深度的具体要求：

1. 平面图

（1）标明装饰装修设计调整后的所有室内外墙体、门窗、管井、各种电梯及楼梯、平台和阳台等位置；

（2）标明轴线编号，并应与原建筑图纸一致；

（3）标明主要使用房间的名称和主要空间的尺寸，标明楼梯的上下方向，标明门窗的开启方向；

（4）标明各种装饰造型、隔断、构件、家具、陈设、厨卫设施、非吊顶安装的照明灯具及其他饰品的名称和位置；

（5）标明装饰装修材料和部品部件的名称；

（6）标注室内外地面设计标高和各楼层、平台等处的地面设计标高；

（7）标注索引符号、编号、指北针（位于首层总平面图中）、图纸名称和制图比例等；

（8）根据需要，宜绘制本设计的区域位置、范围；宜标明对原建筑改造的内容；宜绘制能反映方案特性的功能、交通、消防等分析图。

2. 吊顶（顶棚）平面图

（1）吊顶平面图应以平面图为基础（如轴线、总尺寸及主要空间的定位尺寸），标明装饰装修设计调整后的所有室内外墙体、门窗、管井、天窗等的位置；

（2）标明吊顶装饰造型、吊顶安装的照明灯具、防火卷帘以及吊顶上其他主要设施、设备和饰品的位置；

（3）标明吊顶的主要装饰装修材料及饰品的名称；

（4）标注吊顶主要装饰造型位置的设计标高；

（5）标注图纸名称和制图比例以及必要的索引符号、编号。

3. 立面图

（1）应标注立面范围内的轴线和轴线编号，以及两端轴线间的尺寸；

（2）应绘制有代表性的立面、标明装饰完成面的地面线和装饰完成面的吊顶造型线。标注装饰完成面的净高以及楼层的层高；

（3）应绘制墙面和柱面的装饰造型、固定隔断、固定家具、门窗、栏杆、台阶等立面形状和位置，并标注主要部位的定位尺寸；

（4）应标注立面主要装饰装修材料和部品部件的名称；

（5）标注图纸名称和制图比例必要的索引符号、编号。

4. 剖面图

方案设计一般情况下可不绘制剖面图，对于在空间关系比较复杂、高度和层数不同的部位，应绘制剖面图。

1.3.3　施工图设计

建筑装饰设计施工图的表达一套完整的建筑装饰施工图的设计以图纸为主，其编排顺序为：封面；图纸目录；设计说明（或首页）；图纸（平、立、剖面图及大样图、详图）；工程预算书以及工程施工阶段的材料样板。对于装饰工程施工员，应熟悉施工图的主要内容及相关要求。施工图设计，整体及各部位的设计比方案设计或初步设计更为具体、明确、深入，尤其是增加了标准施工做法、细部节点构造等图纸。

施工图设计图纸深度的具体要求：

1. 平面图

平面图所表现的内容主要有以下三大类：一是建筑结构及尺寸；二是装饰布局及结构及尺寸关系，三是设施与家具安放位置及尺寸关系。

（1）索引平面图：指在平面图上标注了立面索引符号图例的图纸，图面以表现建筑构造、设备设施及室内墙体、门窗、墙体固定装饰造型（木制品家具可不表示）为主。较简单的平面可把索引平面图与墙体定位图合并，同时需标注墙体的做法及尺寸。索引图还应标注建筑房间或部位的名称、门窗编号，如图 1-27 所示。

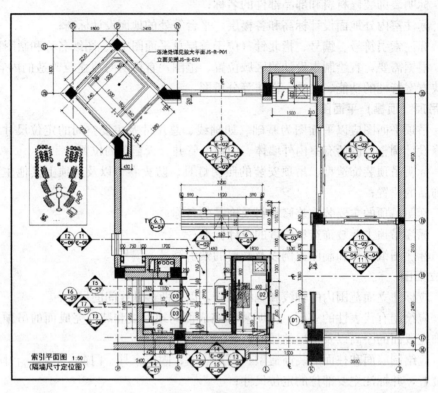

图 1-27 索引平面图

（2）平面布置图（家具陈设布置图）：除了索引平面图的图样，还需表示所有的固定家具、活动家具、陈设品、地面家具上的相关设备设施。并标注建筑空间名称及主要设备设施的名称。索引平面图和平面布置图可以合并，如图 1-28 所示。

（3）地面装饰平面图（地坪图、地面铺装图）：除了索引平面图的图样，还需表示不同部位（包括平台、阳台、台阶）地面材料的名称及图样、分格线，并标注标高、不同地面材料的范围界线及定位尺寸、分格尺寸。注意活动家具或其他设备设施用虚线表示或不表示，如图 1-29 所示。

（4）电气设备布置图：一般是电气专业的包含配电箱、电气开关插座布置的图纸。电气设备布置图需在装饰平面图纸的基础上进行定位，如图 1-30 所示。

2. 吊顶（顶棚）平面图

吊顶平面图，通常绘制为综合吊顶平面图，即除了吊顶装饰材料及不同的装饰造型、饰品需标明，在吊顶上的各种专业设施、设备（包括吊顶安装的灯具、空调风口、检修口、喷淋、烟感温感、扬声器、挡烟垂壁、防火卷帘、疏散指示标志等）也汇总标明在同一图面上，并标注必要的定位尺寸及间距、标高等，如图 1-31 所示。综合吊顶图，必须综合装饰及各专业单位的图纸，需要具备相关的专业基础知识。

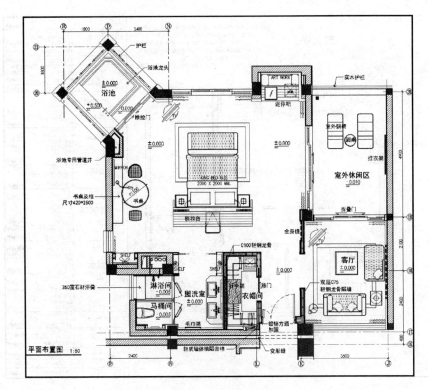

图 1-28 平面布置图

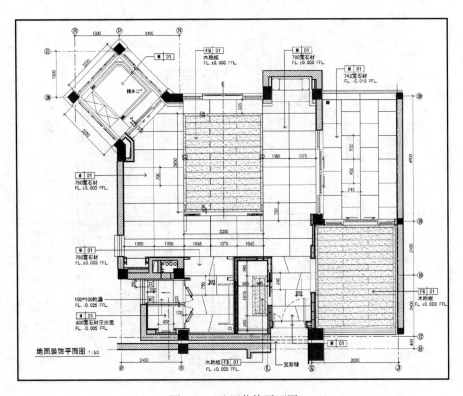

图 1-29 地面装饰平面图

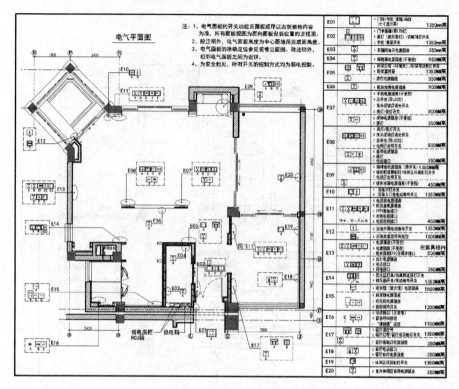

图 1-30　电气平面图

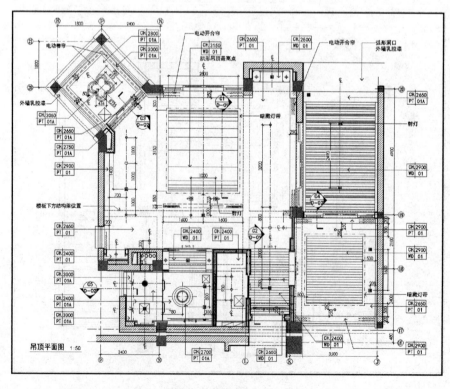

图 1-31　吊顶平面图

吊顶平面图也可再进一步分为：吊顶尺寸平面图（标明吊顶造型及吊顶装饰饰品，标注其尺寸、标高以及吊顶构造节点详图的索引图例）；灯具布置平面图；顶棚综合平面图等。如图纸的信息量不大，吊顶平面图也可只绘制综合吊顶平面图。

3. 立面图

施工图设计的立面图，一般是指剖立面图（剖面图 Section）。除了方案设计图或初步设计图要求的立面图纸深度基础上，还需进一步明确各立面上装修材料及部品、饰品的种类、名称、施工工艺、拼接图案、不同材料的分界线；应标注立面上不同材料交接及造型处的构造节点详图的索引图例；立面图上宜绘制与吊顶综合图类似的专业设备末端（壁灯、开关插座、按钮、消防设施）的名称及位置，也可以称作为综合立面图，如图 1-32 所示。

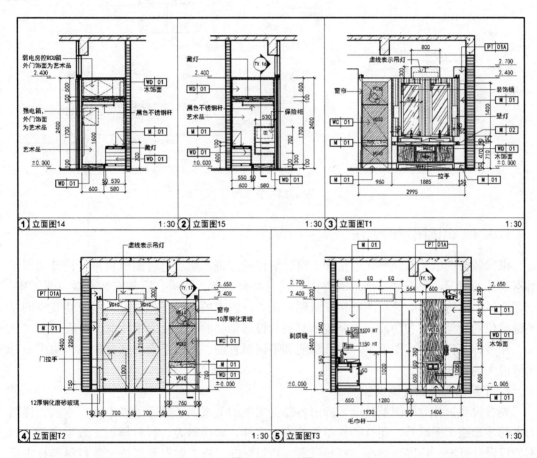

图 1-32　立面图

4. 节点图（详图）

施工图应将平面图、吊顶平面图、立面（剖立面）图中需要更清晰、明确表达的部位（往往是其他图纸无法交代或难以表达清楚的）索引出来，绘制节点图（详图），如图 1-33 所示。

节点图（详图）的基本要求是：应标明物体、构件或细部构造处的形状、构造、支撑或连接关系，并标注材料名称、具体技术要求、施工做法以及细部尺寸。

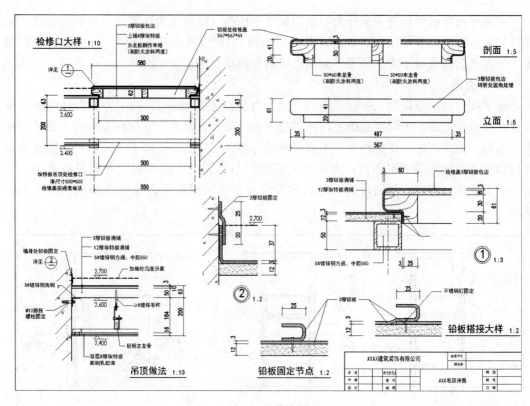

图 1-33 节点图

1.3.4 识读图纸的方法

识读装饰图纸，首先要知道是什么设计阶段的图纸，然后通过图纸目录、设计说明了解本设计的概况，先看平立剖后看详图，同时结合建筑、结构、设备安装专业（水、电、空调通风、消防、智能等）图纸相互对照，深入理解本项目的工程概况、主要建筑空间及关键部位的设计风格和功能、主要装饰材料和设备饰品的选型及通用的施工做法。

在装饰工程的所有图纸里，设计说明和平面布置图、吊顶平面图是基础，汇集了设计图纸最大的信息量。

1. 了解工程及设计概况。

先看说明，并对照图纸目录，理清各部分图纸的关系。了解除了以平面、立面、详图为主的装饰施工图以外，还有哪些相关的设计文件，如物料表、材料样板、效果图等。对本项目设计概况、位置、标高、材料要求、质量标准、施工要点及新技术新材料等技术要求有一定的理解。

2. 分析主要建筑空间的平立面详图。

以平面布置图、吊顶平面图这两张图为基础，分别对应其立面图，熟悉其主要造型及装饰材料。平面、立面图看完一到两遍后再看详图。对于一个建筑室内空间或某个装饰造型，往往需要多张图纸才能完整的表达其做法及要求，而不同室内空间或某装饰造型之间又有相互联系，需要从整体（多张图纸）到局部（局部图纸）、从局部（局部图纸）到整体（多张图纸）看，需要反复对照着看找出其规律及联系，可以进一步加深图纸的理解。

一般来说看图纸总能发现大大小小的问题，最常见的如平面功能不合理、某一部位的表达不清楚（造型、构造、尺寸、材料）或平面、立面、详图之间对同一部位表达相互矛盾（造型、构造、尺寸、材料），或者构造做法不合理。对于尺寸，应该从轴线、标高、总体尺寸、定位尺寸、细部尺寸几个方面加以考虑。对于各种问题应该用铅笔或色笔标识出来，以便在图纸答疑或深化过程中解决。

3. 装饰图纸与各专业图纸对照。

装饰工程图纸与建筑图、结构图、给排水、电气（强弱电）、空调通风、智能、消防等专业均有相互的联系，所有专业的图纸中以建筑图为基础。而各设备安装专业与装饰图纸之间的关系非常密切，不仅体现在隐蔽工程及内部构造上，设备末端或检修口与装饰饰面有直接的对应关系，很难绝对的区分是某个专业单方面的事情。各专业之间的图纸相互矛盾，必须想方设法解决，这是需要装饰设计单位与负责施工深化设计单位共同解决的技术问题。对于后期深化图纸，尽量做到有综合平面图、综合立面图、综合吊顶平面图，把各个专业的相互关系有机地联系起来，这样的图纸才能达到理想中的深度要求。

以上是识图的一般方法和步骤，识图只是施工员工作的第一步。施工员很多岗位职责、实操工作都与图纸有较多的联系，看懂图纸才能知道如何配合好施工。学会识图、熟悉图纸，加强对整个工程项目的理解，对于施工员各项工作的开展能收到事半功倍的效果。

除了以上图纸，还有工程变更设计图，是由设计单位或业主提出，并经业主或设计单位审查、协商并批准发出的图纸。变更设计图，应包括变更原因、变更位置、变更内容等。变更设计可采取图纸的形式也可采取文字说明的形式，通常是以图形为主辅以文字说明。

竣工图纸和施工图的制图深度应一致，内容应能与工程实际情况相互对应，完整的记录施工情况（主要包括饰面效果及施工做法、构造），并应满足工程决算、工程维护以及存档的要求，变更设计图也是竣工图纸的一部分。

除了设计单位出具的图纸，还有一类建筑（装饰）构造通用图集可以由设计单位在设计中选用部分节点做法，较权威且常用的通用图集为中国建筑标准设计研究院编制的《国家建筑标准设计图集》系列图集，如《内装修》J502-1～3、《楼梯栏杆栏板（一）》06J403-1、《建筑隔声与吸声构造》08J931 等。

1.4　现场深化设计

随着工业化生产、产品化装配模式在项目上的广泛运用，深化设计工作在施工项目中发挥越来越大的作用。深化设计大致可分为为建设单位（业主）提供设计总包及咨询服务、为施工单位现场项目部所做的深化设计服务，本节所说的深化设计是指后者。

1.4.1　室内装饰工程深化设计的必要性

中国建筑装饰行业是在改革开放的过程中从建筑业中分离出来的一个新兴行业，三十多年来，作为装饰工程重要部分的建筑装饰设计尚处在不断完善的阶段。建筑装饰设计标准还不够统一，地域差异较大，不同的工程装饰设计文件的深度参差不齐，总体上还未能达到施工及安装实际需要的深度。

建筑装饰工程的特点：装饰材料多、施工工艺多，同一种装饰材料的表现方式迥异，装饰面层与基层连接方式更是多样化，各工艺的质量问题也不尽相同。装饰设计的表现手法多样，不同的材料、工艺、技术手段相结合产生不同的功能与装饰效果，较难统一做法与施工标准。

现场深化设计在建筑装饰工程中开始逐渐体现其重要性，不管某个工程项目是否设置现场深化设计这个职位，但相关的深化设计工作还是要有人做。深化设计的概念、理念也逐渐为建筑行业所接受及认可：

1. 建筑装饰工程与建筑工程不同。现场建筑实际尺寸扣除设备以外的尺度与图纸之间的吻合程度，对装饰施工质量影响很大。因此，掌握现场实际层高，墙面、地面、顶面实际尺寸，使得现场尺度与原设计内容尽量相吻合至关重要。但由于一些客观原因，装饰施工图设计师往往不能掌握现场实际情况；

2. 建筑装饰图纸的设计深度及工艺要求往往较难把握。优秀的装饰设计图纸，其工艺、结构、节点，必然是合理与科学的，其细部表现量非常大，也非常重要。从大量工程实际情况看，设计单位提供的施工图纸很难达到实际施工所需的设计深度；

3. 建筑装饰专业需要与其他相关专业有机协调。建筑装饰工程往往还涉及给水排水、暖通、电气、智能化、消防、电梯等各专业的基本知识，建筑装饰工程不应影响各安装设备的正常运转、同时还需兼顾其日常维护，另外对于设备末端点位在装饰面层上规范设置以及如何与装饰饰面的有机结合，也是深化设计的重要工作之一。

因此，装饰深化设计已经成为装饰设计中不可或缺的一个环节，是确保装饰工程施工施工质量及进度的一项重要的工作。

1.4.2 室内装饰工程深化设计的基础条件

深化设计师开展工作，必须要具备一些基本条件：

1. 对于深化设计师个人专业能力的要求。必须具备基本的室内设计基础知识；掌握通用的绘图软件（如 AutoCAD、Archi CAD、3dsMax、Photoshop、Sketchup 等）及制图规范；同时熟悉常用的设计标准、技术规范；对于常规的装饰材料的特性、规格及施工工序、施工工艺要有一定的了解。

2. 认真熟读设计文件。了解原装饰设计图纸（方案、初步设计、施工图）的设计思路，熟悉项目的概况、特点及质量要求，熟悉施工范围，熟读图纸，找出图纸存在的问题。

3. 全面掌握装饰施工现场的实际情况。对于深化设计工作开展必须掌握施工现场很多基本数据，包括建筑各层层高；建筑空间尺寸，墙面、地面、顶面实际造型和尺寸；水电、风管等机电安装构件的实际高度等。为合理有效的安排深化设计工作，还需要实时了解施工现场各方面的进度。

4. 了解相关专业的图纸状态，熟悉与建筑装饰紧密相关的工作内容。了解建筑、结构、幕墙、给排水、电气、空调暖通、智能、消防等专业的图纸现状，索取深化设计及综合布点工作所需的各专业图纸；熟悉相关专业在装饰饰面上的所有设备末端、构配件。

5. 深化设计师还要有一定的沟通能力。如与原设计单位的充分沟通，需了解与相关专业的设计或施工单位的沟通途径等。

1.4.3 室内装饰工程深化设计的主要内容

建筑装饰工程的深化设计工作并没有形成统一的标准，根据不同的工程项目其具体工作内容往往也有较大的区别或侧重，总体来说一般包括以下几个方面：

1. 对不符合设计规范及施工技术规范的深化设计

装饰施工设计图，必须符合各种国家标准、行业标准的强制性条文，还必须符合相关建筑、给排水、电气、防火设计等规范及相应专业规范的要求，对不符合相应标准或规范的设计图纸需进行调整及优化设计。

2. 对于装饰施工图覆盖广度不够的深化设计

对图纸中缺少的吊顶平面图、地面平面图、隔墙平面图、家具平面布置图、立面图、门窗设计详图等等进行增补。对于图纸中需要表达清楚不同的部位及饰面材料的种类及饰面、分割及尺寸进行补充完善，以便于现场施工或工厂定制。

3. 补充装饰施工图连接构造节点覆盖面和深度不够的深化设计

增补一些缺少的墙、顶、地面层及基层连接构造节点图、固定家具内部连接构造节点图、设备末端等连接构造节点图、卫生间关键部位节点构造设计详图、门窗连接构造节点图等。

4. 综合点位布置图的深化设计

包括综合暖通、强弱电、给排水、消防等专业的末端点位在吊顶图、立面图、地面平面图上的定位与面层材料模数分割的匹配。重点在表示装饰饰面上各种材料、分隔、尺寸及协调各种专业设备末端的定位及尺寸关系，使之符合相关专业规范要求和美观的需要。除了专业规范外，点位排布一般有一些常见规律可循，比如"直线排布"、"居中原则"、"对称布置"、"点线呼应原则"等。

5. 符合装饰工业化生产、装配式施工的深化设计

包括各种材料或部品部件的工艺深化及加工装配图纸，如木制品、石材制品、金属饰面制品、玻璃制品、石膏线条等等。

由于建筑装饰工程中这些不同类别的材料往往是有机地组合在一起，不同材料的组合加工或不同材料的单独加工现场再组合，对工艺装配及加工图纸及不同的材料组合，尺寸要求更精确，装配方式描述要求更详尽，所以建筑装饰工程中需要对这些材料进行综合深化、联合下单。这类图纸给到材料加工或部品部件制作单位可以比较容易地转化为生产加工图纸。图纸的精度要求上必须与现场尺寸一致，图纸的深度要求上对材料组合要求科学合理，图纸的装配方式上应该严格按照工序流程，流水作业。这样才能有效控制施工质量及加快施工进度。

6. 设计服务及施工服务

（1）设计服务：参与图纸会审、图纸答疑、进行施工图纸交底及相关设计方案变更等工作。

（2）施工过程服务：根据项目部的进度及工作安排，深化设计师可参与项目策划图纸深化部分、施工质量控制相关的过程图纸（如隐蔽图纸、测量放线——输入电脑——排版——检查纠偏——调整图纸）或制作竣工图，还可参与施工质量过程控制及施工质量验收等工作。

第2章 建筑、装饰构造与建筑防火

建筑装饰装修工程是建筑工程的一部分。施工员有必要了解建筑、结构的基础知识，即房屋建筑学的基本内容。由于涉及面较广，本章仅对建筑物的分类、组成作了介绍，对建筑结构的基本概念做了知识普及。而对于建筑装饰构造及防火要求，关系到建筑使用者的安全、消防要求，不同的装饰构造与设计施工都有紧密的联系，是装饰工程施工员应该熟悉掌握的内容。

2.1 建 筑 概 述

2.1.1 建筑的分类

1. 建筑物

建筑包括建筑物和构筑物，一般特指建筑物。建筑物根据其使用性质，通常分为生产线建筑和非生产性建筑两大类。生产性建筑包括工业建筑（厂房、锅炉房、仓库等）、农业建筑（温室、粮仓等）；非生产性建筑统称为民用建筑。

民用建筑按其使用功能分为居住建筑（住宅、宿舍等）和公共建筑两大类。

公共建筑涵盖的范围很广，按其功能特征可分为：生活服务性建筑（餐饮、菜场）、文教建筑（学校、图书馆）、科研建筑、医疗建筑、商业建筑、办公建筑、交通建筑、体育建筑、观演建筑、展览建筑、通信广播建筑、旅馆建筑、园林建筑、宗教建筑等类别。不同类型的建筑在功能和体量上都有较大的差异，有些建筑可能同时具备两种或两种以上的功能，可以称之为综合性建筑。

2. 多层建筑和高层建筑

《民用建筑设计通则》GB 50352—2005 规定，除住宅建筑之外的民用建筑高度不大于24m 者为单层和多层建筑，大于 24m 者为高层建筑（不包括建筑高度大于 24m 的单层公共建筑）。建筑高度大于 100m 的民用建筑为超高层建筑。

3. 建筑的设计使用年限

民用建筑的设计使用年限，也是建筑结构的设计使用年限。通常分为四类：

民用建筑的设计使用年限　　　　　　　　　　　表 2-1

类　别	设计使用年限（年）	示　例
1	5	临时性建筑
2	25	易于替换结构构件的建筑
3	50	普通建筑和构筑物
4	100	纪念性建筑和特别重要的建筑

2.1.2 建筑物主要组成部分

不论是工业建筑还是民用建筑通常由基础（或地下室）、主体结构（墙、柱、梁、板或屋架等）、门窗、楼地面、楼梯（或电梯）、屋顶等六个主要部分组成，如图2-1所示。

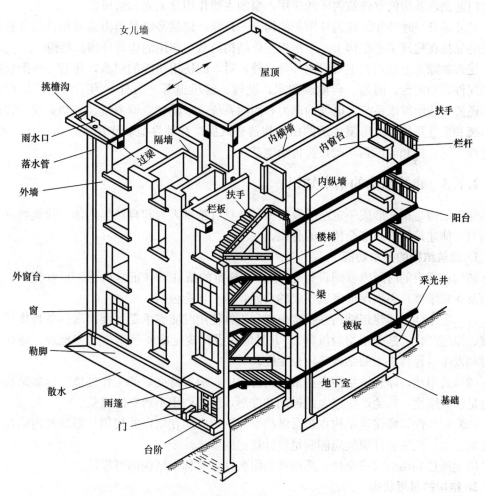

图 2-1 房屋建筑的构造组成

房屋的各组成部分在不同的部位发挥着不同的作用：

1. 基础

基础是房屋最下部的承重构件；

2. 墙体（或柱）

墙体（或柱）是把屋盖、楼板、楼层活荷载、外部活荷载以及把自重传递到基础上。建筑的墙体有承重墙、非承重墙之分，但都具有分隔空间或起到围合、保护作用；

3. 楼、地面

由楼面和地面组成，既是水平承重构件又是竖向分割构件；

4. 楼梯

楼梯是上下层的交通联系构件，供人们上下楼层和紧急疏散之用。楼梯也包括自动扶梯及升降电梯；

5. 屋顶

屋顶是位于建筑物最顶上的承重、围护构件；

6. 门窗

门起到联系房间及建筑内外的作用，窗的主要作用是采光和通风。

另外还有一种特殊的建筑外围护结构——幕墙，建筑幕墙是指由金属构件与各种板材组成的悬挂在建筑主体结构上、不承担主体结构荷载与作用的建筑外围护结构。

建筑物除了上述六大主要组成部分之外，对不同使用功能的建筑，还有一些附属的构件和配件，如阳台、雨篷、台阶、散水、勒脚、通风道等。另外，为了生活、生产的需要，还要安装给排水系统，电气的动力和照明系统，采暖和空调系统、消防系统、智能通信系统和燃气系统等。房屋建筑的结构构造建成后，在外界荷载作用下，由屋顶、楼层，通过板、梁、柱和墙传到基础，再传给地基。

2.1.3 建筑结构的基本知识

建筑结构是指，形成一定空间及造型，并具有抵御人为和自然界施加于建筑物的各种作用力，使建筑物得以安全使用的骨架。

1. 建筑结构的基本功能

结构在规定的时间内（即设计年限），在规定的条件下（正常设计、正常施工、正常使用及正常维修）必须保证完成预定的功能，这些功能包括：

（1）安全性，即建筑结构在正常施工和正常使用时能够承受可能出现的各种作用（如荷载、温度变化、基础不均匀沉降），并且能在设计规定的偶然事件（如地震、爆炸）发生时和发生后保持必须的结构整体稳定性。

（2）适用性，即建筑结构在正常使用过程中，应保持良好的工作性能。例如结构构件应有足够的刚度，以免产生过大的振动和变形，使人产生不适应的感觉。

（3）耐久性，即建筑结构在正常维护条件下，应能在规定的使用年限期间内满足耐久性能的要求，例如构件裂缝应能满足设计规定的要求。

以上所述的结构的安全性、适应性和耐久性，总称为结构的可靠性。

2. 结构的极限状态

为了使设计的结构既可靠又经济，必须对各种荷载效应及构件的抵抗力进行研究。考虑构件正常使用及破坏时的荷载效应，通常把极限状态分为：承载力极限状态和正常使用极限状态。超过承载力极限状态，结构构件即会破坏，或出现失衡等情形。结构设计必须对所有结构和构件进行承载力极限状态计算，施工时应严格保证施工质量，以满足结构的安全性。

结构杆件的基本受力形式可以分为五种：拉伸、压缩、弯曲、剪切和扭转，如图 2-2 所示。实际结构中的构件往往是几种受力形式的组合，如梁承受弯曲与剪力，柱子受到压力与弯矩等。

3. 结构的抗震设防

地震是地壳快速释放能量过程中造成的震动，是一种自然现象。房屋结构的抗震设计主要研究建筑物的抗震构造。地震的震级是衡量一次地震大小的等级，用符号"M"表示，一般用的是里氏震级。

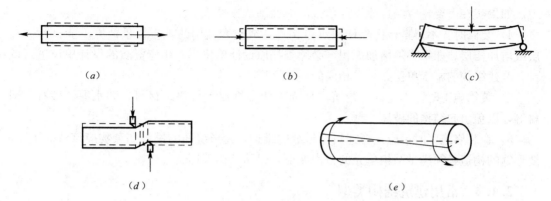

图 2-2　结构杆件的基本受力形式
(a) 拉伸；(b) 压缩；(c) 弯曲；(d) 剪切；(e) 扭转

一个地区基本烈度是指该地区今后一定时间内，在一般场地条件下可能遭遇的最大地震烈度。抗震设防烈度是按国家规定的权限批准作为一个地区抗震设防依据的地震烈度，一般情况下可采用中国地震烈度区划图标明的基本烈度。

按照《建筑抗震设计规范》GB 50011—2011，抗震设防要做到"小震不坏、中震可修、大震不倒"。抗震设计的设防烈度为 6、7、8、9 度；对于设防烈度大于 9 度的地区，其建筑的抗震设计应按有关部门规定执行。如南京的抗震设防烈度为 7 度、苏州大部分地区为 6 度、宿迁为 8 度、上海大部分地区为 7 度、北京大部分地区为 8 度。

4. 荷载对结构的影响

直接施加在结构上的各种力，习惯上称为荷载。

（1）荷载的分类：

按时间的变异性，分为永久荷载（恒载），如结构自重、预应力、装饰构造层、混凝土收缩、焊接变形；可变荷载（活载），如屋面和楼面的活荷载、雪荷载、风荷载、积灰荷载；偶然荷载，如爆炸力、撞击力、地震力等。

按结构的反应分为：静态荷载，如结构自重、屋面和楼面的活荷载、雪荷载等；动态荷载，如地震力、高空坠物冲击力等。

按荷载作用面分类：均布面荷载、线荷载、集中荷载。

按荷载的作用方向还可分为垂直荷载和水平荷载。

根据《建筑结构荷载规范》GB 50009—2012 的规定，民用建筑楼面均布活荷载的标准值最低为 2.0kN/m²，通常为 2～3.5kN/m²（包括走廊、门厅、阳台、楼梯）。如住宅、旅馆、办公楼一般为 2.0kN/m²，教室、餐厅、卫生间为 2.5kN/m²，影剧院为 3.0kN/m²，健身房、运动场所为 4.0kN/m²，档案库、百货超市为 5.0kN/m²。

（2）装修对结构的影响与对策

1）装修时不能自行改变原来的建筑使用功能。如需要改变时，应该取得原设计单位的认可。

2）在进行楼面、屋面装修时，新的装修构造做法产生的荷载值不能超过原有建筑装修构造做法荷载值。

3）在装修施工中，不允许在原有承重结构构件上开洞凿孔，降低结构构件的承载能力。如果实在需要，应经过原设计单位的书面确认方可施工。

4）装修时，不得自行拆除任何承重构件，或改变结构的承重体系；更不能自行做夹层或增加楼层。如果必须增加面积，必须委托原设计单位或有相应资质的设计单位进行设计，改建结构的施工单位必须有相应的施工资质。

5）装修施工时，不允许在建筑内楼面上集中堆放大量建筑材料，如水泥、砂石、钢材等，以免引起结构的破坏。

6）在装修施工时，应注意建筑变形缝的维护，变形缝间的模板和杂物应该清除干净，变形缝的构造必须满足结构单元的自由变形，以防结构破坏。

2.1.4 常用建筑结构类型

1. 常用分类：

（1）按主要材料的不同可分为：混凝土结构、砌体结构、钢结构、木结构、塑料结构、薄膜充气结构等。本章第 2.2.5 部分会对钢结构知识做一些普及。

对于最常用的钢筋混凝土结构，其优点是合理发挥了钢筋和混凝土两种材料的力学特性，承载力较高；其结构具有很好的耐火性、可模性，适用面广；混凝土对钢筋有很好的防护性，与钢结构相比可省去很大的维护费用；整体性好，适用于抗震抗爆，同时防辐射性能也较好；便于就地取材，造价较低。钢筋混凝土的主要缺点是：自重较大、抗裂性能差、施工复杂、工期较长。

（2）按照建筑结构的体型划分为：单层结构、多层结构、高层结构、大跨度结构等。

（3）按照结构形式可分为：混合（墙体）结构、框架结构、剪力墙结构、框架剪力墙结构、筒体结构、桁架结构、拱式结构、网架结构、空间薄壁结构、钢索结构等。

2. 常用建筑结构体系的特点

（1）混合结构（墙体承重结构）

混合结构是指建筑中竖向承重结构的墙、柱等采用砌体结构建造，柱、梁、楼板、屋面板等采用钢筋混凝土或钢木结构的建筑。大多用在住宅、普通办公楼、教学楼建筑中。一般用在单层、多层建筑中，楼层不超过 7 层。混合结构不宜建造大空间的房屋。混合结构根据承重墙的位置，分为纵墙承重和横墙承重两种。

（2）框架结构

框架结构是利用梁、柱组成的纵横两个方向的框架形成的结构体系。主要优点是建筑平面布置灵活，可形成较大的建筑空间；主要缺点是侧向刚度较小，当层数较多时会产生过大的侧移，易引起非结构性构件破坏。在非地震区，框架结构一般不超过 15 层。

（3）剪力墙结构

剪力墙体系是利用建筑物的墙体做成剪力墙来抵抗水平力。剪力墙一般为厚度不小于 140mm 的钢筋混凝土墙。一般在 30m 高度范围内都适用。剪力墙的优点是侧向刚度大，缺点是剪力墙的间距小（3～8m），建筑平面布置不灵活，一般用于住宅或旅馆，不适用于大空间的公共建筑。

因高层建筑所要抵抗的水平剪力主要是地震引起，故剪力墙又称抗震墙。

（4）框架-剪力墙结构

是指在框架结构内设置适当抵抗水平剪切力墙体的结构。它具有框架结构平面布置灵活，有较大空间的优点，又具有侧向刚度较大的优点。一般用于10～20层的建筑。

（5）筒体结构

筒体结构是抵抗水平荷载最有效的结构体系，通常用于超高层建筑（30～50层）中。筒体结构可分为框架-核心筒结构、筒中筒结构和多筒结构。

（6）桁架结构

桁架是由杆件组成的结构体系。杆件只有轴向力，其材料的强度可得到充分发挥。此结构的优点是可利用截面较小的杆件组成截面较大的构件。单层厂房的屋架常选用桁架结构。

（7）拱式结构

拱式结构的主要内力为压力，可利用抗压性能良好的混凝土建造大跨度的拱式结构。拱式结构在体育馆、展览馆及桥梁中被广泛应用。

（8）网架结构

网架是由许多杆件按照一定规律组成的网状结构。可分为平板网架和曲面网架。网架结构的优点是：空间受力体系，杆件主要承受轴向力，受力合理，节约材料，整体性好，刚度大，抗震性能好。网架杆件一般采用钢管，节点一般采用球节点。

（9）空间薄壁结构

空间薄壁结构，也称壳体结构。它的厚度比其他尺寸（如跨度）小得多，所以称薄壁。它属于空间受力结构，主要承受曲面内的轴向压力，弯矩很小。本结构常用于大跨度的屋盖结构，如展览馆、俱乐部、飞机库等。结构多采用现浇钢筋混凝土，比较费工费时。

（10）钢索结构

钢索结构又称悬索结构，是比较理想的大跨度结构形式之一。在体育馆、展览馆及桥梁中被广泛运用。悬索结构的主要承重构件是受拉的钢索，钢索是用高强度钢绞线或钢丝绳制成。

2.1.5　钢结构的基本知识

用 H 型钢、工字钢、槽钢、角钢等热轧型钢和钢板组成的以及用冷弯薄壁型钢制成的承重构件或承重结构统称为钢结构，如钢梁、钢屋架、钢网架、钢楼梯、室内吊顶钢结构转换层等都是最常见的钢结构。

钢结构建筑的最大优点是自重轻，钢结构建筑的自重只相当于同样钢筋混凝土建筑自重的三分之一，自重轻就使得在有限的基础条件下，能够将建筑盖的更高，所以钢结构普遍应用于超高层建筑中。

1. 钢结构的特点与应用

与最为广泛应用的混凝土结构相比，钢结构有如下的特点：强度高重量轻；质地均匀、各向同性；施工质量好、工期短；密闭性好；用螺栓连接的钢结构，易拆卸，适用于移动结构。

钢结构应用的注意点：

（1）防腐：钢材的耐腐蚀性较差，需采取防腐措施；

（2）防火：钢结构有一定的耐热性但不防火，温度达到 450～60℃时强度急剧下降。钢结构当表面长期受辐射热不小于 150℃或在短期内可能受到火焰作用时，应采取有效的防护措施。

（3）防失稳：由于钢材强度大、构件截面小、厚度薄，因而在压力和弯矩等作用下带来了构件甚至整个结构的稳定问题。在设计中考虑如何防止结构或构件失稳，是钢结构设计的一个重要特点。

（4）防脆断：当钢材处于复杂受力状态且为承受三向或二向同号应力时，当钢材处于低温工作条件下或受有较大应力集中时，钢材均会由塑性转变为脆性，产生突然的脆性破坏，这是很危险的。因此设计钢结构时如何防止钢材的脆性破坏是一个必须重视的问题。

2. 钢结构的材料及其性能

《钢结构设计规范》GB 50017—2003 提出了对承重结构钢材的质量要求，包括 5 个力学性能指标和碳、硫、磷的含量要求。5 个力学性能指标是指抗拉强度、伸长率、屈服强度、冷弯试验（性能）和冲击韧性。

承重结构用钢材主要包括碳素结构钢中的低碳钢和低合金高强度结构钢两类，包括 Q235、Q345、Q390、Q420 四种。

常用钢材的规格：

（1）热轧钢板，厚板的厚度为 4.5～60mm。厚钢板可以制作各种板结构和焊接组合工字形或箱型截面的构件。薄板厚度 0.35～4mm，主要用来制作冷弯薄板型钢。钢板的符号是"—厚度×宽度×长度"，单位是毫米 mm（不用注明单位）。

（2）热轧型钢。有等边角钢、不等边角钢、普通槽钢、普通工字钢、钢管、H 型钢和部分 T 型钢。等边角钢的符号为"L 边长×厚度"，槽钢的符号为"〔型号"，型号表示槽钢截面高度。工字钢的符号为"I 型号"，型号表示工字钢的高度。钢管的符号为"D 外径×厚度"。如图 2-3 所示。单位均是毫米 mm（不用注明单位）。

（3）冷弯薄壁型钢。是由钢板经冷加工而成的型材。截面种类很多，有角钢、槽钢、Z 型钢等。冷弯薄壁型钢目前在我国的轻型建筑钢结构中经常应用。

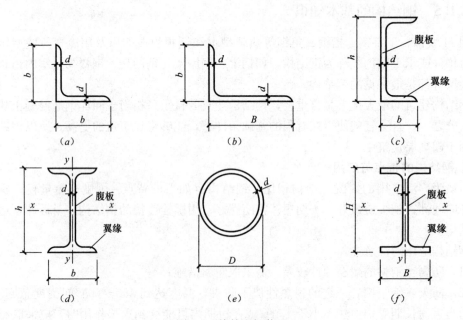

图 2-3　热轧型钢截面

3. 钢结构的连接

钢结构的连接方法，以前用过销钉、铆钉连接，现在已不推荐在新建钢结构上使用。钢结构的连接方式最常用的有两种：焊缝连接和螺栓连接，如图 2-4。

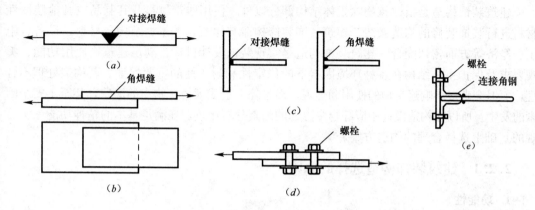

图 2-4　钢板的焊缝连接与螺栓连接
(*a*) 焊缝对接连接；(*b*) 焊缝搭接连接；(*c*) 焊缝 T 形连接；(*d*) 螺栓搭接连接；(*e*) 螺栓 T 型连接

（1）焊缝连接

焊缝连接是当前钢结构的主要连接方式，手工电弧焊和自动（半自动）埋弧焊是目前应用最多的焊缝连接方法。

与螺栓连接相比具有的优点是：构造简单（不需额外的连接件）、截面无削弱（不需钻孔）、比较经济（省工省料）；另外焊接结构的密闭性较好，刚度和整体性较大。

焊缝连接的不足之处：受焊接时的高温影响，易导致材质变脆；焊缝易存在各种缺陷，从而导致构件内产生应力集中而使裂纹扩大；由于焊接结构的刚度大，个别存在的局部裂纹易扩展到整体；焊接后由于冷却时的不均匀收缩，构件因为焊接残余应力的影响导致部分截面提前进入塑性，降低受压时构件的稳定临界应力；焊接后由于不均匀胀缩使得构件产生焊接残余变形，使得钢板或型钢发生凹凸变形等。

由于焊缝连接存在以上不足之处，需要在设计、制作、安装时采取必要的措施。根据《钢结构工程施工质量验收规范》GB/T 50205—2001 的规定，对焊缝质量应进行检查和验收。

对材料选用、焊缝设计、焊接工艺、焊工技术和加强焊缝检验等五方面的工作予以注意，焊缝容易脆断的事故是可以避免的。

（2）螺栓连接。

螺栓连接由于安装时省事省力，所需安装设备简单、对施工工人的技能要求不及对焊工的要求高等优点，目前在钢结构连接中的应用仅次于焊缝连接。

螺栓连接分为普通螺栓连接和高强螺栓连接两大类。普通螺栓，常用的为 Q235 钢制作的 C 级螺栓。普通螺栓的安装一般用人工扳手，不要求螺杆中必须有规定的预拉力。而高强度螺栓，在安装过程中必须使用特制的扳手，能保证螺杆中具有规定的预拉力，从而使被连接的板件接触面上有规定的预压力。

2.2 建筑装饰构造

建筑装饰构造是指建筑物除主体结构部分以外，使用建筑材料及其制品或其他装饰性材料进行装饰装修的构造做法。建筑装饰装修构造与建筑、艺术、结构、材料、设备、施工、经济等方面密切配合。建筑装饰构造是实现装饰设计目标、满足建筑物使用功能、美观要求及保护主体结构在各种环境因素下的稳定性和耐久性的重要保证。若构造处理不合理，不但会直接影响建筑物的使用和美观，而且还会造成人力、物力的浪费，甚至不安全因素的发生。所以在构造设计中应综合多方面的因素分析比较，在满足基本的精神功能——美观的基础上选择合理的构造方案。

2.2.1 建筑装饰构造选择的原则

1. 功能性

建筑装饰的基本功能是满足使用方面的要求、保护主体结构免受损害及对装饰的立面、空间进行美化、装饰装修。在选择或设计何种装饰构造时，应根据建筑物的类型、使用性质、主体结构所用材料的特性、装饰部位、环境条件等各种可能性因素，合理的确定饰面构造处理的目的性。如立面装饰除了考虑美观及装饰效果，还必须考虑环境的温湿度影响、是否需弥补墙体本身某些方面的不足（保温隔热、隔声吸声减震、碰撞等）。如考虑装饰材料的维修是否考虑可装配拆卸的功能，在某些医疗空间对灰尘、病菌、微生物是否需要控制或处理，都是在装饰构造选择时需要考虑的问题。对于装饰以外的其他专业如给排水、电气、通风空调、智能、消防等机电设备安装的正常使用及维护也是功能性的一方面，都会影响我们对装饰构造的选择。

2. 安全性

《建筑装饰装修工程质量验收规范》GB 50210—2001 里明确指出，建筑装饰装修工程设计必须保证建筑物的结构安全。当涉及主体和承重结构改动或增加荷载时，必须由原结构设计单位或具备相应资质的设计单位核查有关原始资料，对既有建筑结构的安全性进行核验、确认。对于建筑结构以外的水、暖、电、燃气也有安全方面的要求，严禁未经设计确认和有关部门批准擅自拆改。

与建筑主体结构比较，建筑装饰工程在安全方面的风险相对较小。但建筑装饰构造毕竟与人接触更为紧密，其安全性不可忽视，实际发生的安全问题的危害面往往会大于建筑主体结构。无论是墙面、吊顶、地面、楼梯栏杆等部位，对于构造都有一定的强度、刚度、牢固方面的要求。特别是墙面、吊顶与主体结构的连接构造，如果装饰构造本身设计不合理，材料的强度、连接件刚度等不能达到安全、牢固的要求就会出现质量安全事故，如幕墙工程的板块部件、室内外饰面板或饰面砖的脱落、吊顶坍塌或部件脱落。装饰构造应考虑在不同环境、条件下，应选用合理可靠的构造做法。需要说明的是，环保性能与安全性能往往是息息相关的，也可以把环保问题说成是一种隐形的安全问题。

3. 可行性（工艺要求）

装饰工程的构造选择，应通过施工把合适的装饰材料、相应的构造做法做出来。需要经过理论与实践的检验，须考虑装饰施工的可行性，力求施工方便，易于制作，从季节条件、场地条件以及技术条件的实际出发。这对于工程的质量、工期和造价都有重要意义。同时装饰构造不应拘泥于传统构造做法，可以另辟捷径通过巧妙可实现的构造设计来达到我们的目的。

4. 经济性

不同建筑、不同使用对象、不同性质、不同功能及不同装修标准对于装饰装修的标准都有很大的不同，需要合理兼顾技术合理性与经济性，尽量通过巧妙的构造设计或者其他处理方法达到较少的造价来实现较好的装饰效果。

2.2.2 建筑装饰构造的基本类型

装饰构造因饰面材料、加工工艺及使用环境及部位的不同会有较大的差异。如地面需要承受楼地面的各种荷载，通常有平整、坚固、耐磨、耐污、防水、防起翘、防滑、防磕绊、隔声、弹性、不起尘等要求；吊顶构造为悬吊结构，内部隐藏大量管道设备或安装有各种设备末端，其构造通常有吊杆固定牢固、饰面板的安全牢固、防坠落、隔声、吸声、排布各种管线和设备末端、检修的要求；而室内墙面或立面装饰构造更为复杂，首先装饰材料众多且造型多变，另外其功能要求及美观方面往往发挥较大的作用，除了起到保护墙体的作用，其构造通常还有安装牢固、防脱落、防水防潮、保温隔热、隔声吸声、易清洁等要求。

建筑装饰构造主要分为饰面构造（覆盖式构造）与配件构造两部分。

1. 饰面构造

饰面构造即覆盖式构造，是覆盖在建筑物构件的外表面起保护和美化构件并满足建筑物有关使用功能要求的构造。饰面构造还可以分为三类：

（1）罩面类

包括涂料及抹灰及一些整体面层的粘结构造。涂料罩面是将涂料喷刷于基层表面，并与其粘结形成整体而坚韧的保护膜；抹灰罩面是将由胶凝材料、细骨料和水（或其他溶液）拌制成的砂浆抹于基层表面。整体面层如水泥砂浆地面、石膏板整体吊顶等。

（2）贴面类

包括铺贴、胶结、卡压钉嵌贴面。铺贴的饰面材料一般为用水泥砂浆或胶黏剂作胶结材料的瓷砖、马赛克、小块石板面；胶结的饰面材料一般为材质较软的墙纸、墙布等；钉嵌的饰面材料通常为各种木板、石膏板、金属板材或软硬包，可以钉在基层上或用装饰压条固定。

（3）卡压嵌、挂钩类

挂钩类通常为饰面板或饰面砖的构造做法，通常如石材板、较厚重的瓷砖、木饰面板。

2. 装配配件构造

配件构造即装配式构造，是将建筑装饰装修工程中使用的成品或者半成品，在施工现场安装就位的装饰构造。包括：塑造与浇铸型，如 GRG、石膏花式、金属花式；加工与拼装型，如木橱柜、木门窗；搁置与砌筑型，如一些花格、窗套或轻质墙体。

以上是装饰构造的一般分类方法，在具体装饰构造中往往是多种构造类型组合在一起的，应根据不同的设计要求、功能要求、工艺要求及经济性确定合理的装饰构造。

2.3　建　筑　防　火

为保障建筑防火及消防安全，贯彻"预防为主、防消结合"的消防工作方针，防止和减少建筑物火灾的危害，在总结我国建筑防火和消防科学技术、建筑火灾经验教训的基础上，住建部、公安部联合制定并发布了包括建筑防火设计、室内防火设计及施工、验收方面的标准规范，旨在确保建筑工程及装修施工防火、消防能安全、有序、规范地进行。

2.3.1　建筑设计防火

1. 耐火等级与耐火极限

民用建筑（非高层建筑）的耐火等级分为一、二、三、四级，分别以主要承重构件及围护构件的燃烧性能、耐火极限来划分的。

燃烧性能分为不燃烧体、难燃烧体、燃烧体。耐火极限是指在标准耐火试验条件下，建筑构件、配件或结构从受到火的作用时起，到失去稳定性、完整性或隔热性时止的这段时间，用小时表示。耐火极限通常设置从 0.25h 到 3h 不等。

高层建筑的耐火等级分为一、二两级。

2. 防火分区、防烟分区

（1）防火分区

防火分区是指在建筑内部采用防火墙、耐火楼板及其他防火分隔设施（防火门或窗、防火卷帘、防火水幕等）分隔而成，能在一定时间内防止火灾向同一建筑的其余部分蔓延的局部空间。

1）民用建筑（非高层）的耐火等级、最多允许层数和防火分区最大允许建筑面积应符合表 2-2 的规定。

民用建筑（非高层）的耐火等级、最多允许层数和防火分区最大允许建筑面积　表 2-2

耐火等级	最多允许层数	防火分区的最大允许建筑面积（m²）	备　注
一、二级	—	2500	体育馆、剧院的观众厅，防火分区的最大允许建筑面积可适当增加
三级	5 层	1200	—
四级	2 层	600	—
地下、半地下建筑（室）		500	设备用房的防火分区最大允许建筑面积不应大于 1000m²

注：建筑内设置自动灭火系统时，该防火分区的最大允许建筑面积可按本表的规定增加 1.0 倍。局部设置时，增加面积可按该局部面积的 1.0 倍计算。

2）高层建筑内应采用防火墙等划分防火分区，每个防火分区允许最大建筑面积，不应超过下表的规定。对于一些建筑空间如商业营业厅、展览厅或与高层建筑相连的裙房，还有相应的防火分区面积规定，如表 2-3 所示。

建筑类别	每个防火分区建筑面积（m²）
一类建筑、二类建筑	1500
地下室	500

注：设有自动灭火系统的防火分区，其允许最大建筑面积可按本表增加 1.00 倍；当局部设置自动灭火系统时，增加面积可按该局部面积的 1.00 倍计算。

（2）防烟分区

防烟分区是指在建筑内部屋顶或顶板、吊顶下采用具有挡烟功能的构配件进行分隔所形成的，具有一定蓄烟能力的空间。通常用挡烟垂壁来作为分隔构件，挡烟垂壁是指用不燃材料制成，从顶棚下垂不小于 500mm 的固定或活动的挡烟设施。

每个防烟分区的建筑面积不宜超过 500m²，且防烟分区不应跨越防火分区。

3. 建筑防火构造

防火墙应从楼地面基层隔断至顶板底面基层。在防火墙上不应开设门窗洞口，当必须开设时应设置固定的或火灾时能自动关闭的甲级防火门窗。

防火门划分为甲、乙、丙三级，其耐火隔热性、完整性分别为不低于 1.50h，1.00h，0.50h。防火门应具有自闭功能，双扇防火门应具有按顺序关闭的功能。常开的防火门应能在火灾发生时自行关闭并具有信号反馈的功能。设置在建筑变形缝附近的防火门，应设置在楼层较多的一侧且门扇开启不应跨越变形缝。

对于建筑幕墙与每层楼板、隔墙处的缝隙应采用防火封堵材料封堵。

电缆井、管道井、排烟道、排气道、垃圾道等竖向管道井，应分别独立设置；其井壁应为耐火极限不低于 1.00h 的不燃烧体，各种井道在每层或每隔 2～3 层应采用不低于楼板耐火极限的不燃烧体作分隔；井壁上的检查门应采用丙级防火门。

2.3.2　室内装修防火设计与施工

对于室内装饰装修工程，有专门的防火设计规范和施工验收规范。目前现行版本是《建筑内部装修设计防火规范》GB 50222—1995（2001 版）、《建筑内部装修防火施工及验收规范》GB 50354—2005 版。

建筑内部装修设计及施工应妥善处理装修效果和使用安全的矛盾，积极采用不燃性材料和难燃性材料，避免采用在燃烧时产生大量浓烟或有毒气体的材料，做到安全适用，技术先进，经济合理。据研究，通常火灾出现人员伤亡的主要罪魁祸首是烟雾和毒气，而产生烟雾和毒气的室内装修材料主要是燃烧的有机高分子材料和木质材料。

1. 装修材料的燃烧性能分级

（1）装修材料按其燃烧性能应划分四级，并应符合表 2-4 的规定。

装修材料燃烧性能等级　　　　　　　　　　表 2-4

等　级	装修材料燃烧性能
A	不燃性
B₁	难燃性
B₂	可燃性
B₃	易燃性

（2）装修材料的燃烧性能等级，应按《建筑材料及制品燃烧性能分级》GB 8624—2012 的规定，由专业检测机构检测确定。B3 级装修材料可不进行检测。

（3）安装在金属龙骨上燃烧性能达到 B_1 级的纸面石膏板、矿棉石膏板，可作 A 级装修材料使用。

（4）当木质类板材受火表面涂覆饰面型防火涂料时，可作为 B_1 级装修材料使用。当木质类板材用于顶棚和墙面装修并且不内含电器、电线等物体时，宜仅在木质类板材外表面涂覆防火涂料；当木质类板材用于顶棚和墙面装修并且内含有电器、电线等物体时，木质类板材的内、外表面以及相应的木龙骨应涂覆防火涂料，或采用阻燃处理达到 B_1 级。

（5）单位质量小于 $300g/m^2$ 的纸质、布质壁纸，当直接粘贴在 A 级基材上时，可作为 B_1 级装修材料使用。

（6）施涂于 A 级基材上的无机装修涂料，可作为 A 级装修材料使用；施涂于 A 级基材上，涂覆比小于 $1.5kg/m^2$ 的有机装饰涂料。可作为 B_1 级装修材料使用。

（7）当采用不同装修材料进行分层装修时，各层装修材料的燃烧性能等级均应符合《建筑内部装修设计防火规范》GB 50222—1995（2001 版）规范的规定。复合型装修材料应由专业检测机构进行整体检测并确定其燃烧性能等级。

（8）常用建筑内部装修材料燃烧性能等级划分，可按表 2-5 的举例确定。

常用建筑内部装修材料燃烧性能等级划分举例 表 2-5

材料类别	级别	材料举例
各部位材料	A	花岗石、大理石、水磨石、水泥制品、混凝土制品、石膏板、石灰制品、黏土制品、玻璃、瓷砖、马赛克、钢铁、铝、铜合金、玻镁板、硅酸钙板、无机防火板等
顶棚材料	B_1	纸面石膏板、纤维石膏板、水泥刨花板、矿棉装饰吸声板、玻璃棉装饰吸声板、珍珠岩装饰吸声板、难燃胶合板、难燃中密度纤维板、岩棉装饰板、难燃木材、铝箔复合材料、难燃酚醛胶合板、铝箔玻璃钢复合材料等
墙面材料	B_1	纸面石膏板、纤维石膏板、水泥刨花板、矿棉板、玻璃棉板、珍珠岩板、难燃胶合板、难燃中密度纤维板、防火塑料装饰板、难燃双面刨花板、多彩涂料、难燃墙纸、难燃墙布、难燃仿花岗石装饰板、氯氧镁水泥装配式墙板、难燃玻璃钢平板、PVC 塑料护墙板、轻质高强复合墙板、阻燃模压木质复合板材、彩色阻燃人造板、难燃玻璃钢等
	B_2	各类天然木材、木制人造板、竹材、纸制装饰板、装饰微薄木贴面板、印刷木纹人造板、塑料贴面装饰板、聚酯装饰板、复塑装饰板、塑纤板、胶合板、塑料壁纸、无纺贴墙布、墙布、复合壁纸、天然材料壁纸、人造革等
地面材料	B_1	硬 PVC 塑料地板、水泥刨花板、水泥木丝板、氯丁橡胶地板等
	B_2	半硬质 PVC 塑料地板、PVC 卷材地板、木地板、氯纶地毯、羊毛地毯等。
装饰织物	B_1	经阻燃处理的各类难燃织物等。
	B_2	纯毛装饰布、经阻燃处理的其他织物等。
其他装修材料	B_1	聚氯乙烯塑料、酚醛塑料、聚碳酸酯塑料、聚四氟乙烯塑料。三聚氰胺、脲醛塑料、硅树脂塑料装饰型材、经阻燃处理的各类织物等。另见顶棚材料和墙面材料内中的有关材料。
	B_2	经阻燃处理的聚乙烯、聚丙烯、聚氨酯、聚苯乙烯、玻璃钢、化纤织物、木制品等。

2. 室内装修防火设计的一般规定

（1）建筑内部装修设计不应擅自减少、改动、拆除、遮挡消防设施、疏散指示标志、安全出口、疏散出口、疏散走道和防火分区、防烟分区等。如因特殊要求做改动时，应符合国家有关标准的规定。

（2）建筑内部消火栓的门不应被装饰物遮掩，消火栓门四周的装修材料颜色应与消火栓门的颜色有明显区别。

（3）地上建筑的水平疏散走道和安全出口的门厅，其顶棚应采用A级装修材料，其他部位应采用不低于B_1级的装修材料；地下民用建筑的疏散走道和安全出口的门厅，其顶棚、墙面和地面的装修材料应采用A级装修材料。

（4）建筑物内设有上下层相连通的中庭、走马廊、开敞楼梯、自动扶梯时，其连通部位的顶棚、墙面应采用A级装修材料，其他部位应采用不低于B_1级的装修材料。

（5）歌舞娱乐放映游艺场所，室内装修的顶棚材料应采用A级装修材料，其他部位应采用不低于B_1级的装修材料；当设置在地下一层时，室内装修的顶棚、墙面材料应采用A级装修材料，其他部位应采用不低于B_1级的装修材料。

（6）建筑内部的变形缝（包括沉降缝、伸缩缝、抗震缝）两侧的基层应采用A级材料，表面装修应采用不低于B_1级的装修材料。

（7）建筑物内的厨房，其顶棚、墙面、地面均应采用A级装修材料。

（8）照明灯具的高温部位，当靠近非A级装修材料或构件时，应采取隔热、散热等防火保护措施，与幕布、窗帘、软包、泡沫塑料等装修材料的距离不应小于500mm；灯饰所用材料的燃烧性能等级不应低于B_1级。

（9）建筑内部的配电箱、接线盒、电器、开关、插座及其他电气装置等不应直接安装在低于B_1级的装修材料上。

（10）建筑内部不宜设置采用B_3级装饰材料制成的壁挂、布艺等，当需要设置时，不应靠近电气线路、火源或热源，或采取隔离措施。

（11）当单层、多层民用建筑需做内部装修的空间内装有自动灭火系统时，除顶棚外，其内部装修材料的燃烧性能等级可在GB 50222规范规定的基础上降低一级；当同时装有火灾自动报警装置和自动灭火系统时，其装修材料的燃烧性能等级可在GB 50222规范规定的基础上降低一级。

（12）100m以上的高层民用建筑及会议厅、顶层餐厅、大于800座位的观众厅外，当设有火灾自动报警装置和自动灭火系统时，除顶棚外，其内部装修材料的燃烧性能等级可在GB 50222规范规定的基础上降低一级。

3. 室内装修防火施工要求

建筑内部装修不得降低防火设计要求，不得影响消防设施的使用功能。如需变更防火设计，应经原设计单位或具有相应资质的设计单位按有关规定执行。

建筑内部装修工程的防火施工与验收，按照装修材料种类分为纺织织物、木质材料、高分子合成材料、复合材料及其他材料几类。这几类装修材料中，需对B_1、B_2级材料（其中木质材料为B_1级）进行进场见证取样，并对其现场进行阻燃处理所使用的阻燃剂及防火涂料进行进场见证取样。

（1）纺织织物类装修

纺织织物类装修应进行抽样检验的材料有：

1）现场阻燃处理后的纺织织物，每种取$2m^2$检验燃烧性能；

2）施工过程中受湿浸、燃烧性能可能受影响的纺织织物，每种取 $2m^2$ 检验燃烧性能。

（2）木质材料类装修

木质材料类装修应进行抽样检验的材料有：

1）现场阻燃处理后的木质材料，每种取 $4m^2$ 检验燃烧性能；

2）表面进行加工后的 B_1 级木质材料，每种取 $4m^2$，检验燃烧性能。

木质材料表面进行防火涂料处理时，应对木质材料的所有表面进行均匀涂刷，且不应少于 2 次，第二次涂刷应在第一次涂层表面干后进行；涂刷防火涂料用量不应少于 $500g/m^2$。

（3）高分子合成材料类装修

现场阻燃处理后的泡沫塑料应进行抽样检验，每种取 $0.1m^3$ 检验燃烧性能。

（4）复合材料类装修

现场阻燃处理后的复合材料应进行抽样检验，每种取 $4m^2$ 检验燃烧性能。

（5）其他材料类装修

现场阻燃处理后的其他材料应进行抽样检验。

防火门的表面加装贴面材料或其他装修时，不得减小门框和门的规格尺寸，不得降低防火门的耐火性能，所用贴面材料的燃烧性能等级不应低于 B_1 级。

建筑隔墙或隔板、楼板的孔洞需要封堵时，应采用防火堵料严密封堵。采用防火堵料封堵孔洞、缝隙及管道井和电缆竖井时，应根据孔洞、缝隙及管道井和电缆竖井所在位置的墙板或楼板的耐火极限要求选用防火堵料。

用于其他部位的防火堵料应根据施工现场情况选用，其施工方式应与检验时的方式一致。防火堵料施工后必须严密填实孔洞、缝隙。

采用阻火圈的部位，不得对阻火圈进行包裹，阻火圈应安装牢固。

第3章 装饰施工测量放线

在施工阶段所进行的测量工作称为施工测量。施工测量放线的目的，对于建筑工程是将图纸上设计的建筑物主体结构及部件的平面位置、形状和高程标定在施工现场相应的位置上；对于室内外装饰装修工程是指在建筑主体结构完成的基础上，对建筑装饰构配件、装饰造型及分隔、细部构造、设备管线与设备末端位置、固定家具及软装陈设等以1∶1的比例标注在施工现场的墙顶地面上，放样的各种标注指示、控制尺寸线可以在施工过程中指导、检查施工，使工程严格按照设计的要求进行建设。

测量放线是建筑装饰施工员应熟练掌握的基本工作技能，在测量放线时可以及时发现图纸与现场的矛盾之处，有利于很多施工技术问题的发现和解决。测量学的运用范围较广，本章仅结合室内外建筑装饰装修的实际应用对测量放线加以介绍。

3.1 测量放线的仪器、工具

测量放线常用的仪器工具有卷尺、激光投线仪、水准仪、经纬仪、全站仪等。

3.1.1 卷尺

卷尺是日常生活中常用的量具。建筑装饰工程中常用的是钢卷尺（如图3-1所示），其作用主要是测量距离及物体尺寸。钢卷尺通常使用的规格有：3m、5m、7.5m、15m 等，卷尺由挂件、壳体、刻度尺、紧固件、把爪组成。

1. 卷尺使用要点：

卷尺使用时，应绷紧卷尺，注意起止刻度的位置和正确进行读数，刻度尺带平行于物体（横向测量）或者垂直于地面（竖向测量），不得歪斜与松散。

2. 卷尺的保养

（1）保持清洁，测量时不要使其与被测表面摩擦，以防划伤。拉出尺带不得用力过猛，而应徐徐拉出，用毕让它徐徐退回。

图 3-1 钢卷尺

（2）刻度尺带只能卷，不能折。不允许将卷尺放在潮湿和有酸类气体的地方，以防锈蚀。

（3）不使用时应尽量放在防护盒中，避免碰撞和擦刮。

3.1.2 激光投线仪

激光投线仪由开关、拎带、水平泡、按键、垂线、水平线和可调支腿组成（如图3-2所示）。

1. 激光投线仪的使用包括：安装电池、放置、调平、开启、操作和关闭。

图 3-2　激光投线仪

2. 激光投线仪的用途：常用于施工现场放线，对平整度和垂直度的控制和检测等。

3. 激光投线仪的保养：激光投线仪属于高精度仪器，使用完应卸掉电池，擦拭干净，放入保护箱内，置于通风处，三脚架应放入保护套内，完好的保管有利于仪器长久的使用。

4. 激光投线仪准确性的检查方法：

（1）首先随机选取墙面一点作为测试点，根据这一点放出红外线，在其余墙面或柱体上标出 3～4 个测量点。

（2）接下来将激光投线仪从原先位置挪到其他任意位置（与第一个测试点相对的方向），选取一个已被标好的点为基准，观测其他标注点是否与其处在同一水平面上。

（3）若在同一平面上，便可确定该激光投线仪精确可信，即其可以在具体施工过程中被使用。在上述三步放线过程的每一步骤实施前，都需要检验激光投线仪的准确性。

3.1.3　水准仪

水准仪主要由望远镜、水准器、基座三个部分组成，是为水准测量提供水平视线和对水准标尺进行读数的一种仪器。（如图 3-3 所示）。

水准仪主要有 DS05、DS1、DS3、DS10 等几种不同精度的仪器。DS05、DS1 型水准仪属于精密水准仪，用于国家一、二等水准测量和其他精密水准测量。DS3 型称为普通水准仪，用于国家三、四等水准测量及一般工程测量。D05、DS1、DS3 测量精度误差分别是 0.5mm、1mm、3mm 每千米往返。

1. 水准仪功能

水准仪主要是测量两点间的高差（标高），它不能直接测量待定点的高程，但可由控制点的已知高程推算测点的高程。利用视距测量原理，它还可以测量两点间的水平距离，但精度不高。

2. 水准仪的使用方法

（1）水准仪测量时应整平，使圆气泡居中即可，每次读数时 U 形气泡必须对准。

（2）激光水准仪使用：激光水准仪是在水准仪的望远镜上加装一只气体激光器而成，用激光水准仪测高程时，激光束在水准尺上显示出一个明亮清晰的光斑，可直接在尺上读数，既迅速又正确。自动安平激光水准仪测量时应整平，使圆气泡居中即可使用。

图 3-3　水准仪

图 3-4　经纬仪

图 3-5　全站仪

44

3.1.4 经纬仪

经纬仪由照准部、水平度盘、基座三部分组成，是对水平角和竖直角进行测量的一种仪器，如图3-4所示。

经纬仪有DJ07、DJ1、DJ2、DJ6等几种不同精度的仪器。在建筑工程中，常用DJ2、DJ6型光学经纬仪，其中DJ2经纬仪属于精密经纬仪，J6经纬仪属于普通经纬仪。激光经纬仪是在光学经纬仪的望远镜上加装激光器而成。

1. 经纬仪功能

经纬仪主要是测量两个方向之间的水平夹角，还可以测量竖直角，借助水准尺，利用视距测量原理，可以测量两点间的水平距离和高差。激光经纬仪具备普通水准仪的技术性能外，还能发射激光，可以作为精度较高的角度坐标测量、定向垂直测量。

2. 经纬仪的使用方法

（1）对中：使仪器的中心与测点的标志中心处于同一铅垂线上。

（2）整平：使竖轴居于铅垂位置，整平时要使圆水准气泡居中，粗略整平，根据水准气泡偏移方向进行调节，使圆气泡居中。

（3）瞄准：通过目镜调焦，使十字丝最清晰，利用望远镜上的初瞄器粗略瞄准目标，旋紧水平制动螺旋和望远镜制动螺旋，进行物镜调焦，消除视差后，利用照准部微动螺旋和望远镜微动螺旋用十字丝精确瞄准目标。

（4）读数：读数前，打开反光镜，使读数窗内光线明亮，调节读数显微镜的目镜使度盘影像清晰，消除视差，最后进行读数。

3.1.5 全站仪

全站仪由电子经纬仪、光电测距仪和数据记录装置组成，如图3-5所示。是一种兼有电子测距、电子测角、计算和数据自动记录及传输功能的自动化、数字化的三维坐标测量与定位系统。应用于控制测量、地形测量、施工放样、工业测量和海洋定位等方面。

全站仪在测站上一经观测，必要的观测数据如斜距、天顶距（竖直角）、水平角等均能自动显示，而且瞬间经计算得出平距、高差、点的坐标和高程。全站仪测量系统若和计算机、绘图机相连接，配以数据处理软件和绘图软件，可以实现测图的自动化。

3.2 室内装饰工程的测量放线

3.2.1 室内装饰施工测量放线的准备工作

1. 前期准备

（1）测量放线前，项目部及施工班组应认真审阅施工图纸。由施工员牵头，由深化设计师、测量放线技术员及测量辅助员一起核实现场，对现场建筑空间尺寸进行测量，包括立面、顶面、墙面、梁柱等土建结构数据进行采集。并根据采集的有效数据和了解的现场情况进行施工图纸答疑。并根据采集的数据进行图纸深化。

（2）全面了解水电、空调暖通、消防等专业施工图纸完成面的位置、标高等，通常顶面标高完成面向上250mm为机电标高线，具体以满足机电设备实际安装空间而定。装饰的内标高能高则高，具体以设计图纸为依据。

（3）准备施工测量放线的放线工具及深化图纸，包含合理的顶面综合布置图等。

（4）根据工程施工组织设计进度计划，合理制定施工及测量放线计划。

2. 人员准备

测量放线由专业放线技术员为组长，组织3～4人为一组，深化设计辅助放线，施工员、班组长全程参与。根据项目的特点和体量的大小确定放线人员的数量。

3. 工具准备

按照施工图纸的需要准备好测量仪器及辅助仪器。

图3-6 常规放线工具及辅助材料

（1）根据测量放线需要选择精度匹配的测量器具。主要有激光投线仪、水准仪、经纬仪、全站仪、钢卷尺、不锈钢角尺、200m红外线测距仪等。

（2）测量放线工具和辅助工具、材料。主要包括墨斗、红黑油性记号笔、红黑自喷漆、定制硬质模版字牌、1.5mm钢丝线、50×5角钢、膨胀螺栓、冲击钻、铁锤、扳手、扫帚、铁锹等。常规放线使用工具及辅助工具如图3-6所示。

4. 现场准备

（1）清理现场障碍物，清扫现场垃圾，做好现场邻边、邻洞、邻口安全防护。

（2）认真审阅深化后的建筑装饰施工图纸，了解室内顶、墙、地六面细节。

3.2.2 施工测量放线的步骤和方法

1. 放线工序

（1）移交基准点、基准线。在业主方、监理共同见证下，总承包方或者业主管理方到现场移交标高基准点、总控线和轴线（如图3-7所示），进行复核，根据正确基准点，开始现场实地放线。

通过基准点引出各层"1m基准点"。用专用定制硬质模板字牌，喷红色字，在基准点上正确的做"1m标高线"记号（如图3-8所示）。一般选择电梯厅区域和通道作为"1m标高线"确定区域，本区域也是整个建筑的核心部位。特别注意：移交的原始点位，原则上要求保留到工程结束阶段或者引射到相邻隐蔽部位。

（2）检查复核并标注。根据各楼层"1m标高线"，用专用仪器贯通1m标高线。此放线过程，施工员、施工班组长必须亲自参加，确认复核无误差，做到心中有线。专业放线人员放线前必须认真校对放线设备，确保无误差。体现出"1m标高线"的重要性。

根据移交的总控线和轴线或其他辅助线，各楼层引出装饰施工各区域分布纵、横坐标线。作为完成面放线控制的主控线，用专用定制硬质模版字牌，喷红色字，在坐标线上做好"控制线"标记。并对主控纵、横坐标线进行有效保护。

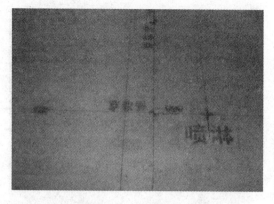

图 3-7　基准线标记

图 3-8　1m 标高线标记

（3）投测地面线。施工员、班组长根据移交的纵、横坐标控制线，亲自复核，确认无误差，做到心中有线。专业放线人员放线认真校对放线设备后，开始对地面大理石、地砖、地板、地毯等放线（如图 3-9 所示）。特别注意：地插位置、活动家具、接待台以及细部阴阳角节点位置。

（*a*）　　　　　　　　　　　　　　　　（*b*）

图 3-9　地面放线示意

（*a*）隔墙造型位置地面线；（*b*）卫生间造型位置地面线

（4）投测顶面线。顶面放线，要注意叠级造型标高，造型的几何尺寸，顶面造型吊顶要按 1：1 尺寸投影放线到地面上。在地面上用几何图形用放线方式摆放出来。每层叠级标高尺寸和设备的位置必须用红色自喷漆标注在地面（图 3-10*a*）。在施工定位时通过放线设备反映到顶面。造型放线要考虑顶面的设备，如新风管、回风管、排烟管、风机盘管、冷热水管、消防管、强弱电桥架管线等一些隐蔽设备，同时要考虑天花板上的设备，如筒灯、吊灯、喷淋、烟感、检修口、喇叭、摄像头、背景音乐等设备的安装位置和安装高度（图 3-10*b*）。在确保设备安装空间和国家强制性规范的前提下，还必须满足使用功能。尽可能地满足装饰效果。

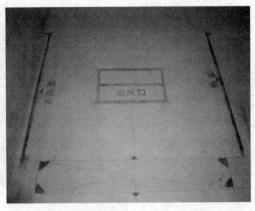

(a) (b)

图 3-10 地面放线示意
(a) 吊顶跌级造型线；(b) 吊顶风口位置线

（5）投测立面线。立面放线要注意方正。根据地面纵横控制线，把地面纵横控制线引到墙立面，并做好标记。根据墙立面的控制线，按照施工深化图纸进行墙面排版放线，特别注意各种基层结构及材料收口细节放线，如图 3-11 所示。

(a) (b)

图 3-11 立面放线示意
(a) 墙面饰面材料分隔线；(b) 门口饰面材料分隔线

2. 放线要点

（1）必须复核确认基准点、±0.000 线、总控线、轴线及其他标高线。

（2）必须认真熟悉深化施工图纸，熟悉各区域顶面综合布置图，注意墙面、地面材料的排版。推行落实产品化的实施。

（3）进入施工放线流程时，首先确定放线区域的标高，然后把顶面综合布置图放到地面，同时引射到建筑顶面。

（4）进入施工放线时，根据建筑装饰施工图纸，顶面、立面、平面以及综合天花布置深化图进行放线。我们施工时，习惯放完成面线。完成面线进行弹线的同时，用专用定制硬质模版字牌，喷红色字，分别在相应的部位标注面层材料材质名称。

（5）通过完成面由外往内推基层，基层尺寸标注在墙面上和图纸上，并把完成面的尺寸进行保护，避免重复放线。特别注意，门洞、走道以及墙面造型等，必须要放中心线，然后以中心线向左右推完成面线。避免造成墙、地面石材、软硬包、木饰面等排版不对缝、不居中。

（6）放线过程中，我们需要把实际放线的数据记录在平面图上，通过整合理论尺寸与实际尺寸数据，使之满足施工要求。把整合的数据进行二次深化排版。使二次深化的图纸有效的指导施工。

3.2.3　造型、复杂部位放线要点

1. 大面墙、地面材料饰面时，放线时必须按照材料规格模数化，墙、地面分格必须对缝，规格尺寸尽量单一化，实现产品可以互换。

2. 旋转楼梯、弧形墙、同心圆石材，都属于异形石材。旋转楼梯，原则上按同心圆放线。放线时，必须把内外圆弧和各级踏步标高准确地放线，误差必须控制在 1.0mm 以内，以便数控设备精确加工。特殊案例还需要放线做模型相结合。

3. 图案、花饰、玻璃、镜子、贵重材料、异形拼花等必须按照其控制点位进行放线，对组成图案、花饰的部件必须在相应的位置编号，方便成品及半成品的联合下单及加工、安装。避免造成不必要的错误和返工。

3.2.4　大空间放线注意要点

在我们装饰施工中，经常会遇到大空间的项目。如机场、高铁站、汽车站、大剧院、体育馆、会议中心等，这些空间较大项目，往往空间大，功能划分也多，且感官要求也高。在放线过程中，在注意常规放线的要点同时，还需要对大空间放线有特别的认识。大空间放线需注意以下几点：

1. 针对大空间区域功能划分，根据控制线（纵横坐标线），考虑对称、居中、通缝等要素。必须根据需要，依据控制线引出多条平行线进行划分控制。从原有的控制线（纵横坐标线），引出多条控制线（纵横坐标线），形成对相应区域、功能放线的多控面。

2. 大空间产品化排版时，应充分考虑材料模数化排版、铺贴及安装等要素；同时要考虑伸缩缝、基层结构、面层通缝等细节处理。

3. 在大空间放线时，一般东、西、南、北、顶、地空间跨度较大，在使用测量仪器的时候，应选择精度较高的经纬仪进行测量，避免造成分段测量出现的累计误差。

3.2.5　偏差的消化原则及方法

1. 偏差消化原则：在建筑装饰施工过程中，理论尺寸（图纸尺寸）和实际尺寸存在一定的尺寸偏差。在建筑装饰施工时，我们根据现场实际，以建筑装饰施工图为依据，为保证各种使用功能和装饰效果，把结构偏差消化在装饰效果要求不高或精度要求较低的部

位。对图纸的理论尺寸与实际结构尺寸的偏差，采取相应的消化措施。

2. 偏差消化的注意事项

（1）保证电梯井的净空和垂直度要求。

（2）保证卫生间、厨房等安装定型设备安装和使用功能。

（3）保证有消防要求的走廊、通道等的净空要求。

（4）保证吊顶净标高并满足管道和设备功能，可以调节管道本身的高度和宽度等。

（5）保证房间家具其他设备摆放尺寸，满足使用功能和星级评分标准。

根据以上放线步骤，完成放线工作后，要组织各专业技术人员进行验线，合格后方可施工。测量放线是施工员的重要岗位职责，测量放线工作完成的质量，直接影响项目二次深化排版、成品及半成品材料加工生产，工程的质量、进度、成本等。做好放线工作是高标准完成项目的前提。因此我们应加强对自我专业水平的不断提高，在每个项目完工后不断总结，努力提高自己的技术水平在开工时充分重视综合测量放线的工作，从而达到装修工程的各项目标。

3.3 幕墙工程的测量放线

幕墙是建筑物的外围护结构，通过预埋件和转接件等结构件与主体结构连接，放线是将骨架的位置弹线到主体结构上，须保证骨架安装的准确性，由于幕墙的高精级特征，所以对土建的要求相对提高，这势必造成幕墙施工与土建误差的矛盾。

解决上述矛盾的唯一途径是对结构误差进行调整，这就需要对主体已完局部完成的建筑物进行外轮廓的测量，并根据测量结果确定幕墙的调整处理方法。测量放线要十分精确，各专业要做到统一放线、统一测量，避免发生矛盾。详细核查施工图纸和现场实测尺寸，以确保设计加工的完善，同时认真与结构图纸及其他专业图纸进行核对，及时发现其不相符部位，尽早采取有效措施修正。

3.3.1 放线前期准备

幕墙放线跟装饰放线一样，首先组建放线技术团队，准备测量工具，认真熟悉确认的施工图纸及相关技术资料。根据施工设计图纸及现场的实际情况，制定合理的测量放线方法和步骤。做好安全技术交底和安全防护工作。

幕墙测量放线器具及材料有：冲击钻、电焊机、经纬仪、水准仪、水平尺、钢尺、5～7m钢卷尺、对讲机、墨斗、拉力器（或花篮螺丝）、记号笔、吊锤、角钢、膨胀螺栓、钢丝线、鱼线等。

3.3.2 放线基准点、线交接复核

在业主方、监理共同见证下，总承包方或者业主管理方到现场提供书面水平基准标高点和首层基准点控制图。施工员及放线技术员，并对基准点、线及原始标高进行复核。结合幕墙设计图、建筑结构图进行确认，经检查确认后，填写轴线、控制线记录表，请业主、监理及总承包方负责人签字确认。做好现场交接的影像资料记录并存档。

3.3.3　现场测量的基本工作程序

熟悉建筑结构与幕墙设计图→整个工程进行分区、分面→确定基准测量层→确定基准测量轴线→确定关键点→放线→测量→记录原始数据→更换测量层次（或立面）→重复以上步骤→处理数据→测量成果分析

1. 控制点的确定步骤

首先利用水平仪和长度尺确定等高线（如图 3-12），再使用激光经纬仪、铅垂仪确定垂直线（如图 3-13），最后使用激光经纬仪校核空间交叉点（如图 3-14），确定控制点。

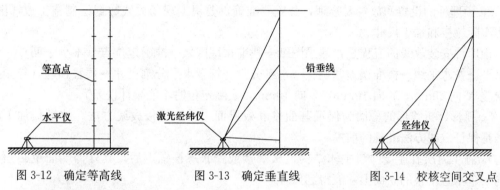

图 3-12　确定等高线　　　图 3-13　确定垂直线　　　图 3-14　校核空间交叉点

2. 放线基本原则和步骤

（1）通常是由土建施工单位提供基准线（如 500mm 标高线，通常称为 50 线）及轴线控制点，但是由于土建施工允许误差较大，所以不能完全依靠土建水平基准线，必须由基准轴线和水准点重新测量，并校正复核。按土建提供的中心线、水平线、进出位线、50线以及窗台板上皮距水平线的距离，经幕墙安装放线技术人员复测后，放钢线。为保证不受其他因素影响，上、下钢线每 2 层一个固定支点，水平钢线每 10m 一个固定支点。

（2）将所有预埋件清理出，并复测其位置尺寸。

由于在实际施工中，结构上所预埋的铁板常出现位置偏差过大、埋件被混凝土淹没甚至出现漏设现象，影响连接铁件的安装。因此，测量放线前，应逐个检查预埋铁件的位置，并把铁件上的水泥灰渣剔除，不能满足锚固要求的位置，增设埋件。

（3）根据基准线在底层确定幕墙的水平宽度。

（4）用经纬仪向上引数条垂线，确定幕墙转角位置和立面尺寸，用经纬仪或激光垂直仪将幕墙的阳角和阴角引上，并用固定在钢支架上的钢丝线作标志控制线。

（5）确定立面的中线。

（6）测量放线时应控制和分配好误差，不使误差积累，根据总包提供的预沉降值，逐层消化在伸缩缝中。

（7）测量放线时在风力不大于 4 级的情况下进行。放线后应及时校核，以保证幕墙垂直度及在立柱位置的正确性。

（8）放线定位后要对控制线定时校核，以确保幕墙垂直度和金属竖框位置的正确。

3.3.4　幕墙放线要点

1. 幕墙施工时，建筑物外轮廓测量的结果不但对预埋件、连接件、转接件的安装和

竖框定位放线的质量起着决定性作用，而且施工的全过程都离不开现场的准确测量。放线的原则是：对由横梁与竖框组成的幕墙，一般先弹出竖框的位置，然后确定竖框的锚固点。待竖框通长布置完毕，横梁再弹到竖框上。

竖框定位放线的流程是：找准转角、轴线、变高变截面等位置标识→在关键层打水平线→辅助层打水平线→找出竖框放线定位点→将定位点加固→复核水平度（误差小于1mm）→检查水平线误差→进行水平分割（每次分割须复检：按原来的分割方式复尺，按相反方向复尺，并按总长、分长复核闭合差，误差大于2mm须重新分割）→吊垂直线→检查垂直度→固定垂直线。

2. 预埋件的设置和放置要合理，位置要准确，要根据现场放线数据绘制施工放样图，落实实际施工和加工尺寸。

预埋件安装放线的流程是：熟悉图纸→找准预埋区域→准确定位点（不少于两点）→打水平→拉水平线→核准误差并调整→水平分割→符合水平分割尺寸→预置预埋（控制三维误差 X 向 20mm，Y 向 10mm，Z 向 10mm，实际定位时不能累计误差）。

3. 弧形、折线形的幕墙为保证其曲率和效果面，采取模板放线方法，故模板加工的准确是保证放线方法准确的前提。

4. 施工时所有连接件与主体结构铁板焊接或膨胀螺栓锚定后，其外伸端面也必须处在同一个垂直平整的立面上才能得到保证。

连接件安装的流程是：找准预埋件→对照竖框垂线（偏差小于 2mm）→拉水平线（控制三维误差 X 向 2mm，Y 向 2mm，Z 向 3mm，实际定位时不能累计误差）→安装连接件。

放线是幕墙施工中技术难度较大的一项工作，开工时应充分重视综合测量放线的工作。除了充分掌握设计要求外，还要具备丰富的施工经验。因为有些细部构造处理，设计图纸中并不十分明确交代，而是留给现场技术人员结合现场情况具体处理，特别是面积较大、层数较多的高层建筑和超高层建筑的幕墙，其放线的难度更大一些。

第4章 装饰材料与施工机具

4.1 装饰材料概述

建筑装饰装修材料是指建筑物主体结构工程完成之后，进行室外、室内墙面、顶棚、地面装饰以及室内空间装饰所用的材料，它不仅可以起到装饰的作用，同时又可以满足建筑物使用功能和精神品味的要求。所以，建筑装饰装修材料是建筑装饰装修工程的物质基础。

4.1.1 建筑装饰装修材料的分类、功能

1. 建筑装饰装修材料的分类

从化学成分的不同可分为无机装饰装修材料、有机装饰装修材料和复合式装饰装修材料。无机装饰装修材料又分为金属装饰装修材料和非金属装饰装修材料两大类型。

2. 建筑装饰装修材料的功能

一般建筑物的内外墙面装饰都是通过装饰装修材料的质感、肌理、线条和色彩来表现的。质感是指人们对装饰材料质地的感觉。一般装饰装修材料都要经过合理的选定后，经过特定的加工，才能满足人们的视觉美感要求。如天然花岗石经过一定的加工后可呈现光滑细腻或粗犷坚硬的质感。线条和色彩的处理可直接影响到人们的心理，也可影响到建筑物的外观和所处的环境。因为装饰装修材料的许多颜色是很美的，如天然花岗石的色彩朴素美，天然大理石的色彩庄重美，木材质朴的色彩美和纹理美以及壁纸和墙布的柔和美等，这些特点构成建筑装饰装修材料的装饰功能。

装饰装修材料对建筑物尚有保护的功能，因为建筑物在长期使用过程中要经受日晒、风吹、雨淋、冰冻等作用，还会受到微生物和大气中的腐蚀性气体的侵蚀，造成建筑物出现粉化、脱落以及裂缝等现象而影响到建筑物的使用寿命，建筑装饰装修材料对建筑物表面进行装饰后，不仅能收到良好的装饰效果，而且还对建筑物进行了保护。如墙面喷上涂料，墙面、地面贴铺饰面砖等，延长了建筑物的使用寿命。

装饰装修材料除了具有上述装饰和保护建筑物主体的功能外，还具有一些特殊功能。如顶棚罩面板和墙面使用石膏能起到"呼吸作用"，当室内空气湿度大时，石膏板具有吸湿能力，不致使墙面出现凝结水；室内空气过于干燥时，石膏板又可以释放出一定的湿气，因而调节了室内空气的相对湿度；又如，墙面粘贴多空泡沫的壁纸、墙布，还可以起到反射声波和吸声的作用，调节了室内的声学功能；木地板装饰，可以起到较好的保温、隔热和隔声的作用；地毯地面可以营造一种豪华的氛围，使人感到舒适、温馨，从而改善了人们的生活环境。

4.1.2 建筑装饰装修工程对材料的选用要求

1. 装饰性

通过装饰装修材料的质感、肌理、和色彩等来表现，满足人们的视觉美感需求。

2. 耐久性

装饰材料的耐久性包含两个方面的含义，一方面是使用上的耐久性，指抵御使用上的损伤、性能减退等；另一方面是装饰质量的耐久性，它包括粘结牢固度和材质特性等。影响装饰材料耐久性的主要因素有：（1）机械外力磨损、撞击与材质强度、安装粘结牢固程度；（2）色彩变异与材质色彩的保持度；（3）对于外墙装饰，还需考虑大气污染与材质的抵抗力、风雨干湿、冻融循环与材质的适应性。

3. 安全牢固性

牢固性包括装饰面层与基层连接方法的牢固和装饰材料本身应具有足够的强度及力学性能。

4. 环保性能

建筑装饰装修工程所用材料应符合国家现行标准的规定，严禁使用国家明令淘汰的材料。许多案例说明，如长期在空气污染严重，通风状况不良的室内居住或工作，会导致许多健康问题，轻者出现头痛、嗜睡、疲惫无力等症状；重者会导致支气管炎、癌症等疾病，此类病症被国际医学界统称为"建筑综合症"。而劣质建筑装饰装修材料散发出的有害气体是导致室内空气污染的主要原因。

近年来我国政府逐步加强了对室内环境问题的管理，并正在将有关内容纳入技术法规。《民用建筑工程室内环境污染控制规范》GB 50325—2010 规定要对氡、甲醛、氨、苯及挥发性有机化合物进行控制，建筑装饰装修工程均应符合该规范的规定。

建筑装饰装修工程所用材料应符合国家有关建筑装饰装修材料有害物质限量标准的规定。2001 年国家出台《室内装饰装修材料有害物质限量标准》（GB 18580—2001～GB 18588—2001 和 GB 6566—2001）共 10 项，分别控制 10 种材料中有害物质的限量，要求从 2002 年 7 月 1 日起强制实施，即人造木质板材、溶剂型木器涂料、内墙涂料、胶粘剂、木家具、壁纸、PVC 地板卷材、地毯、地毯用胶粘剂、混凝土防冻剂和装饰材料放射性核素限量。这些材料也是装饰装修工程中常用的材料，在选用前一定要认真检测，所含有毒物质如甲醛、苯、氡气、氨、γ 辐射、醚酯、三氯乙烯、丙烯腈以及总挥发性有机化合物（TVOC）等不准超过国家标准的规定，以确保环境不被污染和人身的安全。目前已经重新修订过的有《室内装饰装修材料 溶剂型木器涂料中有害物质限量》GB 18581—2009，《室内装饰装修材料 内墙涂料中有害物质限量》GB 18581—2008，《室内装饰装修材料 胶粘剂中有害物质限量》GB 18583—2008，《建筑材料放射性核素限量》GB 6566—2010。

建筑装饰装修工程所使用的材料在运输、储存和施工过程中，应采取有效措施防止损坏、变质和污染环境。

5. 防火性能

建筑装饰装修工程所用材料的燃烧性能应符合国家标准《建筑内部装修设计防火规范》GB 50222—95（2001 年版）、《建筑设计防火规范》GB 50016—2014 的规定。

6. 经济性

装饰材料成本可占整个建筑装饰工程造价的 30％～50％。除了通过装配化施工、缩短工期取得经济效益外，装饰装修材料的经济性选择是取得经济效益的关键。

根据建筑物的使用要求和装饰装修等级，恰当的选择材料；选择工效快、安装简便的材料；选择耐久性好、耐老化、不易损伤、维修方便的材料。加强材料的计划性，对材料进行合理下单，实行搭配切割、套裁，降低损耗，防止大材小用。

4.2 无机胶凝材料、装饰砂浆与混凝土

4.2.1 无机胶凝材料

胶凝材料按化学性质不同分为有机胶凝材料和无机胶凝材料两大类。无机胶凝材料按硬化条件的不同分为气硬性和水硬性胶凝材料两大类。气硬性无机凝胶材料只能在空气中凝结、无机胶凝材料只能在空气中凝结、硬化、产生硬度，并继续发展和保持其强度，如石灰、石膏、水玻璃等；水硬性胶凝材料既能在空气中硬化，又能很好地在水中硬化，保持并继续发展其强度，如各种水泥。

1. 石灰

石灰是人类最早适用的建筑材料之一。石灰的原料分布广，生产工艺简单，适用方便，成本不高，具有良好的技术性能，目前仍广泛用于建筑工程中。石灰熟化时，熟化的时间要足够，要待过火石灰彻底熟化后才能用于工程。生石灰的主要成分是氧化钙，其次是氧化镁。生石灰（CaO）与水反应生成氢氧化钙的过程，称为石灰的熟化或消化。反应生成的产物氢氧化钙称为熟石灰或消石灰。建筑石灰供应的品种有块状生石灰和消石灰两种，其技术指标分别见表 4-1 和表 4-2。

生石灰的主要技术指标 　　　　　　　　　　　　　　　　　　　　　　　表 4-1

项　目	钙质生石灰			镁质生石灰		
	优等品	一等品	合格品	优等品	一等品	合格品
有效氧化钙加有效氧化镁含量，不小于	90%	85%	80%	85%	80%	75%
未消化残渣含量（5mm 圆孔筛筛余），不大于	5%	10%	15%	5%	10%	15%
CO_2，不大于	5%	7%	9%	6%	8%	10%
产浆量（L/kg），不小于	2.8	2.3	2	2.8	2.3	2

石灰具有以下主要性质：

（1）保水性好、可塑性好

生石灰熟化后生成的氢氧化钙颗粒极细，表面都吸附着一层厚厚的水膜，将其掺入水泥砂浆中拌成混合砂浆，可以提高砂浆的保水能力，且可塑性好。

（2）强度低、耐水性差

石灰的硬化只能在空气中进行，硬化速度缓慢，常需几个月才能完成，而且硬化后的强度也不高，受潮后的强度更低，长期受潮湿还会溃散，丧失强度，所以石灰不能用于潮湿环境和建筑物的基础。

消石灰粉主要技术指标 表 4-2

项 目	钙质消石灰粉			镁质消石灰粉			白云石消石灰粉		
	优等品	一等品	合格品	优等品	一等品	合格品	优等品	一等品	合格品
有效氧化钙加有效氧化镁含量，不小于	70%	65%	60%	65%	60%	55%	65%	60%	55%
游离水	0.4%～2%	0.4%～2%	0.4%～2%	0.4%～2%	0.4%～2%	0.4%～2%	0.4%～2%	0.4%～2%	0.4%～2%
体积安定性	合格	合格	—	合格	合格	—	合格	合格	—
0.9mm 筛筛余，不大于	0	0	0.50%	0	0	0.50%	0	0	0.50%
0.125mm 筛筛余，不大于	3%	10%	15%	3%	10%	15%	3%	10%	15%

（3）体积收缩大

石灰在硬化过程中因大量水分蒸发导致体积收缩，收缩率为 1%～3%，所以石灰不能单独使用。应用时可掺入些麻刀、无机纤维和砂子，以抵抗大面积的宏观裂缝。

石灰可以作为拌制石灰砂浆、混合砂浆的原料，用于建筑物的粗装修，还可以拌成麻刀白灰作装饰抹灰的罩面层使用。

2. 石膏

我国的石膏资源丰富，分布广。石膏不仅可以用于生产各种建筑制品，如石膏板、石膏装饰件等，还可以作为重要的外加剂，用于水泥、水泥制品及硅酸盐制品的生产。石膏是一种只能在空气中硬化，并在空气中保持和发展强度的气硬性无机凝胶材料。建筑石膏制品主要有：石膏板（纸面石膏板、石膏装饰板、纤维石膏板和石膏空心板）、石膏装饰制品和室内抹灰及粉刷原料。

石膏的分类、组成、特性及应用见表 4-3。

石膏的分类、组成、特性及应用 表 4-3

分类	天然石膏（生石膏）	熟石膏			
		建筑石膏	地板石膏	模型石膏	高强度石膏
组成	即二水石膏分子式为 $CaSO_4 \cdot 2H_2O$	生石膏经 107～170℃ 煅烧而成，分子式为 $CaSO_4 \cdot \frac{1}{2} H_2O$	生石膏在 400～500℃ 或高于 800℃下煅烧而成，分子式为 $CaSO_4$	生石膏在 190℃ 下煅烧而成	生石膏在 750～800℃ 下煅烧并与硫酸钾或明矾共同磨细而成
特性	质软，略溶于水，呈白或灰、红青等色	与水调和后凝固很快，并在空气中硬化，硬化时体积不收缩	磨细及用水调和后，凝固剂硬化缓慢，7d 的抗压强度为 10MPa，28d 为 15MPa	凝结较快，调制成浆后在数分钟至 10 余分钟内即可凝固	凝固很慢，但硬化后强度高达 25～30MPa，色白，能磨光，质地坚硬且不透水
应用	通常白色者用于制作熟石膏，青色者制作水泥、农肥等	制配石膏抹面灰浆，制作石膏板、建筑装饰及吸声、防火制品	制作石膏地面；配制石膏灰浆，用于抹灰及砌墙；配制石膏混凝土	供模型塑像、美术雕塑、室内装饰及粉刷用	制作人造大理石、石膏板、人造石，用于湿度较高的室内抹灰及地面等

（1）建筑石膏的生产

将天然石膏（生石膏）入窑经低温煅烧（107～170℃），脱水后再经球磨机磨细即为建筑石膏（熟石膏），建筑石膏为白色粉末，密度为 2500～2800kg/m³，松散表观密度为

$800\sim1000kg/m^3$。

（2）建筑石膏的凝结和硬化

建筑石膏使用时，首先加水使之成为可塑的浆体，由于水分蒸发很快，浆体变稠失去塑形，逐渐形成有一定强度的固体。

半水石膏首先溶解于水，形成饱和溶液，待半水石膏与溶液中的水化合后，则被还原成二水石膏（生石膏）。由于半水石膏的溶解和二水石膏的析出，浆体中的自由水分逐渐减少，浆体变稠，失去塑性，这个过程称为硬化过程。

（3）建筑石膏的性质和质量标准

建筑石膏的性质随煅烧温度、条件以及杂质含量不同而异。一般来说具有以下特点：

1）凝结硬化快，强度较高。建筑石膏一般在加水以后经 30min 左右凝结。实际操作时，为了延缓凝结时间，往往加入硼砂、柠檬酸、亚硫酸盐、纸浆废液等缓凝剂。如要加速膏的硬化，也可加入促凝剂，常用的有氟硅酸钠、氯化钠、氯化镁、硫酸钠等，或加入少量二水石膏作为晶胚，也可加速凝结硬化过程。

2）硬化后石膏的抗拉和抗压强度比石灰高。

3）成型性能优良。建筑石膏浆体在凝结硬化早期体积略有膨胀，因此有优的成形性。在浇筑成型时，可以制出尺寸准确、表面致密光滑的制品、装饰图案和雕塑品。

4）表观密度小。建筑石膏与水反应的理论需求量为石膏质量的 18.6%，而实际用水量为理论用水量的 3～5 倍，多余的水分蒸发以后，留下大量空隙，形成多孔结构，所以石膏制品的质量轻。由于孔隙多，石膏的导热系数小，隔热保温性能好，但强度较低，一般做保卫、隔声材料使用。

5）防火性好。当石膏遇火时，二水石膏的结晶水会析出，一方面可吸收热量，同时又在石膏制品表面形成水蒸气汽幕，阻止火的蔓延，因此具有很好的防火性。

6）耐水性差。建筑石膏具有很强的吸湿性，吸湿后的石膏晶体粒子间的黏聚力减弱，强度显著下降，如果吸水后受冻则会产生崩裂。

7）调色性好。建筑石膏洁白细腻，加入颜料可以调配成各种彩色的石膏浆。

建筑石膏的质量标准见表 4-4。

建筑石膏的质量标准　　　　　　　　　　　　　　　　　　　　　表 4-4

指　标		优等品	一等品	合格品
细度（孔径 0.2mm 筛筛余量不超过）		5.0%	10.0%	15.0%
抗折强度（MPa）		2.5	2.1	1.8
抗压强度（MPa）		4.9	3.9	2.9
凝结时间（min）	初凝不小于	6	6	6
	终凝不大于	30	30	30

（4）建筑石膏制品及应用

石膏具有上述诸多优良性能，因而是一种良好的建筑功能材料。当前，应用较多的是在建筑石膏中掺入各种填料加工制成各种石膏装饰制品和石膏板材，用于建筑物的内隔墙、墙面和顶棚的装饰装修等。

1）石膏板

我国目前生产的石膏板主要有纸面石膏板、纤维石膏板、石膏空心条板、石膏装饰板、石膏砌块和石膏吊顶板等。

① 纸面石膏板。纸面石膏板是用石膏做芯材，两面用纸做护面而成，规格为：宽度900～1200mm，厚度9.5～15mm，长度2440mm。主要用于建筑内墙、隔墙和吊顶板等。

② 石膏装饰板。石膏装饰板是以建筑石膏为主要原料制成的平板、多孔板、花纹板、浮雕板级装饰薄板等，规格为边长300、400、500、600、900mm的正方形。装饰板的主要特点是花色品种多样、颜色鲜艳、造型美观，主要用于大型公共建筑的墙面和吊顶罩面板。

③ 纤维石膏板。纤维石膏板以建筑石膏为主要原料，掺入适量的纸筋和无机短纤维制成。这种板的主要特点是抗弯强度高，一般用于建筑物内墙和隔墙，也可用来替代木材制作一般家具。

④ 石膏空心条板。这种板以石膏为主要原料制成。板材的孔洞率为30%～40%，质量轻，强度高、保温、隔声性能好。板材的规格为（2500～3500）mm×（450～600）mm×（60～100）mm，7～9孔平行于板的长度方向，一般用于住宅和公共建筑的内墙、隔墙等。

此处还有石膏蜂窝板、防潮石膏板、石膏矿棉复合板等，可分别用来做绝热板、吸声板、内墙和隔墙板及顶棚板等。

2）石膏装饰制品

建筑石膏中掺入适量的无极纤维增强材料和胶粘剂等可以制成各种石膏角线、角花、线板、灯圈、罗马柱和雕塑等艺术装饰石膏制品，用于住宅或公共建筑的室内装饰。

3）室内抹灰及粉刷

建筑石膏加水、缓凝剂调成均匀的石膏浆，再掺入适量的石灰可用于室内粉刷。粉刷后的墙面光滑、细腻、洁白美观。

石膏加水搅拌成石膏浆，再掺入砂子形成石膏砂浆，可用于内墙抹灰，这种抹灰层具有隔声、阻燃、绝热和舒适美观的特点，抹灰层还可直接刷涂料或裱糊墙纸、墙布。

3. 水泥

水硬性无机胶凝材料通常是指水泥。水泥是一种粉状材料，它与水拌合后，经水化反应由稀变稠，最终形成坚硬的水泥石。水泥水化过程中还可以将砂、石等散粒材料胶结成整体而形成各种水泥制品。水泥不仅可以在空气中硬化，而且可以在潮湿环境，甚至在水中硬化，所以水泥是一种应用极为广泛的无机凝胶材料。

通用水泥用于一般的建筑工程，包括硅酸盐水泥、普通水泥、矿渣水泥、粉煤灰水泥、火山灰水泥和复合水泥六个品种。水泥可以散装或袋装，袋装水泥每袋净重量为50kg。水泥的主要技术指标有：

（1）细度

细度是指水泥颗粒的粗细程度。同样成分的水泥，颗粒越细，与水接触的表面越大，水化反应越快，早期强度越高。但颗粒过细，硬化时收缩较大，易产生裂缝，容易吸收水分和二氧化碳而失去活性。另外，颗粒细则粉磨过程中的能耗大，水泥成本提高，因此细度应适宜。凡细度不符合国家标准规定者则为不合格的产品。

（2）标准黏稠用水量

在按国家标准检验水泥的凝结时间和体积安定性时，规定用"标准稠度"的水泥净浆。按国家标准，水泥"标准稠度"用水量采用水泥标准稠度测定仪测定。硅酸盐水泥的标准稠度用水量一般在 21%～28% 之间。

（3）凝结时间

水泥的凝结时间分初凝和终凝。这个指标对施工有着重要的意义。为保证水泥混凝土、水泥砂浆有充分的时间进行搅拌、运输、浇模或砌筑，水泥的初凝时间不宜过早。施工结束，则希望尽快硬化并具有一定的强调，既便于养护，也不至于拖长工期，所以水泥的终凝时间不宜太迟。普通硅酸盐水泥、矿渣硅酸盐水泥、火山灰硅酸盐水泥、粉煤灰硅酸盐水泥和复合硅酸盐水泥的初凝时间不小于 45min，硅酸盐水泥的终凝时间不大于 6.5h，其他五类水泥的终凝时间不大于 10h。

（4）体积安定性

指水泥在硬化过程中体积变化是否均匀的性质。如果水泥硬化后产生不均匀的体积变化，即所谓体积安定性不良，就会使混凝土构件产生膨胀性裂缝，降低质量，甚至引起严重事故。体积安定性不合格。体积安定性不合格的水泥应作为废品处理，不能用在工程上。

（5）强度

水泥的强度是评价和选用水泥的重要技术指标，也是划分水泥强度等级的重要依据。水泥的强度除受水泥熟料的矿物组成、混合料的掺量、石膏掺量、细度、龄期和养护条件等因素影响外，还与试验方法有关。国家标准规定，采用胶砂法来测定水泥的 3d 和 28d 的抗压强度和抗折强度，根据测定结果来确定该水泥的强度等级。水泥强度等级按 3d 和 28d 龄期的抗压强度和抗折强度来划分。普通硅酸盐水泥强度等级分为 42.5、42.5R、52.5、52.5R 四个等级。不同品种不同强度等级的通用硅酸盐水泥，其不同龄期的强度应符合表 4-5 的规定。

通用硅酸盐水泥各龄期强度（MPa） 表 4-5

品　种	强度等级	抗压强度		抗折强度	
		3d	28d	3d	28d
硅酸盐水泥	42.5	≥17.0	≥42.5	≥3.5	≥6.5
	42.5R	≥22.0		≥4.0	
	52.5	≥23.0	≥52.5	≥4.0	≥7.0
	52.5R	≥27.0		≥5.0	
	62.5	≥28.0	≥62.5	≥5.0	≥8.0
	62.5R	≥32.0		≥5.5	
普通硅酸盐水泥	42.5	≥17.0	≥42.5	≥3.5	≥6.5
	42.5R	≥22.0		≥4.0	
	52.5	≥23.0	≥52.5	≥4.0	≥7.0
	52.5R	≥27.0		≥5.0	
矿渣硅酸盐水泥、火山灰质硅酸盐水泥、粉煤灰硅酸盐水泥、复合硅酸盐水泥	32.5	≥10.0	≥32.5	≥2.5	≥5.5
	32.5R	≥15.0		≥3.5	
	42.5	≥15.0	≥42.5	≥3.5	≥6.5
	42.5R	≥19.0		≥4.0	
	52.5	≥21.0	≥52.5	≥4.0	≥7.0
	52.5R	≥23.0		≥4.5	

4.2.2 装饰水泥

装饰水泥包括白水泥和彩色水泥，在建筑装饰工程中，它们以其良好的装饰性能被广泛用于封缝材料或配制各种颜色的砂浆，主要用于墙面装饰，也可以用来做胶凝材料配制装饰混凝土和人造石材。

白水泥是白色硅酸盐水泥的简称，彩色水泥是彩色硅酸盐水泥的简称。

1. 白色硅酸盐水泥

凡以适当成分的生料烧至部分熔融，所得到的以硅酸钙为主要成分、氧化铁含量少的熟料，再加入适量的石膏，磨细制成的白色水硬性的凝胶材料，称为白色硅酸盐水泥。

根据国家标准《白色硅酸盐水泥》GB/T 2015—2005 的规定：白色硅酸盐水泥强度等级有 32.5、42.5、52.5 三级，各级各龄期的强度值应符合表 4-6 中的规定。

白水泥中，凡细度、终凝时间、强度和白度有一项不符合国家标准规定时为不合格品，水泥包装标志中水泥品种、生产厂家名称和出厂标号不全时也为不合格品；凡三氧化硫、初凝时间和安定性中有一项不合格或强度等级低于最低强度等级指标时则为废品。

白色硅酸盐水泥各强度等级的各龄期强度   表 4-6

强度等级	抗压强度/MPa		抗折强度/MPa	
	3d	28d	3d	28d
32.5	12.0	32.5	3.0	6.0
42.5	17.0	42.5	3.5	6.5
52.5	22.0	52.5	4.0	7.0

2. 彩色硅酸盐水泥

彩色水泥可以在普通白水泥熟料中加入有机或无机矿物颜料经磨细而成；也可以在白色水泥生料中掺入少量的金属氧化物作为着色剂，烧成熟料后再经磨细而成；还可以将着色物质以干式混合的方法掺入白水泥或其他硅酸盐水泥经磨细而成。生产彩色水泥掺入的颜料多为无机矿物颜料，颜料的掺入量与着色度密切相关。建筑装饰工程常用彩色水泥配制色浆，也可以用来配制彩色砂浆、水刷石、水磨石和人造大理石等。

4.2.3 装饰砂浆

装饰砂浆用于墙面喷涂、弹涂或墙面抹灰装饰，主要品种有彩色砂浆、水泥石灰类砂浆、石粒类砂浆和聚合物水泥砂浆。用装饰砂浆作装饰面层具有实感丰富、颜色多样、艺术效果鲜明、施工简单和造价低等优点，通常只用于普通建筑物的墙面装饰。

1. 彩色砂浆

彩色水泥砂浆是以水泥砂浆、白灰砂浆或混合砂浆直接掺入颜料配制而成，也可以用彩色水泥和细砂直接配制。

彩色砂浆配色所用的颜料，根据颜色系列的不同其化学成分及颜料的性能也各不相同，如用于室内墙面粉刷的大白粉（又称白铅粉）的主要成分是 $CaCO_3$，为方解石类沉积岩，白色或灰白色，硬度较低，易粉碎，与 SO_2 接触后易变色，用于外墙粉刷的铁红主要成分是 Fe_2O_3，氧化铁红有天然的和人造的两种，具有优良的着色力和遮盖力，且耐光、耐热、耐候性均好；金粉是铜和锌合金混合而成的金属粉末，由于铜合金含量高，又有铜粉、黄铜粉之称，产品的颜色美丽，反光性强，遮盖力极高，各种光线均不能穿透，鲜艳的光泽给人以"贴金"的质感，可以代替"涂金"或"贴金"，用于高级装饰工程。

2. 石粒类装饰砂浆

石粒类装饰砂浆是在水泥砂浆的基层上抹出水泥石粒浆面层作为装饰层，主要用于建筑外墙装饰。这种装饰层是靠石粒的本色和质感来达到装饰目的，具有色泽明亮、质感丰富和耐久性好的特点。装饰层的主要类型有水刷石、干粘石、剁假石，水磨石、机喷石、机喷石屑和机喷砂等。

石粒是由天然的大理石、花岗石、白云石和方解石等经机械破碎加工而成。由于石粒具有不同的颜色，又称其为色石渣，色石子或石末等，用来做石粒等装饰砂浆中的骨料。

石渣的颜色，粒径的大小直接影响装饰效果，常用石渣规格与治理要求见表4-7。

石渣规格及质量要求 表 4-7

规格与粒径的关系		颜　色	质量要求
规格	粒径（mm）		
大八厘	约8	桃红、翠绿及肝石、松香石、黑石渣、白石渣、莺石渣等	颗粒坚硬、有棱角、洁净、不含风化石渣
中八厘	约6		
小八厘	约4		
米粒石	2～6		

粒径大小的确定，应视外墙的高度而定。外墙高大，人流观赏位置较远，由于视差的影响，宜选用6～8mm粒径的彩色石渣；反之，若外墙较矮小，人流观赏点近，则宜选用4mm以下（含4mm）的石渣。因为石渣的粒径大，远看效果好，近看则显得饰面层粗糙；而粒径小，近看则显得清秀，远看平淡。另外，为了突出远看的效果，还可以采取在浅色石渣中加入适量的对比性很强的深色石渣，以产生艺术渲染的作用。粒径大小的确定并无统一的标准，即便是在同一装饰层面上，也可以根据装饰部位的不同或颜色的深浅而选用几种不同的粒径，这要看艺术的表现手法和观赏角度如何来确定。

石屑是比石粒粒径更小的骨料，是破碎石料过筛筛下的小石渣，主要用来配制外墙喷涂饰面的砂浆，如常用的松香石屑、白云石屑等。

3. 聚合物水泥砂浆

聚合物砂浆可作为装饰抹灰砂浆，也可以用于饰面层的喷涂、滚涂和弹涂。聚合物砂浆是在普通水泥砂浆中掺入适量的有机聚合物，以改善原来砂浆粘结力的装饰砂浆。当前装饰工程中掺入的有机聚合物主要有以下两种。

（1）聚醋酸乙烯乳液

聚醋酸乙烯乳液是一种白色的水溶性胶状体，主要成分有醋酸乙烯、乙烯醇和其他外掺剂经高压聚合而成。以适当的比例将其掺入砂浆内，可是砂浆的粘结力大大提高，同时增强砂浆的韧性和弹性，有限的防止装饰面层开裂、粉酥和脱落现象发生。这种有机聚合物在操作性能和饰面层的耐久性等方面都优于过去长期使用的聚乙烯醇缩甲醛胶（107胶），但其价格较高。

（2）甲基硅酸钠

甲基硅酸钠是一种物色透明的水溶液，是一种有机分散剂。建筑物外墙喷涂或弹涂装饰砂浆时，在砂浆中掺入适量的甲基硅酸钠，可以提高砂浆的操作性能，并可提高饰面层的防水、防风化和抗污染的能力。

4.2.4 装饰混凝土

装饰混凝土是利用混凝土塑性成型、材料构成特点以及本身的庄重感，在墙体、构件成型时，采取一定的技术措施，使其表面具有装饰性线型、纹理、质感和色彩效果，以满足建筑外墙的各种装饰功能的工艺称为装饰混凝土。

装饰混凝土是经过建筑艺术加工的一种混凝土外墙装饰技术，它可以在大模板、滑升模板等现浇混凝土墙体表面上进行装饰；也可以在装配式大型墙板上做装饰。若为预制混凝土外墙板生产工艺，其施工方法有正打成型和反打成型两种。正打成型工艺是当混凝土墙体浇筑后，在混凝土表面再压轧成要求的线型和花饰；反打工艺则是在混凝土墙体成型前，在底模上设置各种线型或花饰的衬模后再浇筑混凝土，形成能同时满足结构、热工与装饰效果要求的综合功能的建筑物外墙。

装饰混凝土在各生产力发达国家早已得到了广泛的应用，公共建筑墙体采用装饰混凝土成功的实例如法国巴黎的戴高乐机场候机大厅和美国肯尼迪机场候机大楼。我国装饰混凝土尚处于初级阶段，从 20 世纪 70 年代开始研制混凝土外墙板，20 世纪 80 年代中期上海在四平路建成 1 万多 m²，高 18 层的剪力墙装饰混凝土大楼；北京近几年应用的装饰混凝土多为反打工艺成型的外墙板。

装饰混凝土的生产工艺简单合理、省工省料，可减轻建筑物自重及减少施工过程的湿作业，充分反映混凝土的内在素质与独特的装饰效果并较好地将构件生产和装饰处理相互统一起来，提高了工效，缩短了工期，从而取得良好的技术经济效果。

1. 现浇墙板的装饰混凝土施工

现浇墙板的装饰混凝土是在模板内侧采取衬垫具有不同凹凸深度的线条、图案或纹理的内衬材料，待浇筑混凝土脱模后，使其表面形成良好的装饰效果面层。这个面层可以是混凝土本色，也可以在混凝土内掺入或在表面干撒上耐晒、耐光和耐碱等优良性能的矿物颜料而形成彩色饰面；也可以在墙面再刷、喷设计要求的建筑涂料。

（1）衬模

为达到现浇装饰混凝土理想的成型质量，衬模应满足以下基本要求：

1）衬模应能保证牢固地固定在钢模板上，具有一定的耐磨性，可多次重复使用；

2）衬模表面应不吸水，不易与混凝土粘结，脱模后的混凝土棱角能保持完整、清晰；

3）衬模所选用的材料应具有一定的可塑性，在其上面可按设计要求加工出各种花饰。

满足以上要求，装饰工程所用的衬模材料主要有氯丁橡胶、聚氯乙烯和聚氨酯以及有机硅模料等。

（2）衬模的固定

衬模固定多在施工现场进行，固定的方法是采取粘贴或螺钉固定在底模上。装饰混凝土成型所用底模为钢模板，表面平整、外形尺寸准确且整体刚度好。

固定时先将模板放平，清除模板表面的油渍、浮尘和残灰。按图纸要求排列衬模，排列要使相邻两块模板表面的纹理、图案准确拼接，不得中断和错位。衬模排布完毕，随即弹线，确定出粘贴固定时的基准。粘贴时要将胶粘剂涂刷在模板和衬模的背面。衬模四周要均匀满刷，中间可呈梅花点状地间隔刷胶。同时将模板的上下（楼层标高处）腰带压在衬模上面，以防衬模的上下边翘曲。

（3）钢筋的布置与绑扎

根据装饰混凝土配筋要求配筋。外场钢筋到饰纹或图案最深处表面的距离，不得小于25mm，钢筋不得严重锈蚀，绑丝要用镀锌钢丝，钢丝头要折向墙中。

（4）混凝土浇筑与振捣

装饰混凝土的配合比应经过严格设计，并经试验室试配合格，符合要求的坍落度，砂率值选用合理，粗集料的最大粒径适宜，水灰比在满足其他条件的前提条件下力求不要过大，若实在觉得浇模、振捣工艺有困难，难以达到治疗要求时，可适当掺入些减水剂进行调整。

混凝土浇筑前要检查模板的拼缝是否严密，穿墙螺栓是否采取了防漏浆的措施，衬摸和底模的安装精度是否得到了包装，钢筋的保护层是否合理等。个性检查确认无误后，即可进行混凝土浇筑。

装饰混凝土浇筑应采取多点密集浇筑，每次浇筑高度不超过600mm，执行分层浇筑、分层振捣的要求。浇筑后一般要求进行二次振捣。第一次是在混凝浇筑后振捣，30min以后进行第二次振捣，可以保护混凝土充分密实，内部不会出现孔洞，拆模后表面光滑，衬模上设计的线型、花饰、图案更显得逼真，即不会出现麻面和破损。

（5）混凝土养护

承重的装饰混凝土墙体，浇筑、振捣工艺之后，必须进行认真养护。养护的作用是：首先是全天在适宜的温度和湿度条件下强度得到正常的增长，其次由于混凝土中的水分挥发较慢，水泥可以充分地进行水化反应而不致出现干缩裂缝的现象。装饰混凝土表面即使出现发丝裂缝，在大气尘埃积累时，也会使裂缝处变黑而破坏饰面层的美观。

（6）拆模与清理

装饰混凝土养护达到规定的时间和强度后即可拆模，要求是先做水平方向拆除，再垂直吊运模板。模板吊运时要平稳缓慢，统一指挥，不得碰撞墙面。拆模后进行检查、清理，对墙体上的穿墙螺栓洞、锥形螺母洞（防止漏浆而使用的特殊形式的螺母）等孔洞进行嵌补。嵌补应用的材料是与墙体相同强度等级的混凝土。嵌补的方法是分层填塞，第一次嵌塞后约30～40min，进行第二次嵌塞并抹平表面。

发现局部表面线型、花饰或图案由于拆模造成轻度破损时，可用1:1～1:1.5的水泥砂浆进行修补，要注意修补部位的颜色应与墙体表面一致，且不得显出接槎。

2. 预制墙板装饰混凝土施工

外挂内浇混凝土外墙板和全装配式混凝土大板外墙的装饰混凝土都采取工厂化预制，其工艺分为正打法和反打法两种。预制饰面可以是混凝土本身，也可以利用不同的面层材料，一般以薄形板块和石渣进行面层装饰。

（1）装饰混凝土墙板的反打工艺

反打工艺是指混凝土的外墙板的外墙面朝下与底模直接接触，将外墙面所需要的装饰线型和图案塑造或雕刻在底模上；或者在钢制的平底模上铺垫所需要的装饰图案衬模，用铸造的原理来浇筑外墙板，经过一定温度、湿度环境养护后脱模，再取下花饰模具，即得到具有装饰面层的混凝土外墙板。

装饰混凝土墙板上的花饰、图案、线型及其分布形式需由设计单位、施工单位和阴模加工厂共同商定，然后加工阴模，施工单位再将阴模固定在大模板上进行反打工艺。

（2）装饰混凝土墙板的正打工艺

正打工艺是指在装配式混凝土墙板外表面运用印花、压花或滚花等装饰工艺取得装饰艺术效果的一种装饰形式。

印花正打工艺的主要优点是：技术难度不大，设备与饰面操作均比较简单，且便于线型和花式的灵活多样化；缺点是线型和图案的凹凸度差较小，立体感较差。压花工艺同印花工艺相同，但线型和花饰的凹凸度差较大，立体感强，装饰效果较好，但压花的操作技术要求较高。

除印花、压花、滚花三种正打工艺外，还有一种挠刮工艺，即在浇筑并经振捣、抹平的预制混凝土墙板上，用硬毛棕刷等工具在其表面进行挠刮，以形成具有一定粗犷质感的装饰表面的工艺。

4.3　常用装饰装修材料

4.3.1　木材与木材装饰品

树木一般可分为针叶树和阔叶树两大类。针叶树树干通直，易得大材，强度较高，体积密度小，膨胀变形小，其木质较软，易于加工，常称为软木材，包括松树、杉树和柏树等，为建筑工程中主要应用的木材品种。

阔叶树大多为落叶树，树干通直部分较短，不易得大材，其体积密度较大，膨胀变形大，易翘曲开裂，其木质较硬，加工较困难，常称为硬木材，包括榆树、桦树、水曲柳、檀树等众多树种。由于阔叶树大部分具有美丽的天然纹理，故特别适于室内装修或制造家具及胶合板、拼花地板等装饰材料。

1. 木材的主要物理力学性质

（1）密度：木材为多孔材料，密度较小，密度通常为 $400\sim1000kg/m^3$。

（2）导热性：木材的孔隙率大，体积密度小，故导热性差，所以木材是一种良好的绝热材料。

（3）含水率：从微观构造上看木材都是由管状细胞组成的，木材中的水分可分为吸附水，即存在于细胞壁内的水和自由水，即存在于细胞腔内与细胞间隙处的水两部分。当吸附水达到饱和时（一般为 30%），而细胞腔和细胞间隙处的自由水不存在时，此时的吸附水称为木材的"纤维饱和点"，又称木材的临界含水率，它是引起木材物理、化学性能变化的转折点。

（4）吸湿性：木材的吸湿性强，且吸湿性对木材湿胀、干缩的性能影响很大，因此，无论是木结构材料，还是细木装饰工程中使用的木材，使用之前一定要进行干燥处理，以防止尺寸、形状的变化和物理、力学性能下降。

（5）湿胀与干缩：细胞壁内的吸附水蒸发时，木材体积开始收缩；反之，干燥的木材吸湿后，体积将发生膨胀。

（6）强度：各种强度在木材的横纹、顺纹方向上差别很大。木材的变形在各个方向上也不同，顺纹方向最小，径向较大，弦向最大。木材属于易燃材料，阻燃性差，且容易虫蛀，木材都有天然的疵病、干湿交替作用时会被腐朽。

2. 木材干燥与干燥方法

木材干燥的目的：木材经过干燥可以有效地提高木材的抗腐朽能力，干燥后的木材能进行防火处理。木材经过干燥还可以防止木材在使用过程中发生变形、翘曲和开裂。

木材干燥方法：有木材干燥和人工干燥两种方法，其中人工干燥有热风干燥、真空干燥、红外干燥等。人工干燥的木材含水率低、质量稳定。

3. 人造板材

人造板材是利用木材加工过程中的下脚料，如边皮、碎料、木屑、刨花等进行加工处理后而得到的板材，如图 4-1 所示。人造板材与实木木材相比，有幅面大、变形小、表面光洁和没有各向异性等优点，目前建材市场上出现的装饰装修工程中使用较多的人造板材有薄木板材、纤维板、胶合板、细木工板、刨花板、木丝板和防火板材等。

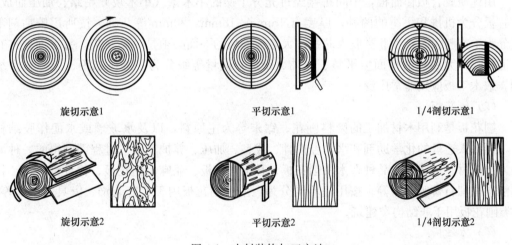

旋切示意1　　　　　平切示意1　　　　　1/4剖切示意1

旋切示意2　　　　　平切示意2　　　　　1/4剖切示意2

图 4-1　木材装饰加工方法

人造板材应用时的环保指标按《室内装饰装修材料 人造板及其制品中甲醛释放限量》GB 18580—2001 强制标准规定。胶合板、装饰单面贴面胶合板和细木工板（大芯板）均按甲醛释放量限定了分类适用范围。

E_1 类：可以直接用于室内，I 类，民用建筑工程室内装修必须采用 E_1 类人造板材。

E_2 类：II 类民用建筑工程室内装修宜采用 E_1 类，当使用 E_2 类时，直接暴露在空气中的部分应进行表面涂覆密封处理。

（1）薄木板材

1）软木壁纸：适合我国北方严寒气候地区的宾馆、饭店、大型商场内墙装饰。

2）微薄木贴面板：又称饰面胶合板或装饰单板贴面胶合板，它是将阔叶树木材（柚木、胡桃木、柳桉等）经过切片机切出 0.2～0.5mm 的薄片，再经过蒸煮、化学软化及复合加工工艺而制成的一种高档的内墙细木装饰材料，它以胶合板为基材（底衬材），经过胶粘加压形成人造板材。

（2）纤维板

纤维板是将木材加工过程中的树皮、树枝、刨花等废料和植物纤维，经过破碎、浸泡研磨成浆，再加入一定的胶合料，经热压成型、干燥切割成板材。根据体积密度不同，纤维板分为硬质纤维板、半硬质纤维板和软质纤维板。其中硬质纤维板又称高密度板，体积密度都在 800kg/m³ 以上，主要用作室内的壁板、门板、家具及复合地板；半硬质纤维板又称中密度板，体积密度为 400～800kg/m³，可用作顶棚的吸声材料；软质纤维板的体积密度小于 400kg/m³，适合作保温、隔热材料使用。

（3）胶合板

胶合板亦称层压板、多层板，是用水曲柳、桦、椴、松以及部分进口的原木，沿年轮旋切成大张薄片，经过干燥、刷胶后，按各层纹理相互垂直的方向重叠，在热压机上热压黏合而成。胶合板板面平整，变形小，无木结、裂纹等缺陷。胶合板的层数为基数，如 3、5、7……13 等。

（4）大芯板（细木工板）

用优质胶合板作面板，中间拼接经过充分干燥的小木条（小木块）粘结、加压而成。大芯板分为机拼和手拼的两种，厚度有 15mm、18mm、20mm 等几种。按所用胶粘剂不同分为Ⅰ类胶大芯板和Ⅱ类胶大芯板。大芯板面板的一面必须是一整张板，另一面允许有一道拼缝，大芯板的板面应平整、光洁、干燥，质量等级分为一等、二等、三等三个级别。细木工板应用非常广泛。

（5）刨花板

刨花板是利用木材加工的废料刨花、锯末等为主原料，以及水玻璃或水泥作胶结材料，再掺入适量的化学助剂和水，经搅拌、成型、加压、养护等工艺过程而制得的一种薄型人造板材。刨花板的品种有木质刨花板、甘蔗刨花板、亚麻屑刨花板、棉秆刨花板、竹材刨花板和石膏刨花板等。按用途不同分为：A 类刨花板用于家庭装饰、家具、橱具等。B 类刨花板用于非结构类建筑。

（6）木丝板

木丝板是利用木材加工的下脚料，经木丝机切丝，再与水玻璃胶结材料均匀拌合，加压、凝固成形、切割成板材。

4. 木、竹地板

木地板主要有条木地板、拼木地板、软木地板和复合木地板等类型。

（1）条木地板

条木地板又叫普通木地板。构造及做法上分实铺和空铺两种。实铺是将木龙骨直接铺钉在水泥砂浆地面或混凝土地面面层上；空铺条木地板则是由地龙骨、水平支撑和地板三部分组成。条木地板的宽度一般不大于 120mm，板厚为 20～30mm，拼缝处加工成企口或错口，端头接缝要相互错开，其外形构造如图 4-2 所示。

（2）拼木地板

拼木地板又叫拼花木地板，分单层和双层的两种，它们的面层都是硬木拼花层，拼花形式常见的有正方格式、斜方格式（席纹式）和人字形，如图 4-3 所示。

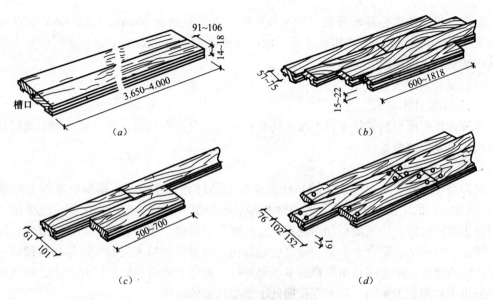

图 4-2　条木地板外形构造

(a) 长尺寸的薄板条；(b) 尺寸不齐的地板条；(c) 宽度不同的木地板条；(d) 带用装饰木钉的木地板条

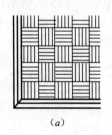 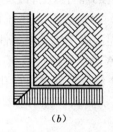 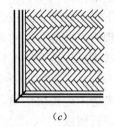

(a)　　　　　　　　　(b)　　　　　　　　　(c)

图 4-3　木质地板拼花形式

(a) 正方格形；(b) 斜方格形；(c) 人字形

其规格尺寸一般长 30～250mm，宽 40～60mm，厚 20～25mm，木条都带有企口，以便于拼接。拼木地板的形式多样，但多是利用木材加工厂的边角余料或碎片拼接而成。拼木地板所用的木材经远红外线干燥，其含水率不超过 12%。另外，拼木地板还有以下优点：拼木地板都有一定的弹性，软硬适中；拼木地板可以采用胶贴新工艺施工，即先用木材加工过程的下脚料制成薄而短的板条，镶拼成见方的地板块，再贴在水泥砂浆地面上而成，同拼木地板传统的施工工艺相比降低了工程造价。

为了保证拼木地板的施工质量和使用的耐久性，由于全国气候的差异，为防止因含水率过高使板面发生脱胶、隆起和裂缝等质量问题而影响到装饰效果，选择拼木地板时含水率指标应满足以下要求：

Ⅰ类：含水率 10%，包括包头、兰州以西的西北地区和西藏自治区

Ⅱ类：含水率 12%，包括徐州、郑州、西安及其以北的华北地区和东北地区

Ⅲ类：含水率 15%，包括徐州、郑州、西安以南的中南、华南和西南地区

（3）软木地板

软木地板是将软木的颗粒经过特殊工艺加工而制成的片块类的木材制品。在使用功能方面，有较高的弹性、隔热、隔声性能，另外，软木地板的防滑、耐磨、耐污染、抗静

电、吸声、阻燃及脚感都较理想。软木地板的正方形规格为 300mm×300mm，长条形的规格为 900mm×150mm，能相互拼花，也可以拼接成多种形式的图案，还可以用来作建筑物内墙装饰，即贴墙装饰材料。

（4）复合木地板

1）实木复合木地板

这种地板的原材料就是木材，按结构分有三层复合实木地板，多层复合实木地板和细木工板实木复合地板等。

2）强化复合木地板

又称叠压式复合木地板，它的基材主要为小径材和边角余料，借助胶粘剂（脲醛树脂），通过一定的工艺加工而成。其弹性和脚感不如实木复合地板。强化复合地板按地板基材分为高密度板、中密度板和刨花板，这些都具有耐磨、阻燃、防静电、防虫蛀、防潮湿、耐压、易清洁，适合办公室、写字楼、商场、健身房和精密仪器车间等地面铺设，可以代替实木地板，但要注意甲醛释放量不要超标。复合木地板的底层虽有防水、防潮的功能，但也不宜用在卫生间、浴室等长期处于潮湿状态的场所。

（5）竹地板

竹制地板是利用生长期为三年以上的楠竹（毛竹）模拟木质地板、木质活动地板的标准，经下料、烘干、防虫、防霉处理，再经胶合、热压而成。竹地板脚感舒适、表面华丽、物理力学性能与实木地板接近，但湿胀干缩及稳定性要优于实木复合地板。

人造木地板按照甲醛释放量分为 A 类（甲醛释放量不大于 9mg/100g），B 类（甲醛释放量为 9mg/100g～40mg/100g），甲醛释放量可采用穿孔法测试。对于 I 类民用建筑的室内装修人造木地板的用材，应采用 E1 类材料，其甲醛释放量不大于 0.12mg/m³，采用气候箱法进行测试。

4.3.2 建筑装饰石材

1. 天然石材分类

天然石材是建筑工程中应用最广也是最古老的材料之一，人类利用石材作建筑装饰材料的历史源远流长。现代建筑工程中，天然石材更多地运用于室内外装饰工程，建筑石材的外观形状逐渐从方块状演变为薄板状。

现代建筑装饰工程中，人们几乎利用了地球上各类天然石材，天然石材种类可谓异常繁多。随着科技进步，人们还开发出了各种各样的人造石材。

天然石材可大致分为三类：火成岩、沉积岩和变质岩。

火成岩岩石是由地幔或地壳的岩石经熔融或部分熔融的物质如岩浆冷却固结形成的，花岗岩就是火成岩的一种。

沉积岩是在地表不太深的地方，将其他岩石的风化产物和一些火山喷发物，经过水流或冰川的搬运、沉积、成岩作用形成的岩石，石灰石和砂岩属于这一类。

变质岩是在高温高压和矿物质的混合作用下由一种石头自然变质成的另一种石头，大理石，板岩，石英岩，玉石都是属于变质岩。

建筑装饰用石材通常采用其商业分类，一般将天然石材分为天然花岗石、天然大理石、天然板岩、天然砂岩、天然石灰石、其他石材六大类。

（1）天然大理石

商业上指以大理石岩为代表的一类装饰石材，包括碳酸盐岩和与其有关的变质岩，其主要成分为碳酸盐矿物，一般质地较软。

天然大理石是目前我国建筑装饰工程中采用的主要装饰石材，我国所用优质大理石主要依赖于进口，主要进口源头地有中东地区（如土耳其、伊朗等国）、欧洲地区（如法国、意大利、希腊等国）。

天然大理石一般呈碱性，故天然大理石多用于室内装饰，如用在室外则可能受酸雨侵蚀而较快风化失去光泽、剥落甚至碎裂。天然大理石的物理力学性能见表4-8。

天然大理石的物理力学性能　　　　　　　　　　　　　　　　表 4-8

项　目		指　标
体积密度（g/cm³）	≥	2.30
吸水率（%）	≤	0.50
干燥压缩强度（MPa）	≥	50.0
（干燥/水饱和）弯曲强度（MPa）	≥	7.0
耐磨度（1/cm³）	≥	10

注：为了颜色和设计效果，以两块或多块大理石组合拼接时，耐磨度差异不应大于5，用于经受严重踩踏的阶梯、地面和月台的石材耐磨度最小为12。

（2）天然花岗石

商业上指以花岗岩为代表的一类装饰石材，包括各类岩浆岩、火山岩和变质岩，一般质地较硬。

天然花岗石在我国建筑装饰工程中的用量也很大，但比天然大理石稍少，我国是优质花岗石的主产地，主要品种如中国黑、山东白麻、福建白麻、新疆红等。

天然花岗石一般呈酸性，故天然花岗石既可用于室内装饰也可用于室外装饰，室外大量运用于建筑物幕墙、景观等装饰工程。天然花岗石的物理力学性能见表4-9。

天然花岗石的物理力学性能　　　　　　　　　　　　　　　　表 4-9

项　目		指　标
体积密度（g/cm³）	≥	2.56
吸水率（%）	≤	0.60
干燥压缩强度（MPa）	≥	100.0
弯曲强度（MPa）	≥	8.0

部分天然花岗石含有放射性元素，用于室内装饰时应进行放射性核素限量检测。

根据天然石材的放射性核素限量，选用时应符合表4-10的规定。

天然石材的放射性核素限量　　　　　　　　　　　　　　　　表 4-10

元素名称	A类装修材料	B类装修材料	C类装修材料	其　他
镭-226	$I_{Ra} \leqslant 1.0$ $I_{\gamma} \leqslant 1.3$	$I_{Ra} \leqslant 1.3$ $I_{\gamma} \leqslant 1.9$	$I_{\gamma} \leqslant 2.8$	$I_{\gamma} > 2.8$
钍-232				
钾-40				
使用范围	使用范围不受限制	不可用于Ⅰ类民用建筑工程内饰面	只可用于建筑的外饰面	只可用于碑石、海堤、桥墩

注：I_{Ra}：内照射指数；I_{γ}：外照射指数

（3）天然板石

商业上指凡具有良好的劈裂性能及一定强度的板状构造的岩石，均称为板石，由黏土岩、粉砂岩和中酸性凝灰岩经轻微变质作用所形成。其矿物主要成分为浅变质岩，也可是某些沉积岩，基本没有重结晶或只有少量结晶。

板石大量应用于建筑和室内装饰，现代装饰中板石大量应用于景观道路、外墙装饰，随着人们对板石审美价值的发现，室内装饰的应用量也在快速增加，某些地区板岩也用作房屋瓦片，如图4-4所示。

图4-4　天然板石

（4）天然砂岩

天然砂岩是一种沉积岩，主要由砂粒胶结而成，其中砂粒含量要大于50%。绝大部分砂岩是由石英或长石组成的，石英和长石是组成地壳最常见的成分。

天然砂岩是使用很广泛的一种建筑用石材，几百年前用砂岩装饰而成的建筑至今仍风韵犹存，如巴黎圣母院、卢浮宫、英伦皇宫、美国国会、哈佛大学等，在现代装饰中，砂岩作为一种天然建筑材料，被追随时尚和自然的建筑设计师所推崇，广泛地应用在商业和家庭装潢上，产品有砂岩圆雕、浮雕壁画、雕刻花板、雕塑喷泉、风格壁炉、罗马柱、门窗套、线条、镜框等。

2. 天然石材主要技术性质

（1）表观密度

天然石材表观密度的大小与其矿物组成和孔隙率有关。密实度较好的天然大理石、花岗石等，其表观密度约为 $2550 \sim 3100 kg/m^3$；表现密度小于 $1800 kg/m^3$ 的为轻石，大于 $1800 kg/m^3$ 的为重石。

（2）吸水性能

石材的孔隙结构对其吸水性能有重要影响，孔隙结构主要包括开口孔隙和闭口孔隙。

（3）耐水性能

天然石材的耐水性用软化系数（K）表示。软化系数是指石材在饱和水状态下的抗压强度与其干燥条件下的抗压强度之比，反映了石材的耐水性能。当石材的软化系数 K 小于0.80时，该石材不得用于重要建筑。

（4）抗冻性能

寒冷地区且处于水位升降部位的建筑构造，使用石材时需经过抗冻性能试验合格。

（5）抗压强度

抗压强度是划分石材强度等级的根据，天然石材的强度等级用"MU"表示，计有MU100、MU80、MU60、MU50、MU40、MU30、MU20、MU15、MU10 九个等级。

（6）硬度

天然石材的硬度以肖氏硬度表示。硬度的高低决定于矿物组成的硬度与构造。

（7）耐磨性能

耐磨性能是指石材在使用条件下，抵抗摩擦和磨损的性能。天然石材若作为地面装饰材料时，要求其耐磨性能要好。

3. 人造石材

人造石材是人造大理石和人造花岗石的总称，本质上属于水泥混凝土或聚合物混凝土的范畴。人造石材具有天然石材的花纹和质感，其重量轻，相当于天然石材的一半，且强度高、耐酸碱、抗污染性能好；人造石材的色彩和花纹都可以按装饰设计意图制作，如仿花岗石、仿大理石、仿玉石等；人造石材生产过程中还可以制成各种曲面、弧形等天然石材难以加工出来的几何形状，同天然石材相比，是一种比较经济实用的装饰石材。

（1）水泥型人造石材

水泥型人造石材是以水泥为胶凝材料，主要产品有人造大理石、人造艺术石、水磨石和花阶砖等。

水泥型人造石材主要特点是强度高、坚固耐久、美观实用，且造价低、施工方便，主要用于墙面、柱面、地面、隔板墙、踢脚板、窗台板和台面板等部位的装饰。

（2）树脂型人造石材

树脂型人造石材是以合成树脂为胶凝材料，主要产品有人造大理石板、人造花岗石板和人造玉石板。

树脂型人造石材主要特点是品种多、质轻、强度高、不易碎裂、色泽均匀、耐磨损、耐腐蚀、抗污染、可加工性好，且装饰效果好，缺点是耐热性和耐候性较差。这类产品主要用于建筑物的墙面、柱面、地面、台面等部位的装饰，也可以用来制作卫生洁具、建筑浮雕等。

（3）微晶玻璃型人造石材

微晶玻璃型人造石材又称微晶石材（微晶板、微晶石），这种石材全部用天然材料制成，比天然花岗石的装饰效果更好。

微晶玻璃板的成分与天然花岗石相同，都属于硅酸盐类，但其质地均匀密实、强度高、硬度高、耐磨、耐蚀、抗冻性好，还具有吸水率小（0.1%左右），耐污染，色泽多样，光泽柔和，有较高的热稳定性和电绝缘性能，且不含放射性物质，可以代替天然花岗石用于建筑物的内、外墙面、柱面、地面和台面等部位装饰，是一种较理想的高档装饰材料。

4. 常见装饰装修用天然石材制品

现代装饰装修工程中，常用的天然石材制品根据产品外观形状分有普型石材、异型石材，异形石材又分为弧形板、花线、实心柱等。

石材延伸产品还有石材水刀拼花板、石材马赛克、石材雕刻板、复合石材等。

（1）天然石材普型板：即外形呈正方形、长方形或多边形，外表面为平面的板材。

普型板在建筑装饰工程中用量很大，常用于墙面、地面的装饰，地面一般采用湿贴方式施工，而墙面则多采用干挂方式施工，干挂施工不但简化了施工工艺、提高了施工效率，且能有效降低建筑物的重量。天然石材普型板规格尺寸允许偏差应符合表 4-11 规定。

天然石材普型板规格尺寸允许偏差（mm）

表 4-11

项 目	镜面和亚光面板材			粗面板材		
	优等品	一等品	合格品	优等品	一等品	合格品
边长	0，－1.0		0，－1.5	0，－1.0		0，－1.5
厚度	+1.0，－1.0		±1.5	+1.5，－1.0		+2.0，－1.5

（2）天然异型石材：除普型板以外的天然石材制品统称异型石材，包括天然石材弧面板、天然石材花线、天然石材实心柱体等。

1）天然石材弧面板：具有一定曲率半径、一定厚度的曲面板材。弧面板多用圆柱（椭圆柱）面、异形墙面的装饰。天然石材弧面板规格尺寸的极限偏差应符合表 4-12 规定。

天然石材弧面板规格尺寸的极限偏差（mm）

表 4-12

项 目	极限偏差		
	优等品（A）	一等品（B）	合格品（C）
弦长	0，－1.5		0，－2.0
高度			
壁厚	+2.0，－3.0	±3.0	±4.0
两正面边线与端面的夹角应为90°	0.50		1.00

2）天然石材花线：石材花线（又叫花线条或者石材线条）是装饰工程中常用的一种具有特殊造型的石材制品（如图 4-5）。

装饰中经常用一些异型石材花线条来作为门框，窗框、扶手、台面、屋檐、建筑物转角、腰线、踢脚线等的边缘，以达到丰富装饰效果的目的。花线通常用天然大理石，花岗岩加工成单件或者多件组合拼接，形成整体的连续的石材线条。

按照截面的延伸轨迹常见花线分为直位花线、弯位花线。直位花线常见的有平面直位花线、台阶直位花线、圆弧直位花线、复合直位花线。弯位花线除了在直线和弯曲有区别外，在其截面上是相同的。直位花线规格尺寸允许偏差应符合表 4-13 规定。

图 4-5　天然石材花线

直位花线规格尺寸允许偏差（mm）

表 4-13

项 目	细面和镜面花线			粗面花线		
	优等品	一等品	合格品	优等品	一等品	合格品
长度	0，－1.5		+0，－3.0	0，－3.0		0，－4.0
宽度（高度）	+1.0，－2.0		+1.0，－3.0	+1.0，－3.0		+1.5，－4.0
厚度	+1.0，－2.0		+2.0，－3.0	+2.0，－3.0		+2.0，－4.0

3）天然石材实心柱体：截面轮廓呈圆形的建筑或装饰用石柱。按所用石材种类分为大理石实心柱体和花岗石实心柱体；按柱体的造型分为普型柱和雕刻柱；按柱体的外形特征分为等直径柱和变直径柱。

普形等直径实心柱体：截面直径相同、表面为普通加工面的石材柱体。

雕刻等直径实心柱体：截面直径相同、表面刻有花纹或造型的石材柱体。

普形变直径实心柱体：截面直径不同、表面为普通加工面的石材柱体，如图 4-6 所示。

雕刻变直径实心柱体：截面直径不同、表面刻有花纹或造型的石材柱体。

图 4-6　普形变直径实心柱体

普形等直径实心柱体直径和高度极限偏差　　　　　　　表 4-14

项　目		优等品	一等品	合格品
直径（mm）	$\Phi \leqslant 100$	±1.0	±1.5	±2.0
	$100 < \Phi \leqslant 300$	±2.0	±3.0	±4.0
	$300 < \Phi \leqslant 1000$	±3.0	±4.0	±5.0
	$\Phi > 1000$	±4.0	±5.0	±6.0
高度（mm）	$H \leqslant 1500$	±2.0	±3.0	±4.0
	$1500 < H \leqslant 3000$	±3.0	±4.0	±5.0
	$H > 3000$	±4.0	±5.0	±6.0

5. 天然石材的延伸产品

（1）水刀拼花板：水刀拼花是利用超高压技术把普通的自来水加压到 $250 \sim 400$MPa 压力，再通过内孔直径约 $0.15 \sim 0.35$mm 的宝石喷嘴喷射形成速度约为 $800 \sim 1000$m/s 的高速射流，加入适量的磨料来切割石材，金属等各类原材料，以加工各种不同的图案造型。

石材水刀拼花板，是利用水刀将两块或多块不同颜色的石材切割成图案和规格尺寸相同的造型，然后对其中部分图案进行互换，再用胶水拼接后在同一块板上呈现出由不同材质、颜色和纹理的石材组合成美丽图案的板材，如图 4-7 所示。大理石、花岗岩、玉石和人造石都是很好的拼花材料选择。

现代装饰中石材拼花板主要应用在星级酒店、大型商场、别墅以及住宅的客厅、餐厅和玄关等，是目前石材装饰中效果最好最为绚丽高贵的装饰产品。

图 4-7　石材水刀拼花板

（2）石材马赛克：是利用天然石材结合马赛克生产工艺制作的外观为马赛克的图案及规格各异的拼花石材产品。

石材马赛克是一种将石材加工的边角料变成石材仿古拼花装饰的艺术品，是变废物为高档装饰材料的一种综合利用成果，如图 4-8 所示。石材马赛克可用在地面、墙面、壁挂、壁画等部位的装饰。

图 4-8　石材马赛克

（3）天然石材雕刻板：是在各种天然石材表面经硬质合金、激光、手工凿刻出各种图案的装饰石材，如图 4-9 所示。雕刻石材是近年快速发展起来的石材精深加工产品，目前数控机床已在石材加工业大量运用。

图 4-9　天然石材雕刻板

正是各种石材雕刻机的大量涌现，使石材雕刻由传统的个性化手工雕刻时代迈入了机器批量雕刻时代，使雕刻石材产品的成本大大降低，产品类型丰富多彩，雕刻石材已经在现代装饰工程中大量应用。

6. 装饰石材常见表面处理方式

根据各国的文化特色以及设计师、业主的爱好和审美观的不同，经过现代先进的加工工艺处理，天然石材表面可以呈现出各种美轮美奂表现形式。

（1）抛光面：

表面经精细研磨加工而成的平整光滑的石材制品，其表面非常平滑，光洁度高，具有镜面效果。花岗岩、大理和石灰石都可抛光处理，但抛光处理的石材制品需定期进行维护和保养，以保持其光泽，如图 4-10。

（2）亚光面：

表面经低度磨光，平整细腻，能使光线产生漫反射现象的石材制品，无光泽度低，不产生镜面效果，无光污染，如图 4-11。

图 4-10　抛光面

图 4-11　亚光面

（3）粗磨面：

把毛板切割过程中形成的机切纹经简单磨光后的石材制品，光泽度很低，如图 4-12。

（4）机切面：

直接由圆盘锯砂锯或桥切机等设备切割成型，表面较粗糙，带有明显的机切纹路的石材制品，如图 4-13。

图 4-12　粗磨面

图 4-13　机切面

（5）酸洗面：

表面用强酸腐蚀后的石材制品，使其有小的腐蚀痕迹，外观比磨光面更为质朴。大部分的天然石材都可以酸洗，但是最常见的是大理石和石灰石，花岗岩酸洗仅能软化其光泽，达不到做旧仿古的效果，如图4-14。

（6）荔枝面：

是用凿子在表面上密密麻麻的凿出小坑的石材制品，其表面粗糙，凹凸不平，模仿水滴经年累月地滴在石头上的一种效果，如图4-15。

图 4-14　酸洗面

图 4-15　荔枝面

（7）菠萝面：

用钢钎垂直于石材表面敲击出凹凸不平具有较大凹坑的石材制品，就像菠萝的表皮一般，如图4-16。

（8）剁斧面：

是用一字型斧剁石材表面上呈直线敲击加工形成非常密集的条状纹理的石材制品，也叫龙眼面，有些像龙眼表皮的效果，如图4-17。

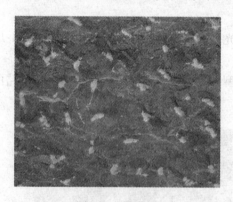

图 4-16　菠萝面

图 4-17　剁斧面

（9）火烧面：

对石材表面经明火短暂高温加热使其表面浅层晶体受热爆裂后的石材制品，常用于花岗石的粗面处理，如图4-18。

（10）喷砂面：

用普通河砂或金刚砂代替高压水冲刷石材表面而形成的表面平整具有磨砂效果的石材

制品，如图 4-19。

图 4-18　火烧面

图 4-19　喷砂面

（11）蘑菇面：

人工从石材侧面对石材进行劈凿作业，使石材的正面呈现出中间突起四周凹陷的高原状的石材制品，如图 4-20。

图 4-20　蘑菇面

4.3.3　建筑装饰陶瓷

陶瓷系陶器与瓷器两大类产品的总称，介于陶器与瓷器之间的产品称为炻器，也称为半瓷器。陶器、瓷器和炻器三类产品的原材料和制品的性能变化是连续和相互交错的，很难有明显的界线进行区分，就是说，从陶器、炻器到瓷器，其原料是从粗到精，坯体的构造由多孔到密实，烧成温度由低到高。建筑装饰用的陶瓷制品的构造多属于陶器至炻器的范畴。

1. 建筑陶瓷的原料

（1）原材料

生产陶瓷制品的原材料主要有可塑性的原料、瘠性原料和熔剂三大类。可塑性原料为黏土，它是陶瓷坯体的主要原料，瘠性原料有石英砂和瓷粉等，它可降低黏土的塑性，减小坯体的收缩，防止坯体在高温煅烧时的变形。熔剂有长石、滑石粉和钙、镁的碳酸盐等，其作用是降低烧成温度，提高坯体的粘结力。

（2）釉料

在坯体表面施釉并经过高温焙烧后，釉层与坯体表面之间发生相互作用，在坯体表面形成一层玻璃质，这层玻璃质具有玻璃般的光泽和透明性，故使坯体表面变得平整、光亮、不透气、不吸水，因而提高了陶瓷制品的艺术性和物理力学性能，同时对釉层下面的图案、画面等具有透视和保护的作用，还可以防止原料中有毒元素溶出，掩盖坯体中不良的颜色及某些缺陷，从而扩大了陶瓷制品的应用范围。

釉是一层玻璃质的材料，具有玻璃的一般性质，没有固定的熔点，只有熔融范围，硬度较高、脆性较大、透明、具有各向同性和光泽，釉的微观结构和化学成分的均匀性都比玻璃要差。

2. 建筑装饰装修工程中常用的陶瓷制品

建筑装饰装修工程中常用的陶瓷制品主要有陶瓷砖、陶瓷马赛克、陶瓷壁画、琉璃制品和卫生陶瓷。

（1）陶瓷砖

一般说陶瓷砖是指吸水率（E）大于 10％的陶瓷砖；瓷质砖是指吸水率（E）不超过 0.5％的陶瓷砖；炻质砖是指吸水率（E）大于 6％不超过 10％的陶瓷砖。

订货时，陶瓷砖的品种、尺寸、厚度、表面特征、颜色、外观、有釉砖、耐磨性级别以及其他性能都要与相关方经协商确定。

（2）陶瓷马赛克

陶瓷马赛克是指用于装饰与保护建筑物地面及墙面的由多块小砖（表面面积不大于 55cm^2）拼贴成联的陶瓷砖。

1）品种、规格及质量等级

陶瓷马赛克按表面性质不同分有釉和无釉两种，按砖联颜色不同分为单色、混色和拼花三种。陶瓷马赛克规格按单砖边长不大于 95mm，表面面积不大于 55cm^2；砖联分正方形、长方形和其他形状。

2）吸水率

无釉的陶瓷马赛克的吸水率不大于 0.2％，有釉的陶瓷马赛克吸水率不大 1.0％

3）其他物理、化学和力学性能

陶瓷马赛克与铺贴衬材经粘贴性试验后，不允许有马赛克脱落。表贴陶瓷马赛克的剥离时间不大于 40min，表贴和背贴陶瓷马赛克铺贴后，不允许有铺贴衬材露出。

4）陶瓷马赛克性能特点及应用

陶瓷马赛克具有抗腐蚀性强、耐磨、耐火、吸水率小抗压强度高、易清洁和不褪色等优点，多用于建筑物外墙、门厅、走廊、卫生间、浴室、厕所和化验室的墙面或地面装饰。

（3）新型墙地砖

1）陶瓷劈离砖

劈离砖又称劈裂砖。它是将一定配比的原料经过粉碎、炼泥、密室挤压成型，再经干燥、高温焙烧而成。由于这种砖成型时双砖背联坯体，烧成之后再劈离成两块砖，故称劈离砖。

劈离砖适合各类建筑物外墙装饰；也可用于车站、候车室、各类楼堂馆所等地面装饰；较厚的砖尚可用于广场、公园、停车场、人行道和走廊等露天地面的建设；还可以作浴池池底、游泳池和池岸的贴面材料。

2）玻化砖

将坯料在 1230℃以上的高温进行焙烧，使坯中的熔融成分成玻璃态，形成玻璃般亮丽质感的一种新型的高级陶瓷制品即为瓷质玻化砖。玻化砖的密实度好，吸水率低，长年使用不留水迹，不变色；强度高、抗酸碱腐蚀性强和耐磨性好，且原材料中不含对人体有害的放射性元素。

3）麻面砖

麻面砖是选用仿天然岩石色彩的原料进行配料，经压制形成表面凹凸不平的麻点的坯体，然后经一次焙烧而成的炻质面砖。薄型麻面砖用于建筑物的外墙装饰；厚型麻面砖用于广场、停车场、人行道、码头等地面铺设。

4）彩胎砖

彩胎砖是一种本色无釉的瓷质饰面砖。适合人流密度大的商厦、影剧院、宾馆、饭店和大型超市等公共建筑地面装饰，也可用于住宅厅堂的地面装饰。

（4）陶瓷壁画

陶瓷壁画是现代建筑装饰工程中集美术绘画和装饰艺术于一体的装饰精品，具有单块面积大、厚度薄、强度高、平整度好、吸水率小、抗冻、耐急冷急热、耐腐蚀和装饰效果好等优点，适用于大型宾馆、饭店、影剧院、机场、火车站和地铁等墙面装饰。

（5）琉璃制品

琉璃制品是以难熔的黏土为原料，经配料、成型、干燥、素烧成陶质坯体，再涂以琉璃彩釉，经 1000℃ 釉烧而成的陶瓷制品。其特点是造型古朴、色彩鲜艳、光亮夺目、表面光滑、质地密实、不易污染，彩釉不易剥落，富有传统的民族特色。

3. 卫生陶瓷

卫生陶瓷是现代建筑室内装饰不可缺少的一个重要部分。卫生陶瓷按吸水率不同分为瓷质类和陶质类。其中瓷质类陶瓷制品有以下几个品种：坐便器，洗面器，小便器，蹲便器，净身器，洗涤箱，水箱，小件卫生陶瓷。

4.3.4 建筑装饰玻璃

1. 玻璃的基本知识

（1）玻璃主要化学成分及其作用

玻璃是以石英砂、纯碱、长石、石灰石等为主要原料，在 1550～1600℃ 高温下熔融、成型，然后经过急冷而制成的固体材料。若在玻璃原料中加入辅助原料或采取特殊的工艺处理，则可以得到具有特殊性能的玻璃。

（2）玻璃主要物理力学性质

1）密度

玻璃的密度高，约为 $2450～2550 kg/m^3$，孔隙率接近于零，所以，玻璃通常视为绝对密实的材料。

2）光学性质

玻璃具有优良的光学性质，既能透过光线，又能吸收光线和反射光线。

3）热工性质

玻璃的导热性能差，遇冷或者遇热的温差急变时，其局部冷却或者受热，易造成破裂；玻璃的抗压强度远远高于抗拉强度。

4）力学性质

玻璃的抗拉强度低，当玻璃受到冲击载荷后容易破碎，是典型的脆性材料。

（3）玻璃主要化学性质

玻璃具有较高的化学稳定性。其长期受潮湿和水汽作用，表面会形成白色斑点，即发霉。

2. 建筑装饰玻璃制品

玻璃在建筑装饰上的功能较多，主要可分为普通玻璃、安全玻璃和特种玻璃三大类。

（1）普通玻璃

普通玻璃是室内装饰装修中最基础的玻璃材料，安全玻璃和特种玻璃多是以其为基础进行深加工而成。普通玻璃是普通无机玻璃的总称，主要分为平板玻璃和装饰玻璃两大类。

1）平板玻璃：具有良好的透光透视性能，透光率达到 85％ 左右，紫外线透光率较低，具有一定程度的机械强度，材性较脆，按公称厚度不同分为 2mm、3mm、4mm、5mm、6mm、8mm、10mm、12mm 等几种，是玻璃种产量最大、使用最多的一种。

① 普通平板玻璃：具有用引上、平拉等工艺生产，是大宗产品，稍有波筋等特点，可用于普通建筑工程。

② 浮法平板玻璃：具有用浮法工艺生产，特性同磨光平板玻璃等特点，可用于制镜、高级建筑等。

③ 压花平板玻璃：具有透漫射光，不透视，有装饰效果等特点，可用于门窗及装饰屏风。

2）装饰类玻璃：装饰平板玻璃的表面具有一定的色彩、图案和质感，与其他类型玻璃相比更具装饰效果。目前较为常见的装饰平板玻璃的品种有釉面玻璃、镜玻璃和磨砂玻璃等。这些品种的玻璃由于均是由普通平板玻璃加工而成，因此其规格亦与平板玻璃相同。

① 釉面玻璃：具有表面施釉，可饰以彩色花纹图案，可用于装饰门窗、屏风等。

② 镜玻璃：即制镜玻璃，是将平板玻璃经过喷砂、磨刻、彩绘和化学蚀等加工，再经过物理方法（真空镀铝）或化学方法（银镜反应），形成反射率极高的，具有各种花纹图案或精美字画玻璃制品。镜玻璃有反射功能的特点，可用于制镜和装饰，其制作的明镜为全反射镜，厚度有 2mm、3mm、5mm、6mm 和 8mm 的产品。

③ 磨砂玻璃：又称毛玻璃、暗玻璃，它是将平板玻璃经过喷砂、研磨或用氢氟酸溶液腐蚀等手段而制成一种表面均匀粗糙（单面或双面）、透光不透视的平板玻璃。其具有透漫射光，可按要求制成各种图案等特点，可以用于装饰、门窗等。

④ 彩色膜玻璃：具有各种美丽的色彩，可有热反射等功能，可用于装饰、节能等。

⑤ 镭射玻璃：在光源照射下，产生物理衍射光，有光谱分光的七色变化的特点，可用于门面、娱乐场所等。

（2）安全玻璃：安全玻璃具有强度高、抗冲击性能好、抗热震性能强的优点，破碎时碎块没有尖利的棱角，且不会飞溅伤人。特殊安全玻璃还具有抵御枪弹的射击，防止盗贼入室，屏蔽 X 射线以及防止火灾蔓延等功能。

1）钢化玻璃：又称强化玻璃、安全玻璃。它是将普通平板玻璃通过物理钢化（淬火）或化学钢化的方法来达到提高玻璃强度的目的，以实现安全使用。物理钢化方法是将普通平板玻璃加热到接近熔化的状态（650℃左右），使之通过本身的变形来消除内应力后，立即用喷嘴向玻璃两面吹冷空气，使其快速均匀冷却，形成内部受拉外部受压的应力状态。当玻璃受到弯曲破坏时，玻璃表面将处于较小的拉应力和较大的压应力，因为玻璃抗压强度较高，故不易破坏；而玻璃内部处于较大的拉应力状态，如果玻璃内部没有严重缺陷时，也就不容易被破坏，这就是钢化玻璃之所以强度高，或说使用安全的原理。用浮法玻璃加工的钢化玻璃，平面型的厚度为 5mm、6mm、8mm、10mm、12mm、15mm 和 19mm；钢化玻璃受到急冷、急热温差变化时不易发生炸裂，且能在 288℃ 温度下安全使用。钢化玻璃主要用于安全门窗等。

国家标准《建筑用安全玻璃第 2 部分钢化玻璃》GB 15763.2—2005 对装饰工程中使用的钢化玻璃在尺寸允许偏差中的圆孔位置做出了具体的规定。

2）夹丝平板玻璃：在玻璃中央夹金属丝网，有安全、放火功能等特点，可用于安全围墙、透光建筑等。

3）夹层玻璃：夹层玻璃是在两片或多片平板玻璃之间嵌夹强韧透明的塑料薄膜，经加热、加压粘合而成的平面或曲面的复合玻璃制品。由于夹层玻璃的强度高，受到破坏时产生较高的辐射状或同心圆形裂纹而不易穿透，碎片容易脱落，因而不致伤人，所以，夹层玻璃属于安全玻璃的一种。生产夹层玻璃使用的原片可以使普通平板玻璃、镜面玻璃、钢化玻璃、彩色玻璃、吸热玻璃或热反射玻璃灯。夹层材料应用较多的有聚乙烯醇缩丁醛（PVB）、聚氨酯和丙烯酸酯类等高分子聚合物。国家标准的中间层可选用离子性中间层，PVB 中间层 EVA 中间层等。夹层玻璃主要的产品规格有（2+3）mm、（3+3）mm、（5+5）mm 等，夹层玻璃的层数分为 3、5、7 等层，最多可达 9 层。如果在夹层中预埋电热丝或报警线，还具有加热、防结露和报警的功能；夹层玻璃多用在安全要求度高的汽车、飞机的挡风玻璃、特种门窗、隔墙、天窗、陈列柜、防盗门、水下工程以及防弹玻璃等。

4）防盗玻璃：具有不易破碎，即使破碎也无法进入，可带报警器的特点，可用于安全门窗、橱窗等。

5）防爆玻璃：具有能承受一定爆破压冲击，不破碎不伤人的特点，可用于观察窗口等。

6）防弹玻璃：防一定口径枪弹射击，不穿透，可用于安全建筑、哨所等。

7）防火玻璃：凡能阻挡和控制热辐射、烟雾及火焰，防止火灾蔓延的玻璃称为防火玻璃。防火玻璃处在火焰中时，能成为火焰的屏障，可有效限制玻璃表面热传递，并能最高经受 3h 的火焰负载，还具有较高的抗热冲击强度，在 800℃ 左右的高温环境仍有保护作用。防火玻璃按耐火性能不同分为隔热型防火玻璃（A 类）和非隔热型防火玻璃（C 类）；按耐火极限高低分为五个等级，即 0.50h、1.00h、1.50h、2.00h 和 3.00h 五级。防火玻璃平时是透明的，可用于安全防火建筑。

（3）新型建筑玻璃：

1）热反射玻璃：具有反射红外线，有清凉效果，调制光线的功能，可用于玻璃幕墙、高级门窗等。

2）低辐射镀膜玻璃：又称"Low-E"玻璃，是一种对远红外线有较高反射比的镀膜玻璃。具有辐射系数低，传热系数小的特点，可用于高级建筑门窗等。

3）选择吸收玻璃：具有有选择地吸收或反射某一波长的光线的特点，可用于高级建筑门窗等。

4）防紫外线玻璃：具有吸收或反射紫外线，防紫外线辐射伤害的特点，可用于文物、图书馆、医疗等。

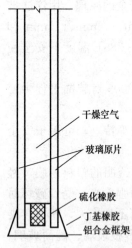

图 4-21 中空玻璃构造

5）双层中空玻璃：中空玻璃是由两层或两层以上的平板玻璃、夹丝玻璃、钢化玻璃、吸热玻璃或热反射玻璃组成，玻璃的四周用高气密性和高强度复合胶粘剂将其与铝合金框胶结密封，中间充以干燥空气，框内放入干燥剂，以保证玻璃原片间空气的干燥度，玻璃中含有干燥剂的波浪形履带胶条用塑性密封胶条制成，中空玻璃的构造如图 4-21 所示。

中空玻璃的原片和它的构造型式决定了它具有优良的保温、隔热、控制噪声和节约能源的性能，广泛应用于玻璃幕墙和高档门窗中。

（4）玻璃砖：玻璃砖又称特厚玻璃，品种有实心玻璃砖和空心玻璃砖两种，空心玻璃砖的尺寸规格（正方形）有 115mm、145mm、240mm 和 300mm 的；玻璃砖具有强度高，隔热、隔声、耐水和耐蚀的性能好，不燃、耐磨、透光不透视、化学稳定性好和装饰效果好等特点。用于大型商场娱乐场所、展览大厅及高档建筑物中非承重墙的砌砖有"透光墙壁"的美称。玻璃砖还可用于淋浴隔断、门厅和通道等墙体的砌筑，也可用作顶棚、地面和门面的装饰，尤其适合高档建筑和体育馆内控制透光、眩光和太阳光的场合。

1）玻璃贴面砖：具有平整、反射性能好、抗冻、耐酸碱，易施工安装的特点，可用于内外墙。

2）空心玻璃砖：具有由四型玻璃焊接成透漫射光，强度高的特点，可用于透光墙面、屋面等。

3）玻璃锦砖（马赛克）：玻璃马赛克又称玻璃纸皮砖，是一种小规格的彩色饰面玻璃，具有色彩丰富，可镶嵌成各种图案的特点，可用于隔热、深冷保温等。

4.3.5 金属装饰材料

金属装饰材料通常分为两大类：一类是黑色金属，如生铁、钢材；另一类为有色金属材料，是黑色金属以外所有金属材料的总称，如铜、铝及其合金等。金属装饰材料的形态一般有饰面薄板、型材、管材、金属网等，其材质、表面处理和用途见表 4-15。

金属装饰材料的形态和用途　　　　　　　　　　　　表 4-15

材料形态	材　质	表面处理	用　途	备　注
饰面薄板	铜板、铁板、铝板、不锈钢板、钢板、镀锌铁板	光面、雾面、丝面、凹凸面、腐蚀雕刻面、搪瓷面等	壁面、天画面	
规格型材	铁、钢、铝及其合金、不锈钢、铜	方式极多	框架、支撑、固定、收边	
金属管材	不锈钢管、铁管、铜管、镀锌管	有花管及光管两种	家具弯管、支撑管、防盗门等	有空心和实心两种，多用空心管
金属焊板	以铁棒、不锈钢、钢筋为主要结构		铁架、铁窗	
金属网	铁丝网、钢网、铝网、不锈钢网、铜网等	可编织成菱形、方形、弧形、六角形、矩形等	用在壁面、门的表面，有悬挂、隔离等作用	
金属五金	铜、不锈钢、铝		家具有壁面	

1. 金属装饰板材

(1) 不锈钢板

在优质碳素钢中加入铬（铬含量通常≥12%）、镍、锰、钛和硅等合金元素炼得的合金钢即为不锈钢。不锈钢耐腐蚀的原因是因为加入的铬元素性质活泼，它首先会与环境中的氧化合，生成一层与钢材基本牢固结合的氧化膜（钝化膜），使得合金钢得到保护，因此才不会被锈蚀。当不锈钢制品表面的富铬氧化膜在其他外力作用下被轻微损坏时，其内部的铬又能在新的钢基表面很快地形成一层新的坚固细密而稳定的富铬氧化膜，继续保护不锈钢制品。当然不锈钢制品还是需要很好的维护保养，不要用去污粉或可以损伤钝化膜的物品用力擦拭其表面。不锈钢并不是完全不会生锈，只是其抗氧化、耐腐蚀的性能比较优越而已。

装饰常用奥氏体不锈钢，按照其成分可分为：Cr系（400系列）、Cr-Ni系（300系列）、Cr-Mn-Ni（200系列）几类。如应用最普遍的是304不锈钢（06Cr19Ni10或称为18/8不锈钢），要求含有18%以上的铬，8%以上的镍含量。对于侵蚀性较严重的气候环境中，最好采用316不锈钢。要求不高的地方可采用201不锈钢。

不锈钢板的表面通常做成镜面、拉丝、乱纹等饰面效果，也可以做成彩色不锈钢板。

建筑装饰工程中所用的不锈钢主要为薄钢板，以其厚度小于2mm的应用得最多，板材的规格为：长1000～2000mm；宽500～1500mm；厚度为0.35～4mm。

(2) 铝合金装饰板

铝属于有色金属中的轻金属，外观呈银白色，铝具有良好的可塑性，延伸率可达50%。铝合金装饰板是一种新型、高档的外墙装饰板材，主要有单层彩色铝合金板材、铝塑复合板、铝蜂窝板和铝保温复合板材等几种。单层彩色铝合金装饰板的最大尺寸长×宽=4500mm×1600mm，厚度规格有2mm、2.5mm、3mm的几种。铝塑复合板是由三层材料复合而成，厚度为3、4、6、8mm，上下两层为高强度的铝合金薄板，中间层为低密度的聚氯乙烯（PVC）泡沫板和聚乙烯（PE）芯板，板材表面喷涂一层氟碳树脂（PVDF）。其特点是重量轻、坚固耐久，可自由弯曲，且弯后不反弹，有较强的耐候性和较好的可加工性，易保养和维修。广泛应用于室内外墙面、顶面的饰面处理。

2. 建筑用轻钢龙骨

建筑用轻钢龙骨（简称龙骨）是以连续热镀锌钢板（带）为基材的彩色涂层钢板（带）做原料，采用冷弯工艺生产的薄壁型钢。

轻钢龙骨分类有以下几种：

按荷载类型分，有上人龙骨和不上人龙骨。

按使用部位分，有吊顶龙骨和墙体龙骨（代号分别为D和Q）。吊顶龙骨又分为承载龙骨（吊顶骨架中主要受力构件）、覆面龙骨（吊顶骨架中固定饰面板的构件）；主龙骨、次龙骨；收边龙骨、边龙骨。墙体龙骨可分为横龙骨（又称沿顶、沿地龙骨）、竖龙骨和通贯龙骨。

按龙骨的断面高度规格分，墙体龙骨有50、75、100系列，吊顶龙骨有38、45、50、60系列。

按龙骨的断面形状，可分为C型龙骨（代号C）、U型龙骨（代号U）、T型龙骨（代号T）和L型龙骨（代号L）、H型龙骨（代号H）、V型龙骨（代号V，表示龙骨断面形

状为 △ 或 ∨ 形)、CH 型龙骨(代号 CH,表示龙骨断面形状)七种形式,分别与相应的配件和一定形式的面板相配用。

3. 铜及其合金

铜属于有色金属,密度为 8920kg/m³,装饰材料一般有黄铜板、紫铜板,通过锻造、铸造、剪折刨等工艺,表面采用拉丝、蚀刻、封漆等工艺。在现代建筑装饰中,广泛应用于高级宾馆、商厦、饭店,使建筑物显得光彩夺目、富丽堂皇。常用的铜合金有铜与锌的合金,称为黄铜;铜与锡的合金,称为青铜。"金粉"是一种铜粉;金箔是金。是一种极薄的黄金饰面材料,厚度仅为 0.1μm,制作工艺十分复杂,完全靠手工劳动,劳动强度大,俗称"打箔"。金箔成品尺寸为 93.3mm×93.3mm,称为一张,1g 黄金能打出 56 张箔。

4.3.6 建筑涂料

涂料是指涂敷于物体表面,并能与物体表面材料很好粘结形成连续性薄膜,从而对物体起到装饰、保护或使物体具有某些特殊功能的材料。涂料在物体表面干结形成的薄膜称之为涂膜,又称涂层。

建筑涂料主要指用于建筑物表面的涂料,其主要功能是保护建筑物、美化环境及提供特种功能。

1. 建筑涂料的分类

涂料的品种很多,各国分类方法也不尽相同,我国对于一般涂料分类命名方法请参阅国标《涂料产品分类和命名》GB/T 2705—2003。习惯分类方法有下列几种:

(1)按涂料的主要成膜物质的性质分有机涂料、无机涂料和复合涂料三大类。生活中常见的涂料一般都是有机涂料。

(2)按涂料的形态分类可将涂料分为液态涂料、粉末涂料、高固体分涂料。

(3)按涂料使用的分散介质不同分类,可将涂料分为溶剂型涂料、水性涂料。水性涂料又可分为乳液型涂料、水溶性涂料。

(4)按涂膜层及状态不同分为薄涂层涂料、厚质涂层涂料、砂壁状涂层涂料和彩色复层凹凸花纹外墙涂料等。

(5)按涂料特殊性能不同分为防水涂料、防火涂料、防霉涂料和防结露涂料等。

(6)按涂料在建筑物上使用的部位不同分为外墙涂料、内墙涂料、顶棚涂料、屋面涂料和地面涂料等。

(7)按涂料施工工序分类

按涂料的施工工序分类,可将涂料分为底涂(底漆、封闭漆、腻子)、中涂涂料(打磨漆)、上涂涂料(面漆、罩光漆)等。

(8)根据装饰的光泽效果又可分为无光、哑光、半光、丝光和有光等类型。

(9)建筑油漆涂料分类主要有天然树脂漆、调合漆、清漆、聚酯漆和磁漆五大类型。

2. 建筑涂料的组成

一般来说,涂料是由基料(也称成膜物质,乳液和树脂等),颜(填)料,各种助剂和溶剂(水)等组成。

主要成膜物质又称基料、胶粘剂或固化剂,它的作用是将涂料中的其他组分粘结在一起，并能牢固地附着在基层表面，形成连续均匀、坚韧的保护膜。具有较高的化学稳定性和一定的机械强度。

建筑涂料用主要成膜物质应具有以下特点：

(1) 具有较好的耐碱性；

(2) 能常温成膜；

(3) 具有较好的耐水性；

(4) 具有良好的耐候性；

(5) 具有良好的耐高低温性；

(6) 要求原料来源广，资源丰富，价格便宜；

(7) 目前我国建筑涂料所用的成膜物质主要以合成树脂为主。

次要成膜物质是指涂料中所用的颜料和填料，它们是构成涂膜的组成部分，并以微细粉状均匀地分散于涂料介质中，赋予涂膜以色彩、质感，使涂膜具有一定的遮盖力，减少收缩，还能增加膜层的机械强度，防止紫外线的穿透作用，提高涂膜的抗老化性、耐候性。

颜料是涂料的主要成分之一，在涂料中加入颜料不仅使涂料具有装饰性，更重要的是能改善涂料的物理和化学性能，提高涂层的机械强度、附着力、抗渗性和防腐蚀性能等，还有滤去有害光波的作用，从而增进涂层的耐候性和保护性。

3. 建筑涂料技术性能要求

建筑涂料的技术性质主要包括施工前涂料的性能及施工后涂膜的性能两个方面。

(1) 施工前涂料的性能

主要包括涂料在容器中的状态、施工操作性能、干燥时间、最低成膜温度和含固量等。

1) 容器中的状态

指储存稳定性及均匀性。这些性能的测试主要采用肉眼观察。包括低温（−5℃）、高温（50℃）和常温（23℃）储存稳定性。

2) 施工操作性

包括涂料的开封、搅匀、提取方便与否、是否有流挂、油缩、拉丝、涂刷困难等现象，还包括便于重涂和补涂的性能。这些性能主要与涂料的黏度有关。

3) 干燥时间

分为表干时间与实干时间：表干是指以手指轻触标准试样涂膜，如感到有些发黏，但无涂料粘在手指上，即认为表面干燥，时间一般不得超过 2h。实干时间一般要求不超过 24h。

4) 涂料的最低成膜温度

涂料的施工作业最低温度，水性及乳液型涂料的最低成膜温度一般大于 0℃，否则水有可能结冰而难以挥发干燥。溶剂型涂料的最低成膜温度主要与溶剂的沸点及固化反应特性有关。

5) 含固量指涂料在一定温度下加热挥发后余留部分的含量。

6) 涂料的细度、pH 值、保水性、吸水率以及易稀释性和施工安全性等。

(2) 施工后涂膜的性能

主要包括涂料的遮盖力、涂膜外观质量、附着力、耐磨损性、耐老化性等。

1）遮盖力

遮盖力反映涂料对基层颜色的遮盖能力。即把涂料均匀地涂刷在物体表面上，使其底色不再呈现的最小用料量。影响遮盖力的主要因素在于组成涂膜的各种材料对光线的吸收、折射和反射作用以及涂料的细度及涂膜的致密性。

2）涂膜外观质量

涂膜与标准样板相比较，观察其是否符合色差范围，表面是否平整光洁，有无结皮、皱纹、气泡及裂痕等现象。

3）附着力与粘结强度

附着力即为涂膜与基层材料的粘附能力，能与基层共同变形不至脱落。

4）耐磨损性

建筑涂料在使用过程中要受到风沙雨雪的磨损，尤其是地面涂料，摩擦作用更加强烈。一般采用漆膜耐磨仪在一定荷载下磨转一定次数后，以重量损失克数表示耐磨损性。

5）耐老化性

建筑涂料的耐老化性能直接影响到涂料的使用年限，即耐久性。

6）涂膜老化的主要表现有光泽降低、粉化析白、污染、变色、褪色、龟裂、起粉、磨损露底等。

4. 常用外墙涂料

外墙涂料主要功能是装饰和保护建筑物的外墙面。

为了获得良好的装饰与保护效果，外墙涂料一般应具有以下特点：装饰性好；耐水性好；耐玷污性好；耐候性好；外墙涂料还应有施工及维修方便、价格合理等特点。

（1）溶剂型涂料

溶剂型涂料是以高分子合成树脂为主要成膜物质，有机溶剂为稀释剂，加入一定量的颜料、填料及助剂，经混合、搅拌溶解、研磨而配制成的一种挥发性涂料。

溶剂型涂料的优点是：由于涂膜较紧密，通常具有较好的硬度、光泽、耐水性、耐酸碱性和良好的耐候性、耐污染性等特点。

溶剂型涂料的缺点是：容易污染环境。漆膜透气性差，又有疏水性，如在潮湿基层上施工，易产生起皮、脱落等现象。

溶剂型涂料包括：氯化橡胶外墙涂料、聚氨酯系列外墙涂料、溶剂型丙烯酸外墙涂料、过氯乙烯外墙涂料

1）氯化橡胶外墙涂料

又称橡胶水泥漆。它是以氯化橡胶为主要成膜物质，再辅以增塑剂、颜料、填料和溶剂经一定工艺制成。这种涂料具有优良的耐碱、耐候性，且易于重涂维修。

2）聚氨酯系列外墙涂料

固化后的涂膜具有近似橡胶的弹性，能与基层共同变形，有效地阻止开裂。这种涂料的耐酸碱性、耐水性、耐老化性、耐高温性等均十分优良，涂膜光泽度极好，呈瓷质感。

3）溶剂型丙烯酸外墙涂料

其耐候性及装饰性都很突出，耐用年限在 10 年以上，施工周期也较短，且可以在较低温度下使用。

4）过氯乙烯外墙涂料

以过氯乙烯树脂为主要成膜物质，是一种溶剂型外墙涂料。过氯乙烯外墙涂料具有干燥快、施工方便、耐候性好、耐化学腐蚀性强、耐水、耐霉性好等特点，但它的附着力较差。虽然表干很快，但完全干透很慢，只有到完全干透之后才变硬并很难剥离。

（2）乳液型涂料

以高分子合成树脂乳液为主要成膜物质的外墙涂料称为乳液型外墙涂料。

按乳液制造方法不同可以分为两类：一是由单体通过乳液聚合工艺直接合成的乳液；二是由高分子合成树脂通过乳化方法制成的乳液。

乳液型涂料按涂料的质感又可分为：薄型乳液涂料、厚质涂料及彩色砂壁状涂料等

1）乳液型外墙涂料的主要特点如下：

① 不会污染周围环境，不易发生火灾，对人体的毒性小；

② 施工方便；

③ 涂料透气性好，且含有大量水分，因而可在稍湿的基层上施工；

④ 外用乳液型涂料的耐候性良好，尤其是高质量的丙烯酸酯外墙乳液涂料其光亮度、耐候性、耐水性及耐久性等各种性能可以与溶剂型丙烯酸酯类外墙涂料媲美；

⑤ 乳液型外墙涂料存在的主要问题是通常必须在10℃以上施工才能保证质量，因而冬季一般不宜应用。

2）乳液型涂料包括：

① 苯-丙乳液涂料

苯-丙乳液涂料是以苯乙烯-丙烯酸酯共聚乳液（简称苯-丙乳液）为主要成膜物质。该涂料物理性能优异，涂膜耐水性、耐碱性均比较出色，但是相对而言耐候性稍差，容易黄变。

② 纯丙乳液涂料

该类涂料采用纯丙乳液为基料制造，由于纯丙乳液全部采用丙烯酸酯为原料，而丙烯酸酯的户外耐候性优异，因此纯丙涂料的耐候性十分优异，尤其是耐老化性和保色保光性，纯丙涂料是目前较为高档的一种水性涂料。

③ 硅丙乳胶漆涂料

在乳液合成中，以丙烯酸酯为基础原料，加入少量有机硅进行改性，可制造出硅丙乳液，以硅丙乳液为基料所制造的涂料即为硅丙涂料。硅丙涂料具有优异的耐水性、耐候性、抗返碱能力和耐污染性，是一种比较理想的外墙涂料，但成本较高。

④ 有机硅乳液涂料

与硅丙乳液相比，有机硅乳液合成过程中使用了大量的硅元素，以有机硅乳液所制造的涂料既具有良好的透气性，又具有极佳的耐水性，同时还具有较高的自洁性能。但仍然因为成本问题，目前国内应用受到了很大限制。

（3）质感涂料

这种涂料，是以合成树脂乳液（一般为苯-丙乳液或丙烯酸乳液）为主体制成。着色骨料一般采用高温烧结彩色砂料、彩色陶料或天然带色石屑。使用寿命可达10年以上。

质感涂料有砂壁漆、真石漆和肌理漆三大类，如图4-22所示。

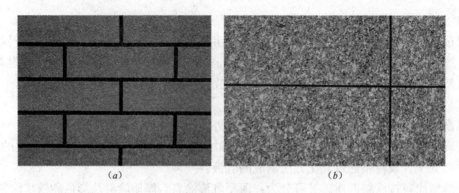

图 4-22　质感涂料
(a) 砂壁漆；(b) 真石漆

（4）氟碳漆

氟碳涂料是使用了含氟树脂为基料的新型涂料，其树脂结构中的 F-C 键是键长最短、键能最大的化学键，因此化学性能非常稳定。理论上，氟碳涂料有着极优异性能，如耐碱、抗腐蚀、耐候性。由于氟碳涂料的表面张力很低，因此具有非常出色的耐玷污和自洁功能。氟碳涂料是今后高档建筑的首选涂料。氟碳漆也广泛用于室内装修材料的饰面处理。

5. 常用内墙涂料

内墙涂料的主要功能是装饰及保护室内墙面，使其美观整洁，让人们处于舒适的居住环境中。为了获得良好的装饰效果，内墙涂料应具有：

色彩丰富，细腻，调和；

耐碱性、耐水性、耐粉化性良好，且透气性好过墙面；

室内湿度一般比室外高，同时为了清洁方便，要求涂层有一定的耐水性及刷洗性；涂刷容易，价格合理等特点。

（1）水溶性涂料

聚乙烯醇类水溶性内涂料。这类涂料是以聚乙烯醇树脂及其衍生物为主要成膜物质，涂料资源丰富，生产工艺简单，具有一定装饰效果，且价格便宜，但涂层的耐水性、耐水洗刷性和耐久性差。

（2）乳液型涂料

随水分蒸发干燥成膜，涂膜的透气性好，无结露现象，且具有良好的耐水、耐碱和耐候性。常用的品种有醋酸乙烯乳胶漆和醋酸乙烯—丙烯酯有光内墙乳胶漆。后者价格较高。性能优于醋酸乙烯乳胶漆。

1）醋酸乙烯胶漆

醋酸乙烯胶漆是由醋酸乙烯乳液为主要成膜物质，加入适量的填料、颜料及各种助剂，经研磨或分散处理而制成的一种乳液涂料，具有无毒、无味、不燃、涂抹细腻平滑、透气性好、易于施工、价格适中等优点。但它的耐水性、耐碱性及耐候性不及其他共聚乳液，故仅适宜涂刷内墙。

2）乙-丙有光乳胶漆

乙-丙有光乳胶漆是以聚醋酸乙烯与丙烯醋酸共聚乳为主要成膜物质，掺于适量的颜料、填料及助剂，经过研磨或分散后配制而成的半光或有光内墙涂料。其耐水性、耐碱性、耐久性优于醋酸乙烯乳胶漆，并具有光泽，是一种中高档内墙装饰涂料。

（3）多彩内墙涂料

简称多彩涂料，是目前国内外流行的高档内墙涂料，它经一次喷涂即可获得多种色彩的立体涂膜的涂料。为获得理想的涂膜性能，常采用三种以上的树脂混合使用。

多彩涂料的色彩丰富，图案变化多样，立体感强，具有良好的耐水性、耐油性、耐碱性、耐洗刷性。多彩涂料宜在5~30℃下储存，且不宜超过半年。多彩涂料不宜在雨天或湿度高的环境中施工，否则易使涂膜泛白，且附着力也会降低。

（4）金属漆

金属漆是用金属粉，如铜粉、铝粉等作为颜料所配制的一种高档建筑涂料。金属漆具有金属闪光质感，能够提高建筑物的档次，充分彰显高贵、典雅的气质。一般有水性和溶剂型两种。由于金属粉末在水和空气中不稳定，常发生化学反应而变质，因此其表面需要进行特殊处理，致使用于水性漆中的金属粉价格昂贵，使用受到限制，目前还主要以溶剂型为主。

溶剂型金属漆是以树脂的种类和结构不同而进行分类的，主要有单组分丙烯酸金属漆、双组分丙烯酸-聚氨酯金属漆、单组分氟碳金属漆和双组分氟碳金属漆等不同的类型。单组分金属漆施工后干燥快，漆膜较软；双组分丙烯酸-聚氨酯金属漆的漆膜硬度高而且有一定的韧性。双组分氟碳金属漆施工后干燥慢，漆膜的耐久性和耐候性最好，硬度介于上述二者之间。

6. 地面涂料

溶剂型地面涂料。这类涂料是以合成树脂为基料，添加多种辅助材料制成。主要品种有过氯乙烯水泥地面涂料，苯乙烯水泥地面涂料，石油树脂地面涂料及聚酯地面涂料等。性能及生产工艺与溶剂型外墙涂料相似。所不同的是在选择填料及其他辅助材料时比较注重耐磨性和耐冲击性等。

合成树脂厚质地面涂料。这类涂料实际上也属溶剂型涂料，由于它能形成厚质涂膜，且多为双组分反应固化型，故单独为一类。

环氧树脂地面厚质涂料：这种涂料固化后，涂膜坚硬，耐磨，且具有一定的冲击韧性。耐化学腐蚀、耐油、耐水性能好，与基层粘结力强，耐久性好，但施工操作较复杂。

聚氨酯地面厚质涂料：聚氨酯地面涂料包括聚氨基甲酸酯薄质地面涂料和厚质弹性地面涂料两类。由于涂层具有弹性，故步感舒适，粘结性好，其他各项性能均十分优良。但目前价格较高，适用于高级住宅地面装饰。

7. 特种涂料

涂料涂敷到建筑物上不仅具有装饰功能，还具有一些特殊功能，如防火、防水、防霉、防腐、隔热、隔声等功能，因此将这类涂料称为特种涂料。

（1）对特种涂料的主要要求

1）较好的耐碱性、耐水性和与水泥砂浆、水泥混凝土或木质材料等良好的结合；

2）具有一定的装饰性；

3）具有某些特殊性能，如防水、防火和杀虫等；

4）施工简便，重涂容易；

5）原材料资源丰富，成品价格适中。

（2）特种涂料的主要品种

1）防火涂料：也称为阻燃涂料，它具有提高易燃材料耐火能力的功能。按组成材料不同可将防火涂料分为膨胀型防火涂料和非膨胀型防火涂料两大类。膨胀型防火涂料主要有钢结构防火涂料、木结构防火涂料、膨胀乳胶防火涂料、混凝土楼板防火隔热材料等。

2）防水涂料：防水涂料是指形成的涂膜能够防止地下水或雨水渗漏的一种建筑材料。包括有地下工程防水涂料和屋面工程防水涂料。防水涂料按成膜物质的状态与成膜的形成不同，分为溶剂型、化学反应型和乳液型三大类。

3）防霉涂料：防霉涂料是一种功能性涂料，通过对涂料配方的优化，实施防霉性处理，并加入足量有效的防霉剂，即可制造具有防霉功能的防霉涂料。防霉涂料在潮湿阴暗的条件使用，涂膜不会产生霉菌。防霉涂料主要是针对水性涂料而言，因为溶剂型涂料本身就有抑制霉菌生长的作用。

4）防锈涂料：防锈涂料常称防锈漆，它是用精炼的亚麻仁油、桐油等优质干性油为成膜物质，加入红丹、锌铬黄、铁红和铝粉等防锈颜料配制而成，也可以加入适量的滑石粉、瓷土等填料。防锈涂料的特点是成膜快、附着力强、防锈性能好和施工简便，多用于黑色金属表面的防锈。

8. 木器漆

木器漆是指用于木制品上的一类树脂漆，有聚酯、聚氨酯漆等，可分为水性和油性。按光泽可分为高光、半哑光、哑光。按用途可分为家具漆、地板漆等。

（1）硝基清漆：硝基清漆是一种由硝化棉、醇酸树脂、增塑剂及有机溶剂市制而成的透明漆，属挥发性油漆，具有干燥快、光泽柔和等特点。硝基清漆分为亮光、半哑光和哑光三种，可根据需要选用。硝基漆也有其缺点：高湿天气易泛白、丰满度低，硬度低。

（2）聚酯漆：它是用聚酯树脂为主要成膜物制成的一种厚质漆。聚酯漆的漆膜丰满，层厚面硬。聚酯漆同样有清漆品种，叫聚酯清漆。聚酯漆在施工过程中需要进行固化，这些固化剂的分量占油漆总分量的三分之一。这些固化剂也称为硬化剂，其主要成分是 TDI（甲苯二氰酸酯）。这些处于游离状态的 TDI 会变黄，不但使家私漆面变黄，而且会使邻近的墙面变黄，这是聚酯漆的一大缺点。市面上已经出现了耐黄变聚酯漆，但也只能做到"耐黄"。还不能完全防止变黄。另外，超出标准的游离 TDI 还会对人体造成伤害。

（3）聚氨酯漆：聚氨酯漆即聚氨基甲酸漆。它漆膜强韧，光泽丰满，附着力强，耐水、耐磨、耐腐蚀，被广泛用于高级木器家具，也可用于金属表面。其缺点主要有遇潮起泡、漆膜粉化等；与聚酯漆一样，也存在着变黄的问题。聚氨酯漆的清漆品种称为聚氨酯清漆。

（4）水性木器漆：水性木器漆是以水作为稀释剂的涂料。水性漆包括水溶性漆、水稀释性漆、水分散性漆（乳胶涂料）3 种。水性木器漆的生产过程是一个简单的物理混合过程。水性木器漆以水为溶剂无任何有害挥发，是目前最安全，最环保的家具漆涂料。

（5）UV 光固化漆：即紫外光固化油漆，也称光引发涂料，光固化涂料。是通过机器设备自动滚涂、淋涂到家具板面上，在紫外光的照射下促使引发剂分解，产生自由基，引发树脂反应，瞬间固化成膜，是当前最环保的油漆。

（6）木蜡油：木蜡油属油性木器漆的一种，木蜡油是植物油蜡涂料国内的俗称，是一种类似油漆而又区别于油漆的天然木器涂料。木蜡油中的油能渗透进木材内部，给予木材深层滋润养护；蜡能与木材纤维紧密结合，增强表面硬度，防水防污，耐磨耐擦，这样的黄金组合给木材提供了最为出色的养护和装饰效果。

4.4 其他装饰装修材料

4.4.1 吊顶罩面板材

建筑室内悬吊式顶棚装饰常用的罩面板材主要有石膏板、矿棉吸声板、珍珠岩吸声板、钙塑泡沫吸声板和金属微穿孔吸声板等。

1. 石膏装饰板

（1）装饰石膏板

用于吊顶罩面的装饰石膏板主要规格尺寸有：500mm×500mm×9mm、600mm×600mm×11mm 等。

（2）纸面石膏板

纸面石膏板是以建筑石膏为主要原料，掺入纤维增强材料和外加剂制成芯板，再在板的两面粘贴护面纸而制得的板材。护面纸的粘贴，提高了石膏板的抗折强度，挠度变形减小。纸面石膏板外形多为矩形，常用的规格尺寸：长度有：1800mm、2100mm、2400mm、2700mm、3000mm 和 3600mm；宽度有：900mm 和 1220mm 等；板厚有：9.5mm、12mm、15mm 和 18mm 等。多用于建筑物室内墙面和顶棚装饰，根据功能可分为普通纸面石膏板、耐水纸面石膏板、耐火纸面石膏板、防潮装饰石膏板等。

（3）穿孔石膏板

穿孔石膏板主要用于室内吊顶以吸声为主要目的的罩面材料，如影剧院、百货商场、大型歌舞厅、地铁候车室和机场候机大厅等的吊顶罩面板材。穿孔石膏板的外形多为正方形，产品的主要规格有：500mm×500mm 和 600mm×600mm，厚度规格为 9mm 和 12mm。

2. 矿棉吸声板

矿棉吸声板又简称矿棉板。它是以矿渣棉为主要原料，再加进适量的胶粘剂，经过加压成型、烘干、饰面等加工工艺而成。这种板材具有质轻、吸声、保温、隔热和防火等优良性能。常用规格有：600mm×300mm，600mm×600mm，600mm×1200mm 等，厚度规格为：9mm、12mm 和 15mm 等。

3. 珍珠岩吸声板

这种板材具有质轻、吸声、隔热和外形美观等特点，可用于吊顶装饰罩面板，也可用于建筑物内墙装饰。珍珠岩吸声板主要规格尺寸有：400mm×400mm、500mm×500mm 和 600mm×600mm，厚度为 15mm、17mm 和 20mm 等。

4.4.2 地毯

地毯是对地面软性铺设物的总称，具有保温、吸声、抑尘等作用，且质地柔软，脚感舒适，图案、色彩丰富，可定制加工，是一种高级的地面装饰材料。

1. 地毯的类型

按地毯生产所用材质分：纯羊毛地毯；合成纤维地毯，是目前地毯地面装饰中用量较大的中低档次的地毯；混纺地毯，是以合成纤维和羊毛按比例混纺后编织而成的地毯。

按地毯的编织工艺分：编织地毯；簇绒地毯；针织地毯；机织地毯；

按地毯的尺寸分：块状地毯，卷材地毯，化纤机织地毯一般加工成宽幅形式，幅度以1m～4m的多见，每卷长度20～43m不等。

2. 地毯的主要技术性能

包括：剥离强度，绒毛粘合力，弹性，耐磨性，抗静电性，耐燃性，抗老化性，抗菌性。

4.4.3 胶粘剂

胶粘剂又称粘结剂，是一种具有优良粘结性能的材料。建筑装饰工程中的墙面、吊顶、地面及室内细木装饰装修，都要使用各种类型的胶粘剂，是装饰装修工程中必不可缺的重要材料。

1. 分类

（1）按基料的化学成分分为：

1）无机类胶粘剂包括有硅酸型、磷酸型和硼酸型等类型。

2）有机类胶粘剂一种是天然胶，如动物胶或植物胶；另一种是人工合成胶，如树脂胶、橡胶型胶和混合型胶等。

（2）按胶粘剂的用途分为：

按用途分胶粘剂有结构胶、非结构胶、密封胶、耐低温胶、耐高温胶、导电胶、医用胶、点焊胶和水下胶等。

（3）按胶粘剂的固化特点分为：

按固化特点分有热固型、化学反应型和溶剂挥发型三类。

2. 装饰装修工程中常用的胶粘剂

（1）壁纸、墙布胶粘剂

1）聚醋酸乙烯胶粘剂（白乳胶）

酸乙烯与乙烯经聚合而成。是粘结壁纸、墙布、木材及配制防水涂料的较理想的胶粘剂。

2）聚乙烯醇胶粘剂

属于非结构类胶粘剂，广泛应用于木材、皮革、纸张、泡沫塑料和纤维织物等材料的粘结。

3）801胶

其无毒、无味、不燃烧、游离醛的含量低，施工中没有刺激性气味，主要用于墙布、瓷砖、壁纸和水泥制品的粘贴，也可作为基料来配制地面和内外墙涂料。

4）粉末壁纸胶

用于粘贴壁纸，不翘边、不起泡、不脱落，尤其在石膏板、木墙板和混凝土及水泥砂浆墙面上粘贴壁纸效果更好。

（2）瓷砖、大理石胶粘剂

1）SG-8407内墙瓷砖胶粘剂

这种胶掺到水泥砂浆中可改善其粘结力，提高水泥砂浆的耐水性，适合在混凝土和水泥砂浆墙面粘贴瓷砖、面砖和锦砖等。胶粘剂的抗湿性能好，在自然空气中的粘结力可达到 1.3MPa，在 30℃水中浸泡 48h 后粘结力可达到 0.9MPa，在 50℃的湿热气中经 7d 后也能达到 1.3MPa 以上。

2）AH-93 大理石胶粘剂

它是由环氧树脂等多种高分子合成材料为基料而配制成的一种单组分的膏状胶粘剂，外观为白色或粉色膏状黏稠体，具有粘结强度高、耐水、耐候性好和使用方便等优点，适用于大理石、花岗石、瓷砖、面砖和锦砖等在水泥制品的基层上粘结。

3）TAS 型高强度耐水瓷砖胶粘剂

这是一种双组分的胶粘剂，其主要特性是耐水、耐候、强度高和耐化学侵蚀，适用于混凝土、玻璃、木材和钢材表面粘贴瓷砖、面砖及墙地砖等选用。

4）TAM 型通用瓷砖胶粘剂

胶粘剂以水泥为基材，经聚合物改性后而制成的一种粉末胶粘剂，使用时加水搅拌至要求的黏稠度即可。主要性能特点是粘结力好、耐水性和耐久性好，价格低、操作方便，适用于混凝土、水泥砂浆墙面、地面及石膏板等表面粘贴瓷砖、锦砖、天然大理石、人造石材等材料。

（3）塑料地板胶粘剂

常见的塑料地板胶粘剂主要包括聚酯酸乙烯类胶粘剂与合成橡胶类胶粘剂两种。其中，聚酯酸乙烯类胶粘剂主要用于地板等与水泥砂浆地面的粘贴；合成橡胶类胶粘剂用于塑料地板与水泥砂浆地面的粘结，也可用于硬木拼花地板与水泥砂浆地面的粘结。

（4）聚氨酯类胶粘剂

常用来作非结构性胶，对塑料、玻璃、木材、橡胶、陶瓷、皮革及金属材料都有良好的粘结性能。

（5）环氧树脂类胶粘剂

具有粘接强度高、收缩率小、耐水、耐油和耐腐蚀的特点，对玻璃、金属制品、陶瓷、木材、塑料、水泥制品和纤维材料都有较好的粘结能力，是装饰装修工程中应用最广泛的胶种之一。

（6）玻璃专用胶粘剂

丙烯酸酯胶代号"AE"，是一种无色透明黏稠的液体，能在室温条件下快速固化。"AE"胶分 AE-01 和 AE-02 两种型号，AE-01 适用于有机玻璃，ABS 塑料和丙烯酸酯共聚物制品的粘结；AE-02 用于无机玻璃、有机玻璃和玻璃钢的粘接。

（7）聚乙烯醇缩丁醛胶粘剂

以聚乙烯醇为基料，在酸性催化存在的条件下与醛反应而成，这种胶粘剂主要性能特点是粘结力好、耐冲击、耐老化性能好，且透明度高，适用于无机玻璃的粘结。

（8）竹木类胶粘剂

酚醛树脂类胶粘剂包括水溶性酚醛树脂胶、FA-1016 木材粘结剂和铁锚 206 胶三种。脲醛树脂类胶粘剂是竹木类专用胶粘剂，具有耐热、耐水、耐光和耐微生物侵蚀等优点，都能在室温条件下固化，且操作简单。

4.4.4 常用的塑料

塑料是以合成树脂或天然树脂为主要原料、加入其他添加剂后，在一定条件下经混炼，塑化成型，且在常温下能保持产品形状的材料。塑料具有质轻、绝缘、耐腐蚀、耐磨、种类多等优点，加工性能好，装饰性能优异。但也有耐热性差、易燃、易老化、热膨胀性大等缺点。

1. 聚氯乙烯（PVC）

聚氯乙烯是一种多功能的塑料，通过配方的调整，可以生产出硬质和软质的塑料制品及轻质发泡的产品，如给排水管道、塑料壁纸、塑料地板、百叶窗、门窗框、楼梯扶手、屋面采光板和踢脚板等。PVC 制品的耐燃性较好，并具有自熄性，耐一般有机溶剂作用。

2. 聚乙烯（PE）

聚乙烯（polyethylene，简称 PE）是乙烯经聚合制得的一种热塑性树脂。聚乙烯无臭，无毒，手感似蜡，具有优良的耐低温性能，化学稳定性好，能耐大多数酸碱的侵蚀。常温下不溶于一般溶剂，吸水性小，电绝缘性优良。

3. 聚苯乙烯（PS）

聚苯乙烯是由苯乙烯单体聚合而成，是一种透明的无定型的热塑性塑料，透明性能仅次于有机玻璃，透光率可达 88%～92%。其产品主要有板材、泡沫塑料和模制品，也可以用它加工成具有特殊装饰效果的百叶窗等装饰制品。

4. 聚丙烯（PP）

聚丙烯为无毒、无臭、无味的乳白色高结晶的聚合物，密度只有 $0.90～0.91g/m^3$，是目前所有塑料中最轻的品种之一。它对水特别稳定，在水中的吸水率仅为 0.01%，分子量约 8 万～15 万。成型性好，常用于制作管材。

5. 不饱和聚酯树脂（UP）

可以作为人造大理石的胶结材料，也可以用它加工成玻璃钢，广泛用于屋面采光材料、门窗框架和卫生洁具等。

6. 改性聚苯乙烯（ABS）

常用来制作具有美观花纹图案的塑料装饰板材，也可以代替木材加工成各种家具。

7. 有机玻璃（PMMA）

有机玻璃的化学名称是聚甲基丙烯酸甲酯，是一种透光率最高的塑料产品，能透过92%以上的太阳光，因此，可以代替玻璃，且不易碎，但表面硬度比玻璃低，容易划伤；在低温环境中有较高的抗冲击性能、坚韧且有弹性，耐水、耐老化性能也较好。有机玻璃多用来制作各种彩色玻璃、管材、板材、室内隔断和浴缸等装饰制品，也可以用来制作广告牌。

8. 环氧树脂（EP）

环氧树脂也是一种热固性树脂，环氧树脂最突出的特点是与各种材料都有很强的粘结力，所以在建筑工程施工中常用来作胶粘剂。

9. 聚氨酯树脂（PU）

聚氨酯的力学性能具有很大的可调性。通过控制结晶的硬段和不结晶的软段之间的比例，聚氨酯可以获得不同的力学性能。因此其制品具有耐磨、耐温、密封、隔声、加工性能好、可降解等优异性能。不溶于非极性基团，具有良好的耐油性、韧性、耐磨性、耐老化性和粘合性。

10. 玻璃纤维增强塑料（GRP）

玻璃纤维增强塑料又称玻璃钢，它是用玻璃纤维制品，如布、纱、短切纤维、毡和无纺布等，增强不饱和聚酯树脂或环氧树脂等复合而得到的一类热固性塑料制品。这种塑料制品，通过玻璃纤维的增强而得以提高机械强度，其强度可以超过普通碳素钢，重量轻，仅为钢材的 1/4～1/5。玻璃钢制品成型工艺比较简单、灵活，可制成复杂的装饰造型构件。具有良好的耐化学腐蚀性和电绝缘性、耐湿、防潮，其缺点是表面不够光滑。

4.4.5　壁纸墙布

壁纸、壁布（贴墙布）属于建筑内墙裱糊材料，内墙裱糊材料品种繁多，有壁纸、贴墙布、呢绒、丝绸、锦缎等，用它们来装饰室内墙壁、柱面和门面，不仅可以起到美化室内的作用，还可以提高建筑物的某些功能，如吸声、隔声、防霉、防臭和防潮、防火等。

1. 壁纸

壁纸材质通常可分为：

（1）纸基壁纸

这种壁纸是直接在纸面上印花、压花，是内墙裱糊工程中使用得最早的一种壁纸，其主要特点是透气性好，色彩和图案多种多样，价格便宜。但因它不耐水，不能擦洗，易破裂，故现代裱糊工程中已基本不再采用。

（2）织物复合壁纸

属于环保型的壁纸。它是利用麻、棉、毛和丝等天然的动植物纤维复合于纸基上制成，具有透气、调湿、吸声、无毒等特点。给人们以柔和、舒适和回归大自然的感受，缺点是污染后不易清洁，且价格也偏高。

（3）金属涂布壁纸

这种壁纸是在特定材料的基层上涂布金属膜面而成，装饰效果上给人以金碧辉煌的感受。

（4）塑料壁纸

这是近年来在裱糊装饰工程中应用最为广泛的一种壁纸。它是采用涂布或压延法的生产工艺制成，其产品包括普通塑料壁纸、压花发泡塑料壁纸和特种塑料壁纸。

特种塑料壁纸属于塑料壁纸中的一种，常用的有防火壁纸、耐水壁纸、防结露壁纸、防霉壁纸和特殊装饰效果壁纸。

另外，壁纸按功能还分为吸声、防火、阻燃、保温、防霉、防菌、抗静电等类型，应根据不同的使用功能要求进行选用。

2. 墙布

墙布是用人造纤维或天然纤维织成的布为基料，布面涂上树脂，并印上所要求的色彩图案而成。墙布具有色彩绚丽、图案美观、富有弹性和手感好等特点，是近年来应用较多的一种内墙裱糊材料。墙布基料所用的人造纤维主要有醋酸纤维、三酸纤维、聚丙烯腈纤维、粘胶纤维、聚纤维、聚丙烯纤维、矿棉纤维、玻璃纤维、锦纶和非纺织纤维等；天然纤维主要有棉、丝、毛及其他植物纤维等。

4.5　装饰施工机具

施工现场与装饰装修有关的机械设备，主要有以下三类：各种手持电动机具；水磨石机、水泥抹光机等小型机械设备；塔式起垂机、施工升降机和物料提升机等由土建单位提供的大型垂直运输机械设备。本节所称装饰施工机具包括：各种手持机具和小型装饰机械。

4.5.1　各种手持机具

1. 手持电动工具种类多，款式多，主要有：电圆锯、手电钻（手枪钻）、拉铆枪、射钉枪、电锤（冲击钻）、角磨机、切割机、电动扳手、充电钻、电动搅拌机、电镐等。

（1）电圆锯（图4-23a、图4-23b）。主要用于裁锯木材类板材，包括：裁锯多层板、密度板和复合板，形状有圆盘带锯齿形的和圆盘形的，用户可根据用途和产品使用说明书选择。部分电圆锯相关性能、参数参考见表4-16。

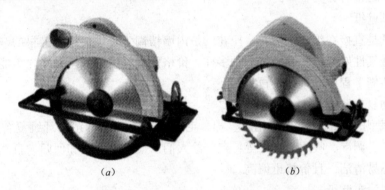

（a）　　　　　　　　　　　　　（b）

图4-23　电圆锯

（a）锯片圆盘形电圆锯；（b）锯齿形锯片电圆锯

部分电圆锯相关性能、参数参考表　　　　　　　　表4-16

参数名称	额定电压	额定频率	输入功率	空载转速	锯片直径	形状
电圆锯	220V	50/60Hz	1500W	4500r/min	235mm	圆盘形
电圆锯	220V	50/60Hz	1300W	4800r/min	185mm	圆盘带锯齿形

图4-24　手电钻

（2）手电钻（图4-24）。主要用于木材（含复合板）、铝型板材（含铝塑板）、石膏板、钢板等的钻孔，手电钻的规格、型号较多，根据不同的规格、型号，钻孔直径从 $\phi5\sim\phi18$ 不等，用户可根据用途和产品使用说明书选择，部分手电钻的性能、参数参考见表4-17。

（3）手动拉铆枪（图4-25）广泛用于吊顶、隔断及通风管道等工程的铆接作业。主要由移动导杆机构和头部工作机构等组成，部分手动拉铆枪相关性能、参数参考见表 4-18。

部分手电钻相关性能、参数参考表 表 4-17

参数名称	额定电压	额定频率	输入功率	空载转速	钻孔直径
手电钻	220V	50/60Hz	600W	3500r/min	10mm
手电钻	220V	50Hz	300W	0～2500r/min 2500r/min	木材 18mm 钢材 10mm
手电钻	220V	50/60Hz	900W	2000r/min	10mm
手电钻	220V	50/60Hz	750W	0～2800r/min	13mm

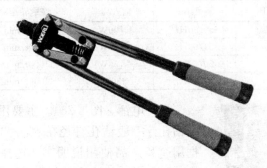

图 4-25 手动拉铆枪

部分手动拉铆枪相关性能、参数参考表 表 4-18

枪头螺栓工作行程	拉力	重量	适用范围
6mm	360kg	1.1kg	M3-M5 各种材质拉铆螺母

（4）气动射钉枪（图 4-26）用于装修装饰工程中在木龙骨或其他木质构件上紧固木质装饰面或纤维板、石膏板、刨花板及各种装饰线条等材料。气动射钉枪射钉的形状，有直形、U形和 T 形，用户可根据用途和产品使用说明书选择。部分气动射钉枪相关性能、参数参考见表 4-19。

（5）角磨机（图 4-27）。角磨机的用途相当广泛，根据不同的规格、性能，可用于水磨石地面、石材地面等狭隘、边角部位（包括：楼梯、踢脚线、窗台板）的打磨，以及不锈钢扶手、护栏等的打磨抛光。用户可根据用途和产品使用说明书选择，部分角磨机的性能、参数参考见表 4-20。

图 4-26 气动射钉枪

部分气动射钉枪相关性能、参数参考表 表 4-19

参数名称	空气压力（MP）	每秒射钉枚数（枚/s）	盛钉容量（枚）	重量（kg）
气动码钉枪	0.40～0.70	6	110	1.2
	0.45～0.85	5	165	2.8
气动圆头射钉枪	0.45～0.70	3	64（70）	5.5
	0.40～0.70	3	64（70）	3.6
气动 T 形射钉枪	0.40～0.70	4	120（104）	3.2

图 4-27　角磨机

部分角磨机相关性能参数参考表　　　　　　　　　　　表 4-20

参数名称	额定电压	额定频率	输入功率	空载转速	砂轮直径
角磨机	220V	50/60Hz	700W	10500r/min	100mm
角磨机	220V	50/60Hz	700W	11000r/min	100mm
角磨机	220V	50/60Hz	750W	11000r/min	100mm
角磨机	220V	50/60Hz	1800W	11000r/min	125/150mm

图 4-28　电锤

（6）电锤（图 4-28）。主要用于混凝土构件、砖墙的钻孔，一般钻孔直径在 $\phi6\sim\phi38mm$ 之间，用户可根据用途和产品使用说明书，选择不同规格的电锤和钻头。部分电锤的性能、参数参考见表 4-21。

（7）冲击电钻（图 4-29）。是一种同时具备钻孔和锤击功能的电动机具，可以同时作手电钻和小型电锤使用，作业时，冲击电钻一方面靠冲击凿冲，一方面靠钻头钻入；主要应用在砖、混凝土、砌块、瓷砖等脆性材料上钻孔，尤其适用于各种室内外装饰材料和复合材料的钻孔。部分冲击电钻相关性能、参数参考见表 4-22。

部分电锤相关性能参数参考表　　　　　　　　　　　表 4-21

参数名称	额定电压	额定频率	输入功率	空载转速	钻孔直径
电锤	220V	50/60Hz	1200W	500r/min	38mm
电锤	220V	50/60Hz	650W	1050r/min	20mm
电锤	220V	50/60Hz	1300W	900r/min	
电锤	220V	50/60Hz	1200W	800r/min	26mm
电锤	220V	50/60Hz	1050W	750r/min	26mm

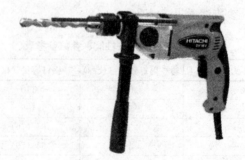

图 4-29　冲击电钻

部分冲击电钻相关性能、参数参考表　　　　　　　表 4-22

输入功率	空载速率	冲击率	钻头允许最大直径		机身重量
550W	0～3000r/min	0～48000r/min	在混凝土	φ16MM	约 1.9kg
			在钢板上	φ10MM	
			在木头上	φ25MM	

（8）喷枪（图 4-30、图 4-31）主要用于装饰施工中面层处理，包括清洁面层、面层喷涂、建筑画的喷绘及其他器皿表面处理等。按照喷枪的工作效率可以分为大型、小型两种；按喷枪的应用范围分，可分为标准喷枪、加压型喷枪、建筑用喷枪、专用喷枪及清洗用喷枪等，用户可根据用途和产品使用说明书选择。部分喷枪相关性能、参数参考见表 4-23。

图 4-30　吸上式标准喷枪　　　　　　图 4-31　重力式标准喷枪

部分喷枪相关性能、参数参考表　　　　　　　表 4-23

型号	喷涂供给方式	喷嘴口径（mm）	喷涂空气压力（MPa）	空气使用量（L/min）	喷涂宽度（mm）	电动机功率（kW）	应用范围
K-80S	吸上式	1.0	0.3	85	110	0.75	精细物件高级喷涂
		1.3	0.3	90	130	0.75	表面清漆喷涂
		1.5	0.35	155	180	0.75	中型物件高级喷涂
		1.8	0.35	170	190	0.75	表面中层一般油漆喷涂处理
K-67A	重力式	2.5	0.35	310	260	1.5	高黏度漆喷涂

（9）石材切割机（图 4-32）。主要用于大理石、花岗石、人造石等板材切割，也可用于铝材、塑材的切割，切割深度与切割机的功率和锯片直径有关。用户可根据不同板材的性能、厚度和产品使用说明书，选择石材切割机的不同锯片。部分石材切割机的性能、参数参考见表 4-24。

（10）瓷砖切割机（图 4-33）。主要用于陶瓷、陶土类砖的切割，包括：墙面砖、玻化砖、地砖等，但水泥类砖的切割宜选用合适的石材切割机。用户可根据用途和产品说明书选用不同规格的切割机。部分瓷砖切割机的性能、参数参考见表 4-25。

图 4-32　石材切割机

部分石材切割机相关性能、参数参考表 表 4-24

参数名称	额定电压	额定频率	输入功率	空载转速	金刚石圆锯片、 圆盘锯片带 V 形口
石材切割机	220V	50/60Hz	1300W	11000r/min	锯片直径 110mm
石材切割机	220V	50/60Hz	1400W	13300r/min	最大锯深 30mm

图 4-33 瓷砖切割机

部分瓷砖切割机性能、参数参考表 表 4-25

电 压	转 速	功 率	可装锯片直径	净 重
220V	12000r/min	1700W	110mm	2.6kg

图 4-34 电动扳手

（11）电动扳手（图 4-34）。电动扳手主要用于结构件的螺栓紧固和现场脚手架搭设时的螺栓紧固，用户可根据用途和产品使用说明书选择。部分电动扳手的性能、参数参考见表 4-26。

（12）充电扳手（图 4-35）、充电钻（图 4-36）。目前充电扳手、充电钻既可以充电，又可以安装锂电池（14.4～18V、12～18V）替代。充电扳手主要用于螺栓紧固，充电钻主要用于木材和钢材的钻孔，用户可根据用途和产品使用说明书选用。部分充电扳手、充电钻的性能、参数参考见表 4-27。

部分电动扳手性能、参数参考表 表 4-26

额定输入功率	标准螺栓	高强度螺栓	方形传动螺杆	冲击数
400W	M12-M22	M12-M16	12.7mm	2000bpm
回转数	最大扭矩	长度	净重	电源线
2000rpm	350N.m	282mm	2.9kg	2.5m

（13）电动搅拌机（图 4-37）。电动搅拌机主要用于桶内搅拌水泥浆料、涂料或涂料腻子，搅拌直径 250～450mm，桶的深度 500～800mm。部分电动搅拌机性能、参数参考见表 4-28。

图 4-35　充电扳手　　　　　　图 4-36　充电钻

部分充电（锂电池）扳手、充电（锂电池）钻相关性能、参数参考表　　　表 4-27

参数名称	电　池	空载转速	最大扭矩
充电扳手	14.4～18V 锂电/1.3 安培×小时	0-2400r/min，3000ipm 0-2900r/min，0-3300ipm	90N/m 130N/m
参数名称	电　池	空载转速	钻孔直径
充电钻	12～18V 锂电/1.3 安培×小时	0-450、600、700、 1200、1300r/min	木材 22mm 钢材 10mm

图 4-37　电动搅拌机

手持式电动搅拌机相关性能、参数参考表　　　表 4-28

参数名称	额定电压	额定频率	输入功率	空载转速	适宜圆桶直径
手持式电动搅拌机	220V	50/60Hz	1600W	950r/min	300～500mm

　　（14）电镐（图 4-38）。主要用于楼地面的钻孔和破碎，电镐有不同的规格，用户可根据用途和产品使用说明书选择。部分电镐的性能和参数见表 4-29。

图 4-38　电镐

部分电镐相关性能、参数参考表　　　　表 4-29

参数名称	额定电压	额定频率	输入功率	空载转速	钻孔直径
电镐	220V	50/60Hz	2200W	1200r/min	65mm

（15）风镐（图 4-39）广泛用于修凿、开洞等作业。是直接利用压缩空气作介质，通过启动元件和控制开关，冲击气缸活塞，带动矸头，实现矸头机械往复和回转运动，对工作面进行作业。部分风镐相关性能、参数参考见表 4-30。

图 4-39　风镐

部分风镐相关性能、参数参考表　　　　表 4-30

项　目	GJ-7	G-7（03-07）	G-7A	G-11（03-11）
冲击频率（次/min）	1300	1250~1400	1100	1000
钻眼直径（mm）	40	44	34	38
锤体行程（mm）	135	80	153	155
使用气压（MPa）	0.4	0.5	0.5	0.4
耗气量（m³/min）	1	1	0.8	1
重（kg）	6.7	7.5	7.5	10.5

2. 手持施工机具的使用与维护。

（1）手持施工机具的选用、使用和维护要按照对应的产品使用说明书。电动工具的使用还要遵守《施工现场临时用电安全技术规范》JGJ 46—2005 的规定和建筑机械相关规范的规定；作业人员应按规定穿戴劳动保护用品。

（2）使用刃具的电动工具，应保持刃磨锋利，完好无损，安装正确，牢固可靠；使用砂轮的机具，应检查砂轮与接盘间的软垫并安装稳固，螺帽不得过紧，凡受潮、变形、裂纹、破碎、磕边缺口或接触过油、碱类的砂轮均不得使用，并不得将受潮的砂轮片自行烘干使用。

（3）在潮湿地区或在金属构架、压力容器、管道等导电良好的场所作业时，必须使用双重绝缘或加强绝缘的电动工具；非金属壳体的电动工具，在存放和使用时不应受压、受潮，并不得接触汽油等溶剂。

（4）作业前应检查电动工具，确认：外壳、手柄未出现裂缝、破损，电缆软线及插头等完好无损，开关动作正常，保护接零连接正确牢固可靠，各部防护装置齐全牢固，电气保护装置可靠；机具起动后，应空载运转，应检查并确认机具联动灵活无阻碍，才能投入使用作业。

（5）作业时，加力应平稳，不得用力过猛；严禁超载使用，作业中应注意音响及温升，发现异常应立即停机检查，在作业时间过长，机具温升超过 60℃时，应停机，自然冷却后再行作业；作业中，不得用手触摸刃具、模具和砂轮，发现其有磨钝、破损情况时，应立即停机更换或修整；机具转动时，不得撒手不管。

（6）使用冲击电钻或电锤，作业时应掌握电钻或电锤手柄，打孔时先将钻头抵在工作表面，然后开动，用力适度，避免晃动；转速若急剧下降，应减少用力，防止电机过载，严禁用木杠等施加外力；钻孔时，应注意避开混凝土中的钢筋；电钻和电锤为 40% 断续工作制，不得长时间连续使用；作业孔径在 25mm 以上时，应有稳固的作业平台，周围应设护栏。

（7）使用切割机作业时应防止杂物、泥尘混入电动机内，并应随时观察机壳温度，当机壳温度过高及产生炭刷火花时，应立即停机检查处理；切割过程中用力应均匀适当，推进刀片时不得用力过猛。当发生刀片卡死时，应立即停机，慢慢退出刀片，重新对正后方可再切割。

（8）使用角向磨光机时砂轮应选用增强纤维树脂型，其安全线速度不得小于 80m/s。配用的电缆与插头应具有加强绝缘性能，并不得任意更换；磨削作业时，应使砂轮与工件面保持 15°～30°的倾斜位置；切削作业时，砂轮不得倾斜，并不得横向摆动。

（9）电动工具不得私自拆除维修，应到生产厂家指定的特约门店或维修中心进行维修。

4.5.2 小型装饰机械

1. 小型装饰机具是指除手持电动工具外，移动作业比较轻便灵活的电动机械。主要包括：空气压缩机（气泵）、蛙式打夯机、水泥抹光机、水磨石机、地板刨平机和地板磨光机、铝型材切割机、喷浆机、电焊机等。

（1）空气压缩机（气泵）（图 4-40）它以电动机作为原动力，以空气为媒质向气动类机具传递能量，以空气压缩机作为动力的装修装饰机具主要有射钉枪、喷枪、风动改锥、手风钻及风动磨光机等。部分空气压缩机相关性能、参数参考见表 4-31。

图 4-40 空气压缩机

部分空气压缩机相关性能、参数参考表   表 4-31

型 号	额定排气量（m³/min）	额定排气压力（MPa）	轴功率（kW）	电机额定功率（kW）
KCC100-9	100	0.8	510	600
KCC120-11	120	1.0	650	700
KCC170-9	170	0.8	846	900

（2）水泥抹光机（图 4-41）。主要用于水泥砂浆面层的抹平抹光和混凝土楼地面的原浆抹面，从结构上分，有单转盘（单转子）和双转盘（双转子），双转盘的抹光面大于单

转盘机型。水泥抹光机有不同的规格、型号，使用时应根据用途和产品使用说明书选择。部分水泥抹光机的性能、参数参考见表4-32、表4-33（不同生产厂家表示方法不一样）。

图 4-41　水泥抹光机

水泥地面电动抹光机性能、参数参考表　　　　　　　　表 4-32

性　能	双转盘型
重量（kg）	30/40
发动机功率（kW） 转速（r/min）	0.55、0.37
抹刀数	2×3
抹刀回转直径（cm）	抹刀盘宽：68
抹刀转数 （r/min）	快：200/120 慢：100
抹刀可调角度（°）	0～15
生产率（m²/h）	100～200/80～100

水泥地面抹光机性能、参数参考表　　　　　　　　表 4-33

功率（hp）	抹平直径（mm）	转速（rpm/min）	刀片可调角度	重量（kg）
5.5～6.5	600	0～165	0°～15°	47
5.5～6.5	700	0～165	0°～15°	72
5.5～6.5	914	0～126	0°～15°	89

图 4-42　单转盘水磨石机

（3）水磨石机（图4-42）。水磨石机有单转盘、双转盘、三转盘和手持式（角磨）机，小面积水磨石地面宜选用单转盘水磨石机，大面积地面应选用双转盘或三转盘水磨石机，墙裙、踢脚、阴阳角处选用手持式（角磨）机。每一转盘上装有三个夹具，夹装三块三角形磨石。水磨石机如果装上金刚石软磨片、钢丝绒，还可以用做石材地面的打磨和晶面处理。用户可以根据工作要求和产品使用说明书选用不同规格、型号的水磨石机。部分水磨石机的性能、参数参考见表4-34。

部分水磨石机性能、参数参考表 表 4-34

性能 \ 形式	单转盘	双转盘
重量（kg）	155　160　180	100　180　210　200
电动机功率（kW） 转速（r/min）	2.2　3.0　3.4 1430　1450　1480	3.4 1430
转盘直径（mm）	250　300　350　360	300　360
生产率（m²/h）	1.5～2.0　3.5～4.5 6.5～7.5　6～8	10　14　15
转盘转速（r/min）	394　340　297　295	392　340　280

（4）铝型材切割机（图 4-43）。主要用于铝型材的加工切割，有的铝型材切割机底盘和竖向盘都带有刻度，方便铝型材的切角加工，一般大中型的装饰项目施工现场备有这种机械。部分铝型材切割机的性能、参数参考见表 4-35。

图 4-43　铝型材切割机

（5）喷浆机（泵）（图 4-44、图 4-45）。主要有适用于外墙面的砂浆喷涂机和室内外涂料喷浆机（泵）；喷浆机（泵）应有配套的料斗、输送管和喷枪。用户可根据用途和产品使用说明书选择。部分喷浆机的性能、参数参考见表 4-36。

部分铝型材切割机性能、参数参考表 表 4-35

锯片直径	高×宽	额定频率	额定输入功率	空载转速	净　重
250mm	65mm×140mm	50/60Hz	1650W	4600r/min	13kg

图 4-44　涂料（油漆）喷浆机（泵）

图 4-45　砂浆喷浆机

部分喷浆机性能、参数参考表 表 4-36

生产力	最大传送距离	适用材料配比	最大骨料粒径	输料管内径	等级	整机重量
5～5.5m³/h	200m	水泥/砂石=1:3～5	φ20mm	φ50mm	380V 或 660V	700kg
工作压力	耗风量	上料高度	转速	功率	机器轨距	外形尺寸（长×宽×高）：
0.2～0.4MPa	7—8m³/min	1.1M 转子	11r/min	5.5kW	600mm	1520×820×1280mm

（6）电焊机（图4-46）。作为焊接机具，具有结构简单、价格低廉、加工能力强、使用和维护方便等特点，在装饰装修施工中，主要用于连接钢铁构件，使之成为所需要的整体结构。电焊机的种类较多，最普遍的是交流弧焊机，部分交流弧焊机相关性能、参数参考见表4-37。

图4-46 电焊机

部分交流弧焊机相关性能、参数参考表　　　　　　　　　　　　　　表4-37

型号	额定初级电压（V）	额定焊接电流（A）	工作电压（V）	额定负载率（%）	频率（Hz）	额定输入容量（kV·A）
BX$_1$-135	220/380	135	30	65	50	8.7
BX$_2$-500	220/380	120	45.5	60	50	42

2. 小型装饰机械的使用和维护

（1）小型装饰机械的选用、使用和维护应按照产品使用说明书和《建筑机械使用安全技术规程》JGJ 33—2012执行，电气系统和施工用电设施和临时用电应符合《施工现场临时用电安全技术规范》JGJ 46—2005的规定；小型装饰机械维修应到生产厂家指定的本产品特约门店和专业维修中心进行。

（2）小型装修机械整机整机质量要求

1）金属结构不应有开焊、裂纹；零部件完整，随机附件应齐全，外观清洁，没有油垢和明显锈蚀；

2）传动系统运转平稳，没有异常冲击、振动、爬行、窜动、噪声、超温、超压；

3）传动皮带应齐全完好，松紧应适度；

4）操作系统灵敏可靠，各仪表指示数据准确；

5）机械上的刃具、胎具、模具、成型辊轮等应保证强度和精度，刃磨锋利，安装稳妥，紧固可靠；

6）机械防护装置齐全，外露传动部分应有防护罩，作业时不得随意拆卸。

（3）使用前，对操作人员应作技术培训，做好安全技术交底，作业人员应按规定穿戴劳动保护用品。

（4）在潮湿地区或从事湿作业的小型装饰机械必须双重绝缘和加强绝缘；装修机械应有防雨淋、水漫措施；长期搁置再用的机械，在使用前必须测量电动机绝缘电阻，合格后方可使用。

（5）下例机械的使用、维护还需分别注意：

1）喷浆机（泵）。外观应清洁，料斗、料罐内不应有结浆，部件完整，压力表完好，且在检定有效期内；传动机构运行应平稳，噪声不应超标，温升不应超限；柱塞泵工作应可靠，料流应稳定，不应超温、超压；减速器润滑油型号、油质及油量符合规定，不渗漏。喷杆气阀、喷雾头等零部件应有效、通畅，不漏浆；输浆管不应有老化、破损，接头处不渗漏。泵体内不得无液体干转，在检查电动机旋转方向时，应先打开料桶开关，让液体流入泵体内部后，再开动电动机带泵旋转；作业后，应往料斗注入清水，开泵清洗直到水清为止，再倒出泵内积水，清洗疏通喷头座及滤网，并将喷枪擦洗干净。

2）高压无气喷涂机。启动前，调压阀、卸压阀应处于开启状态，吸入软管、回路软管接头和压力表、高压软管及喷枪等均应连接牢固；

喷涂燃点在21℃以下的易燃涂料时，必须接好地线，地线的一端接电动机零线位置，另一端应接涂料桶或被喷的金属物体。喷涂机不得和被喷物放在同一房间里，周围严禁有明火；作业前，应先空载运转，然后用水或溶剂进行运转检查，确认运转正常后，方可作业；喷涂中，当喷枪堵塞时，应先将枪关闭，使喷嘴手柄旋转180°，再打开喷枪用压力涂料排除堵塞物，当堵塞严重时，应停机卸压后，拆下喷嘴，排除堵塞；不得用手指试高压射流，射流严禁正对其他人员；喷涂间隙时，应随手关闭喷枪安全装置；高压软管的弯曲半径不得小于250mm，亦不得在尖锐的物体上用脚踩高压软管；作业中，当停歇时间较长时，应停机卸压，将喷枪的喷嘴部位放入溶剂内；作业后，应彻底清洗喷枪。清洗时不得将溶剂喷回小口径的溶剂桶内。应防产生静电火花引起着火。

3）水磨石机。减速器运转应平稳，不应渗漏，噪声不应超标；各销轴不应缺失，润滑应良好，油路应畅通；磨石不应有裂纹、破损；冷却水管不应有破损、老化、渗漏，磨石夹具不应有缺陷，夹持应牢固。宜在水磨石地面铺设后达到设计强度70%～80%时进行开磨作业；作业前，应检查并确认各连接件紧固，当用木槌轻击磨石发出无裂纹的清脆声音时，方可作业；电缆线应离地架设，不得放在地面上拖动。电缆线应无破损，保护接地良好；在接通电源、水源后，应手压扶把使磨盘离开地面，再起动电动机。并应检查确认磨盘旋转方向与箭头所示方向一致，待运转正常后，再缓慢放下磨盘，进行作业；作业中，使用的冷却水不得间断，用水量宜调至工作面不发干；作业中，当发现磨盘跳动或异响，应立即停机检修，停机时，应先提升磨盘后关机；更换新磨石后，应先在废水磨石地坪上或废水泥制品表面磨1～2h，待金刚石切削刃磨出后，再投入工作面作业。作业后，应切断电源，清洗各部位的泥浆，放置在干燥处，用防雨布遮盖。

4）水泥抹光机。作业前应检查整机绝缘情况，确保机体不带电；传动装置工作应平稳，不应有异常噪声，温升不应超限；传动带配置应齐全，不应有破边磨损，张紧应适度；电缆线应离地架设，不得放在地面上拖拽；电缆线应无破损，保护接地良好；作业中，当发现异响或异常，应立即切断电源，停机、离开湿作业环境后进行检查；作业后，应先切断电源，然后清洗各部位的泥浆，放置在干燥处，用防雨布遮盖。

第5章　建筑与装饰工程计价定额

5.1　建筑与装饰工程计价定额概述

5.1.1　建筑工程定额的概念

建筑工程定额就是建筑产品在正常的施工条件下，为完成单位合格产品所规定的消耗标准。定额从广义上理解，就是规定的额度或限额。因此，建筑工程定额不仅规定了一个数据，而且还规定了工作内容，反映了一定社会生产力水平条件下的产品生产数量和生产消费之间的数量关系，以及一定的社会生产力条件下建筑行业的生产和管理水平。

5.1.2　定额的产生和发展

1. 定额的产生

定额产生于19世纪末至20世纪初，是资本主义企业科学管理的产物。当时资本主义生产日益扩大，生产技术迅速发展，劳动分工和协作越来越细，对生产消费进行科学管理的要求更加迫切（降低成本，提高劳动生产率和经济效益）。美国人费·温·泰罗最先涉及并开始研究，提出了一套系统的科学管理方法（泰罗制）：其核心是制定科学的工时定额、实行标准的操作方法、强化和协调管理和有差别的计件工资。

定额是科学管理初期的产物，但随着科学的发展，企管学、运筹学、工效学的研究运用对劳动生产率和定额水平的提高起到了促进作用。定额提供了企业管理的基本数据，伴随着科学的发展而发展。

2. 我国的工程定额

我国的工程定额是在新中国成立后开始，并逐渐建立和完善的。经历了1950～1957年的建立时期、1958～1966年的削弱时期、1966～1976年的破坏时期、1976～2007年的整顿和发展以及现在的改革时期。

5.1.3　建筑工程定额的性质和作用

1. 建筑工程定额的性质

（1）定额的科学性

建筑工程定额是应用科学的方法，在认真研究客观规律的基础上，对工时分析、动作研究、现场布置、工具设备改革以及生产技术与组织的合理配合等各方面进行综合研究后，通过长期观察、测定、总结生产实践及广泛搜集资料的基础上制定的。定额所确定的水平，是大多数企业和职工经过努力能够达到的平均先进水平。

（2）定额的法令性和指导性

建筑工程定额是经过国家或有关政府部门批准颁发的，因此，它具有法令性。随着改革开放的不断深入和工程量清单计价规范的实施，建筑工程定额的管理方法也逐渐与世界接轨，它的法令性随之淡化，而指导性将进一步显现。建筑工程定额最终将被建设行政主管部门发布的社会平均消耗量定额和企业定额所取代。

（3）定额的群众性

建筑工程定额编制采取工人、技术人员和定额专职人员相结合的方式，来自群众，又贯穿于群众，使得定额能从实际出发，并保持一定的先进性质，又能把群众的长远利益和当前利益，广大职工的劳动效益和工作质量，国家、企业和劳动者个人三者的物质利益融合起来。因此，定额的群众性是定额制定与执行的基础，更能充分调动广大职工的积极性。

（4）定额的稳定性和时效性

建筑工程的任何一种定额，在一段时间内都表现出稳定的状态，根据不同情况，稳定持续一段时间后，原定额随着科学技术的进步、设备的改进，而被新的定额所取代，周期一般为 5～10 年。所以建筑工程定额在有稳定性的同时，也具有显著的时效性，当定额不再能起到它应有的作用的时候，建筑工程定额就要重新修订了。

2. 建筑工程定额的作用

建筑工程定额具有以下几方面的作用：

（1）作为编制招标工程标底及投标报价的依据；

（2）是确定建筑工程造价、编制竣工结算的依据；

（3）是编制工程计划、组织和管理施工的重要依据；

（4）是按劳分配及经济核算的依据；

（5）是总结、分析和改进生产方法的手段。

5.1.4 建筑工程定额的分类

建筑工程定额种类很多，按照编制程序和定额的用途不同、生产要素不同、专业及费用的性质不同、主编单位和执行范围的不同可分为以下 5 大类：

1. 按定额编制程序和用途分类：施工定额、预算定额、概算定额、概算指标、估算指标。

2. 按生产要素分类：劳动定额、材料消耗定额、机械台班使用定额。

3. 按费用性质分类：直接费定额、间接费定额。

4. 按专业分类：建筑工程定额、安装工程定额、其他工程定额等。

5. 按主编单位和执行范围分类：全国统一定额、专业通用定额、专业专用定额、地方统一定额、企业定额等。

上述各种定额，虽然适用于各种不同情况和具有不同用途，但他们是相互联系的，在实际应用中应配合使用。

5.2 建筑工程施工定额、预算定额及概算定额

5.2.1 施工定额

1. 施工定额的概念及组成

（1）施工定额的概念

施工定额也称企业定额，是以同一性质的施工过程（工序）为对象，施工企业根据本企业的技术水平和管理水平制定的完成一定计量单位的合格产品所必须消耗的人工、材料、机械的数量标准，它是建筑企业中用于工程施工管理的定额。施工定额是建筑工程定额中分得最细、定额子目最多的一种定额。

（2）施工定额由以下三种定额所组成

1）劳动定额；

2）材料消耗定额；

3）机械台班使用定额。

2. 施工定额的作用及编制原则

（1）施工定额的作用

1）是建筑施工企业编制施工预算的主要依据；

2）是编制施工组织设计、施工作业计划和劳动力计划的依据；

3）是衡量工人劳动生产率的主要标准；

4）是建筑施工企业内部经济核算、进行"两算"对比、加强成本管理的依据；

5）是签发限额领料单和施工任务单及节约材料奖励的依据；

6）编制预算定额和单位估价表的基础资料。

（2）施工定额的编制原则

施工定额是建筑施工企业内部使用的定额，它的使用有利于提高企业劳动生产率，降低人工、材料及机械台班的消耗，正确计算劳动成果和加强企业的科学管理。因此，施工定额编制的基础应以平均先进的水平为准。平均先进水平就是在正常的生产条件下，多数工人和多数企业经过努力能够达到和超过的水平。它低于先进水平，略高于平均水平。

施工定额的制定，在内容和形式上要考虑到满足施工管理中的各种需要，以便于应用为原则。

3. 劳动定额、材料消耗定额和机械台班使用定额

（1）劳动定额

劳动定额也称"人工定额"，是指在正常的施工技术和生产组织条件下，完成单位合格建筑产品所必需的劳动消耗量的标准。

劳动定额由于表示形式的不同，可以分为时间定额和产量定额两种。

1）时间定额

时间定额是指某种专业的工人班组或个人，在合理的劳动组织与合理使用材料的条件下，完成符合质量要求的单位产品所必需的工作时间（工日）。时间定额以工日为单位，每一工日按 8h 计算。时间定额计算公式如下：

$$单位产品时间定额（工日）= \frac{1}{每工产量} \qquad 式(5-1)$$

如果以小组来计算：

$$单位产品的时间定额（工日）= \frac{小组成员工日数总和}{小组的班产量} \qquad 式(5-2)$$

2）产量定额

产量定额是指某种专业的工人班组或个人，在合理的劳动组织与合理使用材料的条件下，在单位时间内（工日）应完成符合质量要求的产品数量。

产量定额的计量单位，以单位时间的产品计量单位表示，如：m^3、m^2、T、块、根等。

产量定额的计算公式如下：

$$每工产量定额 = \frac{1}{单位产品时间定额（工日）} \qquad 式(5-3)$$

如果以小组来计算：

$$每班产量定额 = \frac{小组成员工日数总和}{单位产品的时间定额（工日）} \qquad 式(5-4)$$

3）时间定额与产量定额的关系

从上面的计算公式可以看出，时间定额与产量定额二者是互为倒数关系即：

$$时间定额 = \frac{1}{产量定额} \quad 或 \quad 产量定额 = \frac{1}{时间定额} \qquad 式(5-5)$$

劳动定额的表现形式可分为时间定额和产量定额两种，通常采用复式表的形式来表示，横线下方数字表示单位时间的产量定额，横线上方数字表示单位产品的时间定额。

【例1】某住宅楼，有砌一砖标准砖内墙的施工任务 $500m^3$，每天有 60 个工人参加施工。其时间定额为 0.96 工日/m^3。试计算完成该任务的定额的天数。

【解】完成 $500m^3$ 砌墙的总工日数 = $500 \times 0.96 = 480$（工日）

需要的施工天数 = $480 \div 60 = 8$（天）

答：完成该任务需要 8 天。

【例2】某承包商的装修项目部，共有 50 个工人，承包了一幢办公楼贴地砖的施工任务，该施工任务要求 25 天完成（设贴地砖的产量定额为 1.82m^2/工日）。试求该承包商承接了多少贴地砖的施工任务。

【解】完成该任务所需的工日数 = $25 \times 50 = 1250$（工日）

应完成贴地砖的面积 = $1250 \times 1.82 = 2275$（m^2）

答：该承包商承接了 $2275m^2$ 的贴地砖的施工任务。

（2）材料消耗定额

1）材料消耗定额简称材料定额，是指在合理使用材料的条件下，生产质量合格的单位产品所必须消耗一定品种、规格的建筑材料、半成品或构配件的数量标准。（包括：半成品、燃料、配件和水、电等），这些消耗中还包括不可避免的损耗数量。

2）材料消耗定额可分为两部分：一部分是直接用于建筑安装工程的材料，称为材料净用量；另一部分是操作过程中不可避免的损耗，称为材料损耗量。

按公式计算如下：

$$材料总消耗量 = 材料净用量 + 材料损耗量 \qquad 式(5-6)$$

$$材料损耗量 = 材料总消耗量 \times 材料损耗率 \qquad 式(5\text{-}7)$$

以上两个公式经整理后得：

$$材料总消耗量 = \frac{材料净用量}{1 - 材料损耗率} \qquad 式(5\text{-}8)$$

确定材料消耗量的基本方法：现场观察法；试验法；统计法；理论计算法。

3）机械台班使用定额

机械台班使用定额是指完成单位产品所必需的机械台班消耗的数量标准。它可分为机械时间定额和机械台班产量定额两种形式。

按公式计算如下：

$$机械时间定额 = \frac{1}{机械台班的产量} \qquad 式(5\text{-}9)$$

$$机械台班产量定额 = \frac{1}{机械时间定额} \qquad 式(5\text{-}10)$$

5.2.2　计价定额

1. 计价定额的概念和作用

（1）计价定额的概念

建筑与装饰工程计价定额是确定一定计量单位的分项工程或结构构件的人工、材料和施工机械台班消耗的数量标准以及用货币来表现建筑安装工程预算成本的额度，它是建筑装饰工程预算定额和通用设备安装工程预算定额的总称。

计价定额是计价性定额，这是它最重要的一个性质。长期以来形成的造价计算方法是编制施工图预算。计价定额为计算人工、材料、机械耗用量提供统一可靠的参数，是建设单位和施工单位之间建立经济关系的重要基础。

（2）计价定额的作用

1）是编制施工图预算和确定工程造价的依据；

2）是编制单位估价表的依据；

3）是施工企业编制人工、材料、机械台班需要量计划，考核工程成本，实行经济核算的依据；

4）是建设工程招标投标中确定标底、投标报价及签订工程合同的依据；

5）是建设单位与施工单位工程造价结算的依据；

6）是编制概算定额与概算指标的基础。

2. 计价定额与施工定额的区别

计价定额是以施工定额为基础编制而成的，但这两种定额有着显著的不同：

（1）定额的性质、作用和适用范围不同。

（2）定额水平不同。

施工定额作为企业定额，需要采用平均先进水平，而计价定额，要求采用社会平均水平。计价定额水平要比施工定额低 10%~15% 左右。施工定额与计价定额的最大差别是计价定额是在施工定额的基础上增加一个附加额度，即幅度差。

（3）定额的项目内容不同，计价定额是以分项工程为对象；而施工定额是以同一性质的施工过程（即工序）为对象，故计价定额项目综合的内容要更多一些。

3. 计价定额的组成及应用

我国幅员辽阔，各地区人工工资标准、材料预算价格和机械台班费不相一致，故各地区根据 1995 年国家建设部编制的《全国统一建筑工程基础定额》和《工程量清单计价规范》并结合各自的实际情况，分别编制了地区性的建筑与装饰工程计价定额。这样，不同地区的建筑与装饰工程计价定额，在内容、形式、工程量计算方法及计价定额水平等方面存在一些差异。

为了加深对计价定额的认识，现以江苏省 2014 年 7 月 1 日起执行的《江苏省建筑与装饰工程计价定额》为例介绍如下：

（1）计价定额的组成

《江苏省建筑与装饰工程计价定额》是由目录、总说明、分部工程说明和分项工程说明、工程量计算规则、附注、定额表和有关附录等组成。

计价定额的项目划分是按建筑结构、施工顺序、工程内容及使用材料按章、节、项排列的。每一章又按工程内容、施工方法、使用材料等分成若干分项工程。如第十三章楼地面工程由垫层，找平层，整体面层，块料面层，木地板、栏杆、扶手、散水、斜坡、明沟等组成。每一节再按工程性质、材料类别等分成若干个项目（即子目）。

为了便于查阅和方便地使用计价定额，提高管理水平，章、节、子目都有固定的编号。《江苏省建筑与装饰工程计价定额》，采用两个号码的方法编制，第一个号码表示分部编号，第二个号码表示子目编号，其形式如图 5-1 所示。

$$\underset{\text{分部编号}}{\times\times} — \underset{\text{子目编号}}{\times\times}$$

图 5-1 章、节、子目的编号

例如 "13-4"，第一个 "13" 字表示十三分部，即楼地面工程，第二个 "4" 字表示第 4 个子目，即用 1：1 砂石做垫层。

1）总说明

在总说明中，主要阐述了编制"定额计价"的指导思想、原则、编制依据、定额的适用范围、作用、编制计价表时已考虑的因素和没有考虑的因素，以及有关的规定和使用方法。因此，在使用前，应认真阅读总说明的内容并加以领会。

2）分部工程说明

计价定额的分部工程都列有分部说明，它主要说明各分部工程的适用范围，所包括的主要项目及工作内容，有关规定和要求，特殊情况的处理。分项说明（工作内容）列于表的表头，说明工程项目的工作内容和包括的施工过程。

3）工程量计算规则

工程量计算规则规定了建筑面积的计算规则、各分部分项工程的工程量计算规则。

4）计价定额

计价定额由工作内容、计量单位、项目表、附注组成，是定额计价主要构成部分，它反映了各个工程项目的综合单价、人工费、材料费、机械费、管理费和利润以及人工、材料、机械台班的消耗量。计价定额项目表下部，有的还列有附注，说明当设计项目与定额不符时，如何调整或换算以及其他应该说明的问题。

5）附录

附录在计价表的最后，包括：混凝土及钢筋混凝土构件模板、钢筋含量表；机械台班预算单价取定表；混凝土、特种混凝土配合比表；砌筑砂浆、抹灰砂浆、其他砂浆配合比表；防腐耐酸砂浆配合比表；主要建筑材料预算价格取定表；抹灰分层厚度及砂浆种类表；主要材料、半成品损耗率取定表；常用钢材理论重量及形体公式计算表。

（2）计价定额的应用

计价定额是编制施工图预算、确定工程造价、办理竣工结算、编制施工作业计划的主要依据。预算定额运用是否正确，直接影响建筑工程造价，影响整个施工计划。预算工作人员都应当很好地学习预算定额，以不断加深对计价定额的认识。

在编制预算应用计价定额时，常碰到以下3种情况：第一是设计要求与预算定额条件完全相符，则可直接套用预算定额（大多数情况可直接套用）；第二是根据设计要求不能直接使用预算定额上的资料，须按计价定额的有关规定进行换算才能使用；第三是计价定额中没有的项目，需要编制补充计价定额。

1）计价定额的直接套用

在应用计价定额时，大多数情况是分项工程的设计要求与定额条件完全相符，可以直接套用定额。但在使用计价定额时，应对工程内容、技术特征和施工方法等进行仔细核对，看定额与设计是否一致，以正确使用定额。

【例3】用标准砖砌1砖混外墙1000m³，砌筑砂浆为M5混合砂浆。试计算完成该工程所需的综合单价、人工费、材料费、机械费、管理费和利润。

【解】查"计价定额"4-35，

综合单价442.66，人工费118.90，材料费271.87，机械费5.76，管理费31.17，利润14.96。

则完成该工程的综合单价197.7×1000＝197700（元）

人工费113.90×1000＝118900（元）

材料费271.87×1000＝271870（元）

机械费5.76×1000＝5760（元）

管理费31.17×1000＝31170（元）

利润14.96×1000＝14960（元）

所以：综合单价为442660元；人工费为118900元；材料费为271870元；机械费为5760元；管理费为31170元；利润为14960元。

2）计价定额的换算

当设计要求与定额的工作内容、材料规格等条件不相符时，则应视具体情况，根据定额的规定加以换算，而不能直接套用计价定额。经过换算的定额编号在其下端应写一个"换"字，并把换算过程附于预算书之后。

计价定额的换算一般有3种情况：标号的换算、乘系数的换算和其他换算。

3）计价定额的补充

当分项工程的设计要求与定额条件完全不相符时或由于设计采用新结构、新材料、新工艺及新方法时，计价定额中没有这类项目，属于计价定额项目缺项时，可编制补充计价定额。

4. 计价定额的编制

（1）计价定额的编制原则

编制计价定额应根据党和政府对经济建设的要求，要结合历年定额水平，也要照顾到新技术、新工艺、新材料不断发展的实际情况，使计价定额符合客观规律。一般应遵循以下原则：

1）技术先进和平均合理的原则；

2）简明、适用性原则；

3）经济合理的原则；

4）统一性和差别性相结合的原则。

（2）计价定额的编制依据

1）国家现行的基建方针、政策；建筑工程设计、施工及验收规范；质量评定标准和安全操作规程；

2）现行的《全国统一劳动定额》、《全国统一建筑工程基础定额》、施工材料消耗定额、施工机械台班使用定额；

3）通用的标准图集、定型设计图纸和具有代表性的典型设计图纸和图集；

4）新技术、新结构、新材料和先进施工经验，现行计价定额的基础资料；

5）现行的工资标准和材料计价价格、机械台班单价；

6）可靠的统计资料、科学实验报告、经验分析资料。

上述各种资料收集齐全，有利于加快计价定额的编制速度，对计价定额的质量也起着重要的作用。

（3）计价定额的编制步骤

编制计价定额，一般分三个阶段进行：

1）准备阶段；

2）编制计价定额初稿阶段；

3）测定定额水平和审查定稿阶段。

（4）计价定额人工、材料、机械台班消耗量指标的确定

1）人工消耗指标的确定

计价定额中人工消耗指标，包括完成每一计量单位的工程子目所必需的各个工序的用工量，内容包括：基本用工；其他用工（包括辅助用工、超运距用工、人工幅度差）。

2）材料消耗指标的确定

材料消耗指标，包括主要材料的净用量和在现场内的各种损耗（操作损耗和现场损耗）。其中还应考虑不是由于施工原因所造成的材料质量不符合标准和材料数量不足的影响。它的确定，应根据材料消耗定额和编制计价定额的原则、依据，采用理论与实践相结合，图纸计算与施工现场测算相结合等方法进行计算。

3）机械台班指标的确定

计价定额中的施工机械台班消耗指标，是以台班为单位进行计算的。每一个台班为8个工作小时，定额的机械水平，应以多数施工企业采用和已推广的先进方法为标准。

编制计价定额时，以统一劳动定额中各种机械施工项目的台班产量为基础进行计算，还应考虑在合理的施工组织设计条件下，机械的停歇因素，增加一定的机械幅度差。

计价定额中，大型机械施工的土石方、打桩、构件吊装及运输项目，定额内编制机械台班数量和单价，其余项目使用的中小机械在定额内以"机械使用费"表示，不再分别编制机械台班数量和单价。

5.2.3 概算定额

1. 概算定额的概念和作用

（1）概算定额的概念

概算定额，它是规定一定计量单位的扩大分项工程或扩大结构构件所需的人工、材料和机械台班的消耗量和货币价值的数量标准。它是在计价定额的基础上，根据有代表性的建筑工程通用图和标准图等资料，进行综合、扩大编制而成。

建筑工程概算定额，亦称"扩大结构定额"。

如混凝土带型基础在计价定额中一般分为：挖基槽、混凝土垫层、混凝土带型基础、回填土和土方运输等项目。

（2）概算定额的作用

概算定额的作用主要表现在以下几个方面：

1）作为建筑工程初步设计阶段编制设计概算和技术设计阶段编制修正概算的依据；

2）作为建筑工程设计方案进行技术经济比较的依据；

3）概算定额是在编制施工组织总设计中主要材料需要量计划的依据；

4）概算定额是编制概算指标和投资估算指标的依据之一。

2. 概算定额与计价定额的联系与区别

概算定额是在计价定额基础上，经适当地合并、综合和扩大后编制的，其区别表现在：

（1）定额的性质、作用不同。概算定额是编制设计概算的依据；而计价定额是编制施工图预算的依据。

（2）定额的项目内容不同。概算定额是以工程形象部位为对象，而计价定额是以分项工程为对象，故定额项目综合的内容要更多一些，在使用上比预算简便，但精度相对要低。

（3）定额水平基本一致，但存在一个必要的、合理的幅度差，保证预算不大于概算。

3. 概算定额的编制依据

（1）现行的有关设计标准、设计规范、通用图集、标准定型图集、施工验收规范、典型工程设计图等资料；

（2）现行的建筑安装工程计价定额、施工定额；

（3）原有的概算定额；

（4）现行的定额工资标准、材料预算价格和机械台班单价等；

（5）有关的施工图预算或工程结算等资料。

4. 概算指标

（1）概算指标的概念

概算指标是比概算定额更综合和概括的一种定额指标。它是以整个建筑物或构筑物为对象，以建筑面积（m^2 或 $100m^2$）或建筑体积（m^3 或 $100m^3$）、构筑物（座）为计算单位，规定所需的人工、材料、机械台班消耗量和资金数量的定额指标。

（2）建筑工程概算指标的作用

1）作为编制初步设计概算的主要依据；

2）在建设项目可行性研究阶段，为编制投资估算的依据；

3）是建设单位编制基本建设计划、投资贷款和编写主要材料计划的依据；

4）是对工程方案进行可行论证和设计方案进行技术经济分析的依据。

（3）概算指标与概算定额的区别

1）确定各种消耗量指标的对象不同。

概算定额是以扩大的分项工程或结构构件为对象，而概算指标是以整个建筑物或构筑物为对象。

2）确定各种消耗量指标的依据不同。

概算定额是以现行的计价定额为基础，通过测算后综合确定；而概算指标是除依据概算定额外，还主要来自工程的竣工结算和决算资料。

5.3 建筑与装饰工程概（预）算概论

5.3.1 建筑与装饰工程概（预）算概念

1. 基本建设

工程建设是指固定资产扩大再生产的新建、扩建、改建、恢复工程及与之相连带的其他工作，过去通常称为基本建设。它是一种综合性的经济活动，其中新建和扩建是主要形式，即把一定的建筑材料、机器设备通过购置、建造与安装等活动，转化为固定资产的过程以及与之相连带的工作（如征用土地、勘察设计、筹建机构、培训职工等）。

基本建设工程项目可划分为：

（1）建设项目

建设项目是指在经济上实行独立核算、行政上实行独立管理的建设单位。建设项目是按一个设计意图，在一个总体设计范围内，由一个或几个单项工程所组成。一般以一个企业、事业等单位为一个建设项目。例如一个工厂、矿井、学校、农场等。

（2）单项工程（工程项目）

单项工程是指具有独立设计文件，可以独立施工，建成后能够独立发挥生产能力，能产生经济效益的工程。工业建设项目的单项工程，一般指能独立生产的车间，设计规定的主要产品生产线；非工业建设项目的单项工程，是指建设项目中能发挥设计规定的主要效益的各个独立工程。单项工程是建设项目的组成部分，它包括建筑工程、设备安装工程、室外工程等。单项工程是由若干个单位工程所组成。

（3）单位工程

单位工程是指具有独立设计文件，可以独立组织施工，但完成后不能独立发挥效益的工程，单位工程是单项工程的组成部分。

建筑工程通常包括下列单位工程：

1）土建工程：建筑物和构筑物为土建工程；

2）通风、空调工程；

3）电气设备工程；

4）卫生及采暖工程。

（4）分部工程

分部工程是单位工程的组成部分，它是按工程部位、设备种类和型号、使用的材料不同所作的分类，是在一个单位工程内划分的。

（5）分项工程

分项工程是通过较为简单的施工过程就能生产出来，并且可以用适当的计量单位计算的最基础的构造因素。

综上所述，一个建设项目是由一个或几个工程项目（单项工程）所组成，一个工程项目（单项工程）是由几个单位工程组成，一个单位工程又可划分为若干个分部工程，分部工程由若干个分项工程构成。而建设预算文件的编制工作就是从分项工程开始的。

2. 建筑与安装工程概（预）算分类

建筑安装工程概（预）算是指在执行工程建设程序过程中，根据不同设计阶段的设计文件的具体内容和国家规定的定额、指标及各种取费标准，预先计算和确定建设项目投资额中建筑安装工程部分所需要的全部投资额的文件。

（1）设计概算

设计概算是指在初步设计阶段，由设计单位根据初步设计或扩大初步设计图纸、概算定额、各项费用定额等有关资料，预先计算和确定建筑安装工程费用的文件。

（2）施工图预算

施工图预算是依据批准的施工图设计文件、施工组织设计、现行的计价定额、基本建设材料预算价格和费用定额进行编制，并以此确定工程造价的文件，它是由施工单位编制的。

（3）施工预算

施工预算是施工单位内部编制的一种预算。

5.3.2　建设工程费用的组成

建设工程费用由分部分项工程费、措施项目费、其他项目费、规费和税金组成。

1. 分部分项工程费

分部分项工程费是指施工过程中耗费的构成工程实体性项目的各项费用，由人工费、材料费、施工机械使用费、企业管理费和利润构成。

（1）人工费

是指直接从事建筑安装工程施工的生产工人开支的各项费用，内容包括：

1）基本工资：是指发放给生产工人的基本工资，包括基础工资、岗位（职级）工资、绩效工资等。

2）工资性津贴：是指企业发放的各种性质的津贴、补贴，包括物价补贴、交通补贴、住房补贴、施工补贴、误餐补贴、节假日（夜间）加班费等。

3）生产工人辅助工资：是指生产工人年有效施工天数以外非作业天数的工资，包括职工学习、培训期间的工资，探亲、休假期间的工资，因气候影响的停工工资，女工哺乳时间的工资，病假时间的工资，病假在六个月以内的工资及产、婚、丧假期的工资。

4）职工福利费：是指按规定标准计提的职工福利费。

5）劳动保护费：是指按规定标准发放的劳动保护用品、工作服装制作、防暑降温费、高危毒险种施工作业防护补贴费等。

（2）材料费

是指施工过程中耗费的构成工程实体的原材料、辅助材料、构配件、零件、半成品的费用和周转使用材料的摊销费用。内容包括：

1）材料原价；

2）材料运杂费：材料自来源地运至工地仓库或指定堆放地点所发生的全部费用；

3）运输损耗费：材料在运输装卸过程中不可避免的损耗；

4）采购及保管费：为组织采购、供应和保管材料过程所需要的各项费用，包括采购费、工地保管费、仓储费和仓储损耗。

（3）施工机械使用费

是指施工机械作业所发生的机械使用费、机械安拆费和场外运费。施工机械台班单价应由下列费用组成：

1）折旧费：指施工机械在规定的使用年限内，陆续收回其原值及购置资金的时间价值。

2）大修理费：指施工机械按规定的大修理间隔台班进行必要的大修理，以恢复其正常功能所需的费用。

3）经常修理费：指施工机械除大修理以外的各级保养和临时故障排除所需的费用，包括为保障机械正常运转所需替换设备与随机配备工具用具的摊销和维护费用，机械运转及日常保养所需润滑与擦拭的材料费用及机械停滞期间的维护和保养费用等。

4）安拆费及场外运费：安拆费施工机械在现场进行安装与拆卸所需的人工、材料、机械和试运转费用以及机械辅助设施的折旧、搭设、拆除等费用；场外运费指施工机械整体或分体自停放地点运至施工现场或由一施工地点运至另一施工地点的运输、装卸、辅助材料及架线等费用。

5）人工费：指机上司机（司炉）和其他操作人员的工作日人工费及上述人员在施工机械规定的年工作台班以外的人工费。

6）燃料动力费：指施工机械在运转作业中所消耗的固体燃料（煤、木柴）、液体燃料（汽油、柴油）及水、电等。

7）车辆使用费：指施工机械按照国家规定和有关部门规定应缴纳的车船使用税、保险费及年检费等。

（4）企业管理费

是指施工企业组织施工生产和经营管理所需的费用。内容包括：

1）管理人员的基本工资、工资性津贴、职工福利费、劳动保护费等。

2）差旅交通费：指企业职工因公出差、住勤补助费、市内交通费和误餐补助费、职工探亲路费、劳动力招募费、工地转移费以及交通工具油料、燃料、牌照等。

3）办公费：指企业办公用文具、纸张、账表、印刷、邮电、书报、会议、水、电、燃煤、燃气等费用。

4）固定资产使用费：指企业属于固定资产的房屋、设备、仪器等的折旧、大修、维修或租赁费。

5）生产工具用具使用费：指企业管理使用不属于固定资产的工具、用具、家具、交通工具、检验、试验、消防等的购置、维修和摊销费，以及支付给工人自备工具的补贴费。

6）工会经费及职工教育经费：工会经费是指企业按职工工资总额计提的工会经费；职工教育经费是指企业为职工学习培训按职工工资总额计提的费用。

7）财产保险费：指企业管理用财产、车辆保险。

8）劳动保险补助费：包括由企业支付的 6 个月以上的病假人员工资、职工死亡丧葬补助费、按规定支付给离休干部的各项经费。

9）财务费：是指企业为筹集资金而发生的各种费用。

10）税金：指企业按规定交纳的房产税、车船使用税、土地使用税、印花税等。

11）意外伤害保险费：企业为从事危险作业的建筑安装施工人员支付的意外伤害保险费。

12）工程定位、复测、点交、场地清理费。

13）非甲方所为 4h 以内的临时停水停电费用。

14）企业技术研发费：建筑企业为转型升级、提高管理水平所进行的技术转让、科技研发、信息化建设等费用。

15）其他：业务招待费、远地施工增加费、劳务培训费、绿化费、广告费、公证费、法律顾问费、审计费、咨询费、联防费等。

（5）利润

是指施工企业完成所承包工程获得的盈利。

2. 措施项目费

措施项目费是指为完成工程项目施工所必须发生的施工准备和施工过程中技术、生活、安全、环境保护等方面的非工程实体项目费用。由通用措施项目费和专业措施项目费两部分组成。

（1）通用措施项目费

1）现场安全文明施工措施费：为满足施工现场安全、文明施工以及环境保护、职工健康生活所需要的各项费用，本项为不可竞争费用。安全施工措施包括：

① 安全资料的编制、安全警示标志的购置及宣传栏的设置；"三宝"、"四口"、"五临边"防护的费用，施工安全用电的费用，包括电箱标准化、电气保护装置、外电防护标志；起重机、塔吊等起重设备（含井架、门架）及外用电梯的安全防护措施（含警示标志）费用及卸料平台的临边防护、层间的安全门、防护棚等设施费；建筑工地起重机械的检查检测费用；施工机具防护棚及其围栏的安全保护设施费用；施工现场安全防护通道的费用；工人的防护用品、用具购置费用；消防设施与消防器材的配置费用；电气保护、安全照明设施费；其他安全防护措施费。

② 文明施工措施包括：大门、五牌一图、工人胸卡、企业标识的费用；围挡的墙面美化（包括内外粉刷、刷白、标语等）、压顶装饰费用；现场厕所便槽刷白、贴面砖，水泥砂浆地面或地砖费用，建筑物内临时便溺设施费用；其他施工现场临时设施的装饰装修、美化措施费用；现场生活卫生设施费用；符合卫生要求的饮水设备、淋浴、消毒等设施费用；生活用洁净燃料费用；防煤气中毒、防蚊虫叮咬等措施费用；施工现场操作场地的硬化费用；现场污染源的控制、建筑垃圾及生活垃圾清理、场地排水排污措施的费用；

防扬尘洒水费用；现场绿化费用、治安综合治理费用、现场电子监控设备费用；现场配备医药保健器材、物品费用和急救人员培训费用；用于现场工人的防暑降温费和电风扇、空调等设备及用电费用；现场施工机械设备防噪音、防扰民措施费用；其他文明施工措施费用。

③ 环境保护费用包括施工现场为达到环保部门要求所需的各项费用。

④ 安全文明施工费由基本费、现场考评费和奖励费三部分组成。

基本费是施工企业在施工过程中必须发生的安全文明措施的基本保障费。

现场考评费是施工企业执行有关安全文明施工规定，经考评组织现场核查打分和动态评价获取的安全文明措施增加费。

奖励费是施工企业加大投入，加强管理，创建省、市级文明工地的奖励费用。

2）夜间施工增加费：规范、规程要求正常作业而发生的夜班补助、夜间施工降效、照明设施摊销及照明用电等费用。

3）二次搬运费：因施工场地狭小等特殊情况而发生的二次搬运费用。

4）冬雨季施工增加费：指在冬雨季施工期间所增加的费用，包括冬季作业、临时取暖、建筑物门窗洞口封闭及防雨措施、排水、工效降低等费用。

5）大型机械设备进出场及安拆费：机械整体或分体自停放场地运至施工现场，或由一个施工地点运至另一个施工地点所发生的机械进出场运输转移、机械安装、拆卸等费用。

6）施工排水费：为确保工程在正常条件下施工，采取各种排水措施所发生的费用。

7）施工降水费：为确保工程在正常条件下施工，采取各种降水措施所发生的费用。

8）地上、地下设施，建筑物的临时保护设施费：工程施工过程中，对已经建成的地上、地下设施和建筑物保护的费用。

9）已完工程及设备保护费：对已施工完成的工程和设备采取保护措施所发生的费用。

10）临时设施费：施工企业为进行工程施工所必须搭设的生活和生产用的临时建筑物、构筑物和其他临时设施等费用。

临时设施包括：

① 临时宿舍、文化福利及公用事业房屋与构筑物、仓库、办公室、加工场等。

② 建筑、装饰、安装、修缮、古建园林工程规定范围内（建筑物沿边起 50m 内，多幢建筑两幢间隔 50m 内）围墙、临时道路、水电、管线和塔吊基座（轨道）垫层（不包括混凝土固定式基础）等。

③ 市政工程施工现场在定额基本运距范围内的临时给水、排水、供水、供热线路（不包括变压器、锅炉等设备）、临时道路，以及总长度不超过 200m 的围墙（篱笆）。

建设单位同意在施工就近地点临时修建混凝土构件预制场所发生的费用，应向建设单位结算。

11）企业检验试验费：施工企业按规定进行建筑材料、构配件等试样的制作、封样和其他为保证工程质量进行的材料检验试验工作所发生的费用。

根据有关国家标准或施工验收规范要求对材料、构配件和建筑物工程质量检测检验发生的费用由建设单位直接支付给所委托的检测机构。

12）赶工措施费：施工合同约定工期比定额工期提前，施工企业为缩短工期所发生的费用。

13）工程按质论价费：施工合同约定质量标准超过国家规定，施工企业完成工程质量达到经有权部门鉴定或评定为优质工程所必须增加的施工成本费。

14）特殊条件下施工增加费：地下不明障碍物、铁路、航空、航运等交通干扰而发生的施工降效费用。

（2）专业措施项目费

1）建筑工程：混凝土、钢筋混凝土模板及支架、脚手架、垂直运输机械费，住宅工程分户验收费等。

2）单独装饰工程：脚手架、垂直运输机械费，室内空气污染测试费，住宅工程分户验收费等。

3）安装工程：组装平台；设备、管道施工的安全、防冻和焊接保护措施；压力容器和高压管道的检验；焦炉施工大棚；焦炉供炉、热态工程；管道安装后的充气保护措施；隧道内施工的通风、供水、供气、供电、照明及通信设施；现场施工围栏；长输管道施工措施；格架式抱杆、脚手架、住宅工程分户验收费等。

4）市政工程：围堰、筑岛、便道、便桥、洞内施工的通风、供水、供气、供电、照明及通信设施、驳岸块石清理、地下管线交叉处理、行车、行人干扰增加、轨道交通工程路桥、模板及支架、市政基础设施施工监测、监控、保护等。

5）园林绿化工程：脚手架、模板、支撑、绕杆、假植等。

6）房屋修缮工程：模板、支架、脚手架、垂直运输机械费等。

3. 其他项目费

（1）暂列金额：招标人在工程量清单中暂定并包括在合同价款中的款项，用于施工合同签订时尚未明确或不可预见的所需材料、设备和服务的采购、施工中可能发生的工程变更、合同约定调整因素出现时的工程价款调整及发生的索赔、现场签证确认等的费用。

（2）暂估价：招标人在工程量清单中提供的用于支付必然发生但暂时不能确定价格的材料的单价以及专业工程的金额。

（3）计日工：在施工过程中，完成发包人提出的施工图纸以外的零星项目或工作，按合同中约定的综合单价计价。

（4）总承包服务费：总承包人为配合协调发包人进行的工程分包，自行采购的设备、材料等进行管理、服务以及施工现场管理，竣工资料汇总整理等服务所需的费用。

4. 规费

规费是指政府有关权部门规定必须缴纳的费用，包括：

（1）工程排污费：包括废气、污水、固体、扬尘及危险废物和噪音排污费等内容。

（2）建筑安全监督管理费：有权部门批准收取的建筑安全监督管理费。

（3）社会保障费：企业为职工缴纳的养老保险、医疗保险、失业保险、工伤保险和生育保险等社会保障方面的费用（包括个人缴纳部分）。为确保施工企业各类从业人员社会保障权益落到实处，省、市有关部门可根据实际情况定制管理办法。

（4）住房公积金：企业为职工缴纳的住房公积金。

5. 税金

税金是指国家税法规定的应计入建筑安装工程造价内的营业税、城市维护建设税及教育费附加，包括：

（1）营业税：是指以产品销售或劳务取得的营业额为对象的税种。

（2）城市建设维护税：是为加强城市公共事业和公共设施的维护建设而开征的税，它以附加形式依附于营业税。

（3）教育费附加：是为发展地方教育事业，扩大教育经费来源而征收的税种。它以营业税的税额为计征基数。

6. 实例介绍

江苏省现行的《江苏省建筑与装饰工程计价定额》中的分部分项工程费由人工费、材料费、机械费、管理费和利润组成。

现以《江苏省建筑与装饰工程计价定额》为例介绍建筑与装饰工程费用的构成。

（1）人工费

指应列入预算定额的直接从事建筑工程施工工人（包括现场内水平、垂直运输等辅助工人）和附属辅助生产单位（非独立经济核算单位）工人的现行基本工资、工资性津贴、流动施工津贴、房租补贴、职工福利费、劳动保护费。

人工费中不包括材料管理、采购及保管人员，驾驶施工机械工人，材料到达工地前的装运和装卸工人及由管理费开支的有关人员工资。上述人员人工费将分别列入有关费用项目。

人工费的计算可用下式表示：

$$人工费 = \Sigma[人工工日概算、计价定额 \times 日工资标准 \times 实物工程量] \quad 式(5-11)$$

或：
$$人工费 = \Sigma[概算、计价定额基价人工费 \times 实物工程量] \quad 式(5-12)$$

（2）材料费

指应列入计价定额的材料、构件和半成品材料的用量以及周转材料的摊销量乘以相应的计价价格计算的费用。

材料费的组成有：材料原价、供销部门手续费、包装材料费、运杂费和采购保管费。

（3）机械费

指应列入计价定额的施工机械台班量按相应机械台班费用定额计算的建筑工程施工机械使用费以及机械安、拆和进（退）场费。

（4）管理费

管理费包括以下内容：

1）企业管理费：是指企业管理层为组织施工生产经营活动所发生的管理费用。内容包括：

① 管理人员的基本工资、工资性津贴、流动施工津贴、房租补贴、按规定标准计提的职工福利费、劳动保护费。

② 差旅交通费：是指企业职工因公出差、工作调动的差旅费、住勤补助费、市内交通费和误餐补助费，职工探亲路费、劳动力招募费、离退休职工一次性路费及交通工具油料、燃料、牌照、养路费等。

③ 办公费：是指企业办公用文具、纸张、账表、印刷、邮电、书报、会议、水、电、燃煤（气）等费用。

④ 固定资产折旧、修理费：是指企业属于固定资产的房屋、设备、仪器等折旧及维

修等费用。

⑤ 低值易耗品摊销费：是指企业管理使用的不属于固定资产的工具、用具、家具、交通工具、检验、试验、消防等的摊销及维修费用。

⑥ 工会经费及职工教育经费：工会经费是指企业按职工工资总额计提的工会经费；职工教育经费是指企业为职工学习先进技术和提高文化水平按职工工资总额计提的费用。

⑦ 职工待业保险费：是指按规定计提的职工待业保险费用。

⑧ 保险费：是指企业财产保险、管理用车辆等保险费。

⑨ 税金：是指企业按规定交纳的房产税、车船使用税、土地使用税、印花税及土地使用费等。

⑩ 其他：包括上级（行业）管理费、技术转让费、技术开发费、业务招待费、绿化费、广告费、公证费、法律顾问费、审计费、咨询费、联防费等。

2）现场管理费：是指现场管理人员组织工程施工过程中所发生的费用。内容包括：

① 现场管理人员的基本工资、工资性津贴、流动施工津贴、房租补贴、职工福利费、劳动保护费等。

② 办公费：是指现场管理办公用的工具、纸张、账表、印刷、邮电、书报、会议、水、电、烧水用煤气等费用。

③ 差旅交通费：是指职工因公出差期间的旅费、住勤费、补助费、市内交通费和误餐补助费，职工探亲路费、劳动力招募费、职工离退休、退职一次性路费、工伤人员就医路费、工地转移费以及现场管理使用的交通工具的油料、燃料、养路费及牌照费等。

④ 固定资产使用费：是指现场管理及试验部门使用的属于固定资产的设备、仪器等的折旧、大修理、维修费和租赁费等。

⑤ 低值易耗品摊销费：是指现场管理使用的不属于固定资产的工具、器具、家具、交通工具和检验、试验、测绘、消防用具等的购置、维修和摊销费等。

⑥ 保险费：是指施工管理用财产、车辆保险、高空作业等特殊工种的安全保险费用。

⑦ 其他费用。

3）冬雨期施工增加费：是指在冬雨期施工期间所增加的费用。

4）生产工具用具使用费：是指施工生产所需不属于固定资产的生产工具、检验用具、仪器仪表等的购置、摊销和维修费，以及支付给工人自备工具的补贴费。

5）工程定位复测和工程点场地清理费。

6）远地施工增加费：是指远离基地施工所发生的管理工作人员和生产工人的调迁旅费，工人在途工资，中小型施工机具，工具仪器，周转性材料及办公、生活用具等的运杂费。

7）非甲方所为 4h 以内的临时停水停电费用。

（5）利润

利润是指按国家规定应计入建筑与装饰工程造价的利润。

7. 建筑与装饰工程费用取费标准及有关规定取费

《江苏省建设工程费用定额（2014）》包括：建筑工程企业管理费和利润取费标准表；单独装饰工程企业管理费和利润取费标准表；措施项目取费标准及规定；安全文明施工措施费取费标准表；其他项目取费标准及规定；规费取费标准及有关规定；社会保险费及公积金取费标准表等。

《江苏省建设工程费用定额（2014）》相关取费标准详见下表：

建筑工程管理费和利润取费标准表　　　　　　表 5-1

序号	工程名称	计算基础	管理费费率（%）			利润费率（%）
			一类工程	二类工程	三类工程	
一	建筑工程	人工费＋机械费	31	28	25	12

单独装饰工程管理费和利润取费标准表　　　　　　表 5-2

项目	计算基础	管理费费率（%）	利润费率（%）
单独装饰工程	人工费＋机械费	42	15

社会保险费及公积金取费标准表　　　　　　表 5-3

序号	工程名称	计算基础	社会保险费费率（%）	公积金费率（%）
一	建筑工程	分部分项工程费＋措施项目费＋其他项目费－工程设备费	1.6	
二	单独装饰工程	分部分项工程费＋措施项目费＋其他项目费－工程设备费	1.2	

注：1. 社会保险费包括养老保险费、失业保险费、医疗保险费、工伤保险费、生育保险费；
　　2. 点工和包工不包料的社会保险费和公积金已经包含在人工工资单价中。
　　3. 大型土石方工程适用各专业中达到大型土石方标准的单位工程。
　　4. 社会保险费费率和公积金费率将随着社保部门要求和建设工程实际缴纳费率的提高，适时调整。

5.4　建筑与装饰工程施工图预算的编制

1. 施工图预算的概念和作用

（1）施工图预算的概念

施工图预算是指在设计施工图完成后，根据已批准的施工图，按照工程量计算规则，并考虑实施施工图的施工组织设计确定的施工方案来计算工程量；套用现行的计价定额、材料预算价格和费用定额以及费用计算程序，逐项进行计算并汇总的单位工程或单项工程的技术经济文件。建筑装饰工程施工图预算是确定建筑装饰工程建设费用的文件，简称施工图预算。单位工程施工图预算的编制内容，必须反映该单位工程的各分部分项的名称、定额编号、工程量、单价及合计（即分项工程直接费），反映单位工程的直接费、间接费、利润、税金及其他费用。此外，还有补充单价分析。

（2）施工图预算的作用

1）是确定工程造价的依据；

2）是建设单位与施工企业进行"招标"、"投标"签订承包合同的依据；

3）是支付工程价款及工程结算的依据；

4）是施工企业编制施工计划、统计工作量和实物量、进行经济核算的依据；

5）是控制投资、加强施工企业管理的基础；

6）是进行"两算"对比和考核工程成本的依据。

2. 施工图预算的编制依据、方法和步骤

（1）施工图预算编制的依据

1）施工图纸和设计说明；

2）现行的预算定额、计价定额、地区材料预算价格；

3）施工组织设计或施工方案；

4）甲乙双方签订的合同或协议；

5）建筑工程预算工程量计算规则；

6）预算工作手册；

7）有关部门批准的拟建工程概算文件。

（2）建筑工程施工图预算的编制方法

施工图预算的编制方法常采用单价法，即利用各地区、各部门编制的建筑安装工程计价定额，根据施工图计算出的各分项工程量，分别乘以相应综合单价（或计价定额基价）并相加起来，即得分部分项工程量清单费用（或定额直接费）和部分措施项目清单费用；以综合单价（或定额直接费）为计算基础，按有关部门规定的各项费率，求出该工程的部分措施项目清单费用；按规定计算其他项目及税金等费用；最后将上述费用汇总即为一般工程造价。

（3）用单价法编制一般土建工程施工图预算的步骤

1）熟悉施工图纸、工艺工法；

2）了解施工组织设计和施工现场情况；

3）熟悉计价定额和有关资料；

4）计算工程量；

5）套计价定额基价（计价定额综合单价）；

6）计算工程直接费（分部分项工程费）；

7）计算各项费用；

8）校核；

9）编制说明、填写封面、装订成册。

3. 工程量计算及施工图预算的审查

（1）正确计算工程量的意义

工程量计算编制是施工图预算的原始数据；是一项繁重而细致的工作。因此，工程量计算是否正确，直接影响到工程预算造价的正确性。因此，正确计算工程量，对于正确确定工程造价和加强企业内部管理都具有十分重要的现实意义。一个单位工程预算造价是否正确，主要取决于以下因素：一是工程量；二是分部分项工程量清单费用；三是措施项目清单费用。而分部分项工程量清单费用是工程数量与计价定额综合单价相乘汇总的结果。

（2）工程量计算的注意事项

在工程量计算时要防止错算、漏算和重复。为了准确计算工程量就必须注意以下事项：

1）熟悉图纸、设计说明；

2）计量单位要和计价定额上规定的计量单位相一致；

3）熟练掌握工程量计算规则，熟悉定额内容及使用方法；

4）要按照一定的计算顺序进行计算；

5）工程量计算精确度要统一；

6）工程量计算完毕后还应进行复核，检查其项目、算式、数字及小数点等是否有错误和遗漏。

（3）工程量计算步骤

1）列出分项工程项目名称；

2）列出工程量计算式；

3）调整计量单位。

（4）工料分析

人工、材料消耗量分析是调配人工、准备材料、开展班组经济核算的基础；是下达施工任务单和考核人工、材料节约情况、进行两算对比的依据；也是工程结算、调整材料差价的依据；主要材料指标还是投标书的重要内容之一。

（5）工程量计算规则

工程量计算规则是正确计算工程量的重要依据，所有从事建筑装饰工程预算工作的人员都应认真学习、掌握好工程量计算规则，以便更好地适应本职工作。下面仅摘要介绍《建筑工程建筑面积计算规范》GB/T 50353—2013。

1）总则

① 为规范工业与民用建筑工程的面积计算，统一计算方法，制定本规范。

② 本规范适用于新建、扩建、改建的工业与民用建筑工程的面积计算。

③ 建筑面积计算应遵循科学、合理的原则。

④ 建筑面积计算除应遵循本规范，尚应符合国家现行的有关标准规范的规定。

2）术语

① 建筑面积

建筑物（包括墙体）所形成的楼地面面积。

② 自然层

按楼地面结构分层的楼层。

③ 结构层高

楼面或地面结构层上表面至上部结构上表面之间的垂直距离。

④ 围护设施

为保护安全而设置的栏杆、栏板等围挡。

⑤ 地下室

室内地平面低于室外地平面的高度超过室内净高 1/2 的房间。

⑥ 半地下室

室内地平面低于室外地平面的高度超过室内净高的 1/3，且不超过 1/2 的房间。

⑦ 架空层

仅有结构支撑而无外围护结构的开敞空间层。

⑧ 走廊

建筑物中的水平交通空间。

⑨ 落地橱窗

突出外墙面且根基落地的橱窗。

⑩ 凸窗（飘窗）

凸出建筑物外墙面的窗户。

⑪ 檐廊

建筑物挑檐下的水平交通空间。

⑫ 挑廊

挑出建筑物外墙的水平交通空间。

⑬ 门斗

建筑物入口处两道门之间的空间。

⑭ 雨篷

建筑物出入口上方为遮挡雨水而设置的部件。

⑮ 楼梯

⑯ 阳台

敷设于建筑物外墙、设有栏杆或楼板，可供人活动的室外空间。

⑰ 主体结构

⑱ 变形缝

防止建筑物在某些因素作用下引起开裂甚至破坏而预留的构造缝。包括建筑伸缩缝（温度缝）、沉降缝和抗震缝。

⑲ 骑楼

楼层部分跨在人行道上的临街楼房。

⑳ 过街楼

跨越道路上空并与两边建筑相连接的建筑物。

㉑ 露台

设置在屋面、首层地面或雨篷上的供人室外活动的有围护设施的平台。

㉒ 勒脚

在房屋外墙接近地面部位设置的饰面保护构造。

㉓ 台阶

连接室内外地坪或同楼层不同标高而设置的阶梯形踏步。

3）计算建筑面积的规定

① 建筑物的建筑面积应按自然层外墙结构外围水平面积之和计算。结构层高在2.20m及以上的，应计算全面积；结构层高在2.20m以下的，应计算1/2面积。

② 建筑物内设有局部楼层时，对于局部楼层的二层及以上楼层，有围护结构的应按其围护结构外围水平面积计算，无围护结构的应按其结构底板水平面积计算。结构层高在2.20m及以上的，应计算全面积；结构层高在2.20m以下的，应计算1/2面积。

③ 形成建筑空间的坡屋顶，结构净高在2.10m及以上的部位应计算全面积；结构净高在1.20m及以上至2.10m以下的部位应计算1/2面积；结构净高在1.20m以下的部位不应计算建筑面积。

④ 场馆看台下的建筑空间，结构净高在2.10m及以上的部位应计算全面积；结构净高在1.20m及以上至2.10m以下的部位应计算1/2面积；结构净高在1.20m以下的部位不应计算建筑面积。室内单独设置的有围护设施的悬挑看台，应按看台结构底板水平投影面积计算建筑面积。有顶盖无围护结构的场馆看台应按其顶盖水平投影面积的1/2计算面积。

⑤ 地下室、半地下室应按其结构外围水平面积计算。结构层高在 2.20m 及以上的，应计算全面积；结构层高在 2.20m 以下的，应计算 1/2 面积。

⑥ 出入口外墙外侧坡道有顶盖的部位，应按其外墙结构外围水平面积的 1/2 计算面积。

⑦ 建筑物架空层及坡地建筑物吊脚架空层，应按其顶板水平投影计算建筑面积。结构层高在 2.20m 及以上的，应计算全面积；结构层高在 2.20m 以下的，应计算 1/2 面积。

⑧ 建筑物的门厅、大厅应按一层计算建筑面积，门厅、大厅内设置的走廊应按走廊结构底板水平投影面积计算建筑面积。结构层高在 2.20m 及以上的，应计算全面积；结构层高在 2.20m 以下的，应计算 1/2 面积。

⑨ 建筑物间的架空走廊，有顶盖和围护结构的，应按其围护结构外围水平面积计算全面积；无围护结构、有围护设施的，应按其结构底板水平投影面积计算 1/2 面积。

⑩ 立体书库、立体仓库、立体车库，有围护结构的，应按其围护结构外围水平面积计算建筑面积；无围护结构、有围护设施的，应按其结构底板水平投影面积计算建筑面积。无结构层的应按一层计算，有结构层的应按其结构层面积分别计算。结构层高在 2.20m 及以上的，应计算全面积；结构层高在 2.20m 以下的，应计算 1/2 面积。

⑪ 有围护结构的舞台灯光控制室，应按其围护结构外围水平面积计算。结构层高在 2.20m 及以上的，应计算全面积；结构层高在 2.20m 以下的，应计算 1/2 面积。

⑫ 附属在建筑物外墙的落地橱窗，应按其围护结构外围水平面积计算。结构层高在 2.20m 及以上的，应计算全面积；结构层高在 2.20m 以下的，应计算 1/2 面积。

⑬ 窗台与室内楼地面高差在 0.45m 以下且结构净高在 2.10m 及以上的凸（飘）窗，应按其围护结构外围水平面积计算 1/2 面积。

⑭ 有围护设施的室外走廊（挑廊），应按其结构底板水平投影面积计算 1/2 面积；有围护设施（或柱）的檐廊，应按其围护设施（或柱）外围水平面积计算 1/2 面积。

⑮ 门斗应按其围护结构外围水平面积计算建筑面积。结构层高在 2.20m 及以上的，应计算全面积；结构层高在 2.20m 以下的，应计算 1/2 面积。

⑯ 门廊应按其顶板水平投影面积的 1/2 计算建筑面积；有柱雨篷应按其结构板水平投影面积的 1/2 计算建筑面积；无柱雨篷的结构外边线至外墙结构外边线的宽度在 2.10m 及以上的，应按雨篷结构板的水平投影面积的 1/2 计算建筑面积。

⑰ 设在建筑物顶部的、有围护结构的楼梯间、水箱间、电梯机房等，结构层高在 2.20m 及以上的应计算全面积；结构层高在 2.20m 以下的，应计算 1/2 面积。

⑱ 围护结构不垂直于水平面的楼层，应按其底板面的外墙外围水平面积计算。结构净高在 2.10m 及以上的部位，应计算全面积；结构净高在 1.20m 及以上至 2.10m 以下的部位，应计算 1/2 面积；结构净高在 1.20m 以下的部位，不应计算建筑面积。

⑲ 建筑物的室内楼梯、电梯井、提物井、管道井、通风排气竖井、烟道，应并入建筑物的自然层计算建筑面积。有顶盖的采光井应按一层计算面积，结构净高在 2.10m 及以上的，应计算全面积，结构净高在 2.10m 以下的，应计算 1/2 面积。

⑳ 室外楼梯应并入所依附建筑物自然层，并应按其水平投影面积的 1/2 计算建筑面积。

㉑ 在主体结构内的阳台，应按其结构外围水平面积计算全面积；在主体结构外的阳

台，应按其结构底板水平投影面积计算1/2面积。

㉒ 有顶盖无围护结构的车棚、货棚、站台、加油站、收费站等，应按其顶盖水平投影面积的1/2计算建筑面积。

㉓ 以幕墙作为围护结构的建筑物，应按幕墙外边线计算建筑面积。

㉔ 建筑物的外墙外保温层，应按其保温材料的水平截面积计算，并计入自然层建筑面积。

㉕ 与室内相通的变形缝，应按其自然层合并在建筑物建筑面积内计算。对于高低联跨的建筑物，当高低跨内部连通时，其变形缝应计算在低跨面积内。

㉖ 对于建筑物内的设备层、管道层、避难层等有结构层的楼层，结构层高在2.20m及以上的，应计算全面积；结构层高在2.20m以下的，应计算1/2面积。

4）下列项目不应计算面积

① 与建筑物内不相连通的建筑部件；

② 骑楼、过街楼底层的开放公共空间和建筑物通道；

③ 舞台及后台悬挂幕布和布景的天桥、挑台等；

④ 露台、露天游泳池、花架、屋顶的水箱及装饰性结构构件；

⑤ 建筑物内的操作平台、上料平台、安装箱和罐体的平台；

⑥ 勒脚、附墙柱、垛、台阶、墙面抹灰、装饰面、镶贴块料面层、装饰性幕墙，主体结构外的空调室外机搁板（箱）、构件、配件，挑出宽度在2.10m以下的的无柱雨篷和顶盖高度达到或超过两个楼层的无柱雨篷；

⑦ 窗台与室内地面高差在0.45m以下且结构净高在2.10m以下的凸（飘）窗，窗台与室内地面高差在0.45m及以上的凸（飘）窗；

⑧ 室外爬梯、室外专用消防钢楼梯；

⑨ 无围护结构的观光电梯；

⑩ 建筑物以外的地下人防通道，独立的烟囱、烟道、地沟、油（水）罐、气柜、水塔、贮油（水）池、贮仓、栈桥等构筑物。

（6）建筑体积

建筑体积比建筑面积能更全面地反映房屋建筑的大小和工程量的多少，能够为设计、施工提供很多明确的概念。在组织施工时，层高和总层高不同，所需的劳动力、材料、施工机械等资源以及施工工期都会有所不同。因此，计算建筑体积，对于编制施工作业计划、进行施工准备及组织施工等都有着重要意义。

（7）施工图预算的审查

施工图预算编制完以后，需要进行认真的审查。加强施工图预算审查，对于提高预算的正确性，降低造价具有重要的现实意义。施工图预算审查有利于控制工程造价，克服和防止预算超概算；有利于加强固定资产投资管理，节约建设资金；有利于施工承包合同价的确定和控制；有利于积累和分析各项技术经济指标，不断提高设计水平。

1）审查施工图预算的内容

① 审查工程量；

② 审查综合单价的套用；

③ 审查其他有关费用。

2）审查施工图预算的方法

审查施工图预算的方法很多，但归纳起来主要有以下几种：

① 重点审查法；

② 全面审查法；

③ 标准预算法；

④ 对比审查法；

⑤ 分组计算审查法；

⑥ 利用手册审查法。

3）施工图预算审查的步骤

① 做好审查前的准备工作。主要包括：熟悉施工图纸、了解预算包括的范围、弄清预算采用的定额（计价定额）。

② 选择适合的审查方法，按相应内容审查。可按以上所列的方法采用一种（也可同时采用几种）方法进行审查。

③ 整理审查资料，并与编制单位交换意见，定案后编制调整预算。审查后，需要与编制单位校对、协商，取得一致意见后，进行相应的调整。

（8）竣工结算的编制

1）竣工结算的编制原则

编制工程竣工结算是一项细致的工作，既要做到正确地反映建筑安装工人创造的工程价值，又要正确地贯彻执行国家有关部门的各项规定。因此，编制竣工结算要遵循以下原则：

① 贯彻"实事求是"原则，应对办理竣工结算的工程项目内容进行全面清点。诸如分部分项工程数量、历次工程增减变更、现场协商记录和工程质量等方面，都必须符合设计要求和施工及验收规范的规定，对未完工程不能办理竣工结算。工程质量不合格的，应返工，质量合格后才能结算。返工消耗的工料费用，不能列入竣工结算。

工程竣工结算一般是在施工图预算的基础上，按照施工中的更改变动情况编制。所以，在竣工结算中要实事求是，该调增的调增，该调减的调减，做到既合理又合法，正确地确定工程结算价款。

② 严格遵守国家和地区的各项规定，以保证工程结算方式的统一。

2）竣工结算的编制依据

编制竣工结算，通常需要以下技术资料为依据：

① 工程量清单和招投标文件；

② 经有关部门认可的竣工图、工程竣工报告和工程竣工验收单；

③ 经审批的原施工图预算和施工合同；

④ 现行预算定额、计价定额、地区人工工资标准、材料预算价格以及各项费用指标等；

⑤ 设计变更通知单和施工现场工程变更协商记录；

⑥ 其他有关技术资料及现场签证记录。

3）工程竣工结算的作用

一个单位工程完工并经过建设单位及有关部门验收点交后，由施工单位提出，并经过建设单位审核签认的，用以表达该项工程造价为主要内容并作为结算工程价款依据的经济文件，称为单位工程竣工结算书。

将各个专业的单位工程竣工结算按单项工程归并汇总，即可获得某个单项工程的综合结算书。将各个单项工程综合结算书汇总即可成为整个建设项目的工程竣工结算书。

从施工图预算生效起，到工程交工办理竣工结算为止的整个过程都是在实施施工图预算。在这个阶段中，由于设计图纸的变更、修改以及发生在施工现场的各种经济签证必然会引起施工图预算的变更与调整，从而及时准确地反映工程的真实造价。到工程竣工时，最后一次施工图调整预算则为竣工结算。平时的调整预算只是竣工结算的过渡阶段，只有竣工结算才是确定工程造价的最后阶段。

工程竣工结算书，一般是以施工单位为主编制的，经建设单位审核同意后，按合同规定签章认可。最后，通过经办拨款的银行办理工程价款的结算。

竣工结算的主要作用是：

① 工程竣工结算生效后，使施工单位的计划部门能提出与核定生产成果完成的统计报表；财务部门可以进行单位工程的成本核算；材料部门进行单位工程的材料设备核算；劳资部门可以进行劳动力耗用的核算，从而使施工企业的经济管理和经营成果有了准确而可靠的数据。

② 工程竣工结算生效后，施工单位与建设单位可以通过经办拨款的银行进行结算，以完成双方的合同关系和经济责任。

③ 工程竣工结算生效后，使建设单位编制与核算工程建设费用有了可靠的依据，尽快使投资形成固定资产，发挥生产效益。

④ 工程竣工结算生效后，国家或上级主管部门可以据以调整和核定工程的投资限额。

4）工程竣工结算的编制内容

工程竣工结算的编制内容与施工图预算基本相同。江苏省建筑与装修工程造价由分部分项工程费、措施项目费、其他项目费、规费和税金组成。竣工结算的编制方法与施工图预算也基本相同，只是结合施工中历次设计变更、材料差价等实际变动情况，在施工图预算的基础上作部分增减调整。

编制竣工结算的具体内容，有以下几个方面：

① 工程量差

工程量差，是指施工图预算所列分项工程量与实际完成的分项工程量不相符而需要增加或减少的工程量。这部分量差，一般是由以下几个原因造成的：

a. 建设单位提出的设计变更。工程开工后，由于某种原因，建设单位提出要求改变某些施工作法，增减某些具体工程项目等。经与施工单位研究并征求设计单位同意后，填写设计变更洽商记录，经四方（甲方、乙方、监理和设计单位）会签后，作为结算增减工程量的依据。施工中遇到需要处理的问题而引起的设计变更。施工单位在施工过程中，遇到一些原设计未料到的具体情况，需要进行处理。经四方签证认可后，可作为增减工程量的依据。

b. 施工单位提出的设计变更。这是指施工单位在施工中，由于施工方面的原因，例如由于某种建筑材料一时供应不上，需要改用其他材料代替，或者因施工现场要求改变某些工程项目的具体设计而需变更设计时，除较大者需经设计单位同意外，一般只需建设单位同意并在洽商记录上签证，即可作为增减工程量的依据。

c. 施工图预算分项工程量不准确。在编制竣工结算前，应结合工程竣工验收，核对实际完成的分项工程量。如发现与施工图预算所列分项工程量不符时，应按实调整。

② 各种材料差价的调整

a. 对材料暂估价格的调整。暂估价一般是指现行《江苏省建筑与装修工程计价定额》中未包括的材料或设备单价，在编制工程预算时，以暂定价格列入工程预算。

部分材料突然上涨幅度较大时，应根据有关规定进行调整。

b. 对材料参考价格差价的调整。

由建设单位供应的材料，应按当地主管部门规定的《基本建设材料预算价格调整表》中规定的时间和相应的实际数量调整其差价，并从收取的材料调价费用中退还给建设单位。

在工程结算中，材料差价的调整范围、方法，应按当地主管部门颁布的有关规定办理；不允许调整材料差价的不得调整。

③ 各项费用的调整

间接费、计划利润和税金是以直接费（或分部分项工程费）为基数计取的，工程量的增减变化，也会影响到这些费用的计取。所以，间接费、计划利润和税金也应作相应的调整。其他费用，如因建设单位原因发生的窝工、停工费用等，应一次结清，分摊到结算的相应工程项目中去。施工现场使用建设单位水、电、运输车辆、通讯等费用，施工单位应在竣工结算时，按当地的有关规定，退还给建设单位。

5）工程竣工结算的方式

目前，承包工程的结算方式通常有以下 4 种：

① 工程量清单结算方式

工程量清单结算方式，就是根据招投文件的有关规定，由甲方提供工程量清单，由施工方根据清单进行报价。结算时，单价不再变动，而工程量可根据具体情况进行调整。这种方式，由建设方承担"量"的风险，而施工方则承担"价"的风险。

② 施工图预算加签证结算方式

这种结算方式，是把经过审定的原施工图预算作为竣工结算的依据。凡原施工图预算未包括的，在施工过程中发生的历次工程变更所增减的费用、各种材料（构配件）价格和实际价格的差价等，经设计、建设单位签证后，与原施工图预算一起在竣工结算中进行调整。

这种结算方式，难以预先估计总的费用变化幅度，往往造成追加工程投资的现象。

③ 平方米造价包干的结算方式

房屋建筑一般采用这种结算方式，它是双方根据一定的工程资料，事先协商好每平方米造价指标，然后再按建筑面积汇总造价，确定应付的工程造价。

④ 预算包干结算方式

预算包干结算，也称施工图预算加系数包干结算，即在编制施工图预算的同时，另外计取预算外包干费。

$$预算外包干费 = 施工图预算造价 \times 包干系数 \qquad 式(5-13)$$

$$结算工程价款 = 施工图预算造价 \times (1 + 包干系数) \qquad 式(5-14)$$

式中包干系数是由施工单位、建设单位双方商定，经有关部门审批而确定。也有的在费用定额中明确规定。

在签订合同条款时，预算外包干费要明确包干范围。包干费通常不包括下列费用：

a. 建筑工程中的钢材、木材、水泥、砖瓦、石子、石灰、砂等以及安装工程中的管线材、配件材料等材料差价。

b. 因工程设计变更而增加的费用。

此种方式，可以减少双方在签证方面的扯皮现象，可以预先估计总的工程造价。

5.5　工程量清单计价规范简介

1. 建设工程工程量清单计价规范的概念

中国入世以后，建筑工程造价工作也应逐步与国际接轨，以实现"政府宏观调控，企业自主报价，市场形成价格"的目标。为了实现这个目标，建设部批准颁发了《建设工程工程量清单计价规范》GB 50500—2013，此规范的制定与实施是我国工程造价计价方式适应社会主义市场经济发展的一次重大改革，是工程造价管理工作面向我国工程建设市场进行工程造价管理改革的一个新的里程碑。推行工程量清单计价，有利于控制建设项目投资；有利于我国工程造价管理政府职能的转变；有利于与国际惯例接轨；有利于提高劳动生产率，促进技术进步；也有利于我国市场经济的不断完善。

（1）实行工程量清单计价的目的及意义

1）实行工程量清单计价是深化工程造价改革、规范建设市场秩序，适应社会主义市场经济发展的需要；

2）实行工程量清单计价是转变我国工程造价管理政府职能的需要；

3）实行工程量清单计价是促进我国建设市场健康发展和有序竞争的需要；

4）实行工程量清单计价是适应我国融入世界大市场的需要。

（2）工程量清单计价规范编制的指导思想和原则

1）指导思想

工程量清单计价规范编制的指导思想是按照政府宏观调控、市场竞争形成价格的要求，创造公平、公正、公开竞争的环境，以建立全国统一的、有序的建筑市场，既要与国际惯例接轨，又要考虑我国的实际情况。

2）工程量清单计价规范编制的原则

① 简明适用的原则；

② 与现行计价定额既有机结合又有所区别的原则；

③ 既考虑我国工程造价管理的现状又尽可能与国际惯例接轨的原则；

④ 政府宏观调控、企业自主报价、市场竞争形成价格的原则。

（3）建设工程工程量清单计价规范的内容和特点

1）建设工程工程量清单计价规范的主要内容

建设工程工程量清单计价规范包括：正文和附录两大部分，二者具有同等效力。

① 正文

正文部分共分 16 章，包括总则、术语、一般规定、工程量清单编制、招标控制价、投标报价、合同价款约定、工程计量、合同价款调整、合同价款期中支付、竣工结算与支付、合同解除的价款与支付、合同价款争议的解决、工程造价鉴定、工程计价资料与档案、工程计价表格等内容。

a. 总则：主要阐述了制定本规范的背景、适用范围等内容。

b. 术语部分主要对有关常见名词进行了介绍。

c. 一般规定：计价方式、发包人提供材料和工程设备、承包人提供材料和工程设备、计价风险。

d. 工程量清单编制：一般规定、分部分项工程项目、措施项目、其他项目、规费、税金。

e. 招标控制价：一般规定、编制与复核、投诉与处理。

f. 投标报价：一般规定、编制与复核。

g. 合同价款约定：一般规定、约定内容。

h. 工程计量：一般规定、单价合同的计量、总价合同的计量。

i. 合同价款调整：一般规定、法律法规变化、工程变更、项目特征不符、工程量清单缺项、工程量偏差、计日工、物价变化、暂估价、不可抗力、提前竣工（赶工补偿）、误期赔偿、索赔、现场签证、暂列金额。

j. 合同价款期中支付：预付款、安全文明施工费、进度款。

k. 竣工结算与支付：一般规定、编制与复核、竣工结算、结算款支付、质量保证金、最终结清合同解除的价款结算与支付。

l. 合同价款争议的解决：监理或造价工程师暂定、管理机构的解释或认定、协商和解、调解、仲裁、诉讼。

m. 工程造价鉴定：一般规定、取证、鉴定。

n. 工程计价资料与档案：计价资料、计价档案。

o. 工程计价表格：采用统一格式，包括封面、总说明、分部分项工程量清单、措施项目清单、其他项目清单、零星工作项目表等，还统一了表的样式。

② 附录

附录由以下 11 部分组成：

a. 附录 A 物价变化合同价款调整方法；

b. 附录 B 工程计价文件封面；

c. 附录 C 工程计价文件扉页；

d. 附录 D 工程计价总说明；

e. 附录 E 工程计价汇总表；

f. 附录 F 分部分项工程和措施项目计价表；

g. 附录 G 其他项目计价表；

h. 附录 H 规费、税金项目计价表；

i. 附录 J 工程量申请（核准）表；

j. 附录 K 工程量申请（核准）表；

k. 附录 L 主要材料、设备一览表。

l. 每个附录表中都有详细阐述，要求招标人在编制工程量清单时必须执行。

2）工程量清单规范的特点

① 科学性；

② 强制性；

③ 实用性；

④ 竞争性；

⑤ 通用性；

⑥ 并存性。

2. 建设工程工程量清单计价规范—条文说明

（1）建设工程工程量清单计价规范说明共计 16 章。分别对 16 章中 163 条规范条文作了解释和说明。

（2）为便于各单位和有关人员在使用本规范时能正确理解和执行条文规定，本规范编制组按章、节、条顺序编制了本规范的条文说明，对条文规定的目的、依据以及执行中需注意的有关事项进行了说明，并着重对强制性条文的强制性理由作了解释。但是，条文说明不具备与规范正文同等的法律效力，仅供使用者作为理解和把握规范规定的参考。

（3）详细学习《建设工程工程量清单计价规范》GB 50500—2013 条文说明。

【例】 某装饰工程的工程量清单（表 5-4、表 5-5）

分部分项工程量清单 表 5-4

工程名称：装饰工程 第 页 共 页

序号	项目编码	项目名称	项目特征	计量单位	工程数量
1	020104001001	楼地面地毯	1. 找平层厚度、砂浆配合比：40mm 1：3 水泥砂浆 2. 面层材料品种、规格、品牌、颜色：纯羊毛地毯 3. 防护材料种类：成品保护	m²	321.02
2	020302001001	天棚吊顶	1. 吊顶形式：复杂型 2. 龙骨类型、材料种类、规格、中距：8mm 吊筋，60 上人型轻钢龙骨@400×600，主龙骨厚度 1.2mm 3. 面层材料品种、规格：12mm 纸面石膏板，其中亚克力灯片 32.37m² 4. 油漆品种、刷漆遍数：自粘胶带，满批腻子三遍，雅士利白色乳胶漆三遍	m²	361.02
3	020303002001	送风口、回风口	风口材料品种、规格、品牌、颜色：筒灯孔	个	26
4	020303001001	灯槽	1. 灯带形式、尺寸：20 厚木工板基层，12 厚石膏板面层，展开宽 500mm 2. 油漆种类：木材面刷防火涂料三遍，石膏板面满批腻子二遍，雅士利白色乳胶漆二遍	m	77.2
5	020204001001	石材墙面	1. 墙体类型：内墙 2. 贴结层厚度、材料种类为 1：2 水泥砂浆 3. 面层材料品种、规格、品牌、颜：20mm 厚法国木纹石 4. 缝宽、嵌缝材料种类：含 100mm 工艺缝	m²	123.38

序 号	项目编码	项目名称	项目特征	计量单位	工程数量
6	020407001001	木门窗套	1. 基层材料种类：30×30 木龙骨@400，20 厚木工板基层 2. 面层材料品种、规格、品牌、颜色：樱桃木饰面 3. 防护材料种类：木龙骨、木材面防火漆三遍 4. 油漆品种、刷漆遍数：硝基清漆	m²	19.54
7	020604002001	木质装饰线	1. 线条材料品种、规格、颜色：50×18 樱桃木实木线条 2. 油漆品种、刷漆遍数：硝基清漆	m	36
8	020207001001	装饰板墙面	1. 墙体类型：内墙 2. 龙骨材料种类、规格、中距：木龙骨 30×30 @400×400 3. 基层材料种类、规格：12 厚多层板基层 4. 面层材料品种、规格、品牌：皮质硬包 5. 防护材料种类：木龙骨、木材面防火涂料三遍	m²	21.2
...	...	...	...	...	...

措施项目清单　　　　　　　　　　　　　　　　　　　表 5-5

工程名称：装饰工程　　　　　　　　　　　　　　　　第　页　共　页

序 号	项目名称	计量单位	工程数量
1	现场安全文明施工措施费	项	1
2	临时设施费	项	1
3	检验试验费项	项	1
4	脚手架项	项	1
5	混凝土、钢筋混凝土模板及支架项	项	1
6	垂直运输机械费	项	1
7	大型机械进退场费	项	1
...	...	...	...

第 6 章 建设工程法律基础

6.1 建设施工合同的履约管理

6.1.1 建设施工合同履约管理的意义和作用

1. 建设施工合同的概念

建设工程施工合同是指发包方（建设单位或具有发包资质的单位）和承包方为完成建筑安装工程的建造工作，明确双方的权利义务关系而签订的协议。

2. 建设施工合同履约管理的意义

加强合同管理工作对于建筑施工企业以及发包方都具有重要的意义。

（1）加强合同管理是市场经济的要求

随着市场经济机制的不断完善，政府逐步转变其职能，更多地应用法律、法规和经济手段调节和管理市场，而不是用行政命令干预市场；建筑施工企业作为建筑市场的主体，进行建设生产与管理活动，必须按照市场规律要求，健全和完善其内部各项管理制度，合同管理制度是其管理制度的核心内容之一。建筑市场机制的健全和完善，施工合同必将成为规范建筑施工企业和发包方经济活动关系的依据。加强建设施工合同的管理，是社会主义市场经济规律的必然要求。

（2）规范工程建设各方行为的需要

目前，从建筑市场经济活动及交易行为来看，不正当竞争行为时有发生，承发包双方合同自律行为较差，加之市场机制难以发挥应有的功能，从而加剧了建筑市场经济秩序的混乱。同时，合同明确规制承发包双方的权利义务关系，发生违约事件时作为救济依据。因此，必须加强建设工程施工合同的管理，规范市场主体的交易行为，促进建筑市场的健康稳定发展。

（3）国际性竞争的需要

我国已加入 WTO，建筑市场将逐步全面开放。国外建筑施工企业将进入我国建筑市场，如果发包方不以平等市场主体进行交易，仍存在着盲目压价、压工期和要求垫支工程款，就会被外国建筑施工企业援引"非歧视原则"而引起贸易纠纷。国际市场通常使用的为 FIDIC 条款内容，其要求的建筑施工企业合同条款较为苛刻，施工过程中的证据收集较为严格，我国建筑施工企业往往以人情而忽视，致使造成巨大经济损失。因此，承发包双方应树立国际化竞争意识，遵循市场规则和国际惯例，加强建设施工合同的规范管理，建立行之有效的且符合自身企业管理需要的合同管理制度。

3. 合同在建设项目管理中的地位和作用

建设项目管理过程中建设施工合同正在发挥越来越重要的作用，具体来讲，建设施工合同在建设项目管理过程中的地位和作用主要体现在如下 3 个方面：

（1）合同是建设项目管理的核心和主线

任何一个建设项目的实施，都是通过签订一系列的承发包合同来实现的。通过对承包内容、范围、价款、工期和质量标准等合同条款的制订和履行，发包方和建筑施工企业可以在合同环境下调控建设项目的运行状态。通过对合同管理目标责任的分解，可以规范项目管理机构的内部职能，紧密围绕合同条款开展项目管理工作。因此，无论是对建筑施工企业的管理，还是对项目发包方本身的内部管理，合同始终是建设项目管理的核心。

（2）合同是承发包双方权利和义务的法律基础

为保证建设项目的顺利实施，通过明确承发包双方的职责、权利和义务，可以明确承发包双方的责任风险，建设施工合同通常界定了承发包双方基本的权利义务关系。如发包方必须按时支付工程进度款，及时参加隐蔽工程验收和中间验收，及时组织工程竣工验收和办理竣工结算等。承包方则必须按施工图纸和批准的施工组织设计、组织施工，向发包方提供符合约定质量标准的建筑产品等。合同中明确约定的各项权利和义务是承发包双方的最高行为准则，是双方履行义务、享有权利的法律基础。

（3）合同是处理建设项目实施过程中发生的各种争执和纠纷的重要证据

由于建设项目具有建设周期长、合同金额大、参建单位众多和项目之间接口复杂等特点，所以在合同履行过程中，发包方与建筑施工企业之间、不同建筑施工企业之间、总承包与分包之间以及发包方与材料供应商之间不可避免地产生各种争执和纠纷。而处理这些争执和纠纷的主要尺度和依据应是承发包双方在合同中事先做出的各种约定和承诺，如合同的索赔与反索赔条款、不可抗力条款、合同价款调整变更条款等等。作为合同的一种特定类型，建设施工合同同样具有一经签订即具有法律效力的属性。所以，建设施工合同是处理建设项目实施过程中发生的各种争执和纠纷的重要证据。

6.1.2　目前建设施工合同履约管理中存在的问题

工程建设的复杂性决定了施工合同管理的艰巨性。目前我国建设市场有待完善，建设交易行为尚不规范，使得建设施工合同管理中存在诸多问题，主要表现为：

1. 少数合同有失公平

由于目前建筑市场存在供求关系不平衡的现象，使得建设施工合同也存在着合同双方权利、义务不对等现象。从目前实施的建设施工合同文本看，施工合同中绝大多数条款是由发包方制定的，其中大多强调了承包方的义务，对发包方的制约条款偏少，特别是对发包方违约、赔偿等方面的约定也很不具体，缺少行之有效的处罚办法。这不利于施工合同的公平、公正履行，成为施工合同执行过程中发生争议较多的一个原因。

2. 合同文本不规范

国家工商局和建设部为规范建筑市场的合同管理，制定了《建设工程施工合同示范文本》GF-2013-0201（以下本文简称《合同示范文本》），以全面体现双方的责任、权利和风险。有些建设项目在签订合同时为了回避发包方义务，不采用标准的合同文本，而采用一些自制的、不规范的文本进行签约。通过自制的、笼统的、含糊的文本条件，避重就轻，转嫁工程风险。有的甚至仍然采用口头委托和政府命令的方式下达任务，待工程完工后，再补签合同，这样的合同根本起不到任何约束作用。

3. "黑白合同"（又称"阴阳合同"）充斥市场，严重扰乱了建筑市场秩序

有些发包方以各种理由、客观原因，除按招标流程中的合同文件签订"白合同"（又称"阳合同"）供建设行政主管部门审查备案外，私下与建筑施工企业再签订一份在实际施工活动中被双方认可的"黑合同"（又称"阴合同"），在内容上与原合同相违背，形成了一份违法的合同。这种工程承发包双方责任、利益不对等的"黑白合同"（又称"阴阳合同"），

4. 建设施工合同履约程度低，违约现象严重

有些工程合同的签约双方都不认真履行合同，随意修改合同，或违背合同规定。合同违约现象时有发生，如：发包方暗中以垫资为条件，违法发包；在工程建设中发包方不按照合同约定支付工程进度款；甲供材料供应延迟，甲控乙供材料方案长期审批，发包方应协调的施工单位工作面移交或完成时间滞后；建设工程竣工验收合格后，发包方不及时办理竣工结算手续，甚至部分建设单位（发包方）已使用工程多年，仍以种种理由拒付工程款，形成建设市场严重拖欠工程款的顽症；建筑施工企业不按期依法组织施工，不按规范施工，形成延期工程、劣质工程等，严重扰乱了工程建设市场的管理秩序。

5. 合同索赔工作难以实现

建筑市场的过度竞争，不平等合同条款等问题，给索赔工作造成了许多干扰因素，再加上建筑施工企业自我保护意识差（或人情面大于索赔）、索赔意识淡薄，导致合同索赔难以进行，受损害者往往是建筑施工企业。

6. 借用资质或超越资质等级签订合同的情况普遍存在

有些不法建筑施工企业在自己不具备相应建设项目施工资质的情况下为了达到承包工程的目的，非法借用他人资质参加工程投标，并以不法手段获得承包资格，签订无效合同。一些不法建筑施工企业利用不法手段获得承包资质，专门从事资质证件租用业务，非法谋取私利，严重破坏了建筑市场的秩序。

7. 违法转包、分包合同情况普遍存在

一些建筑施工企业为了获得建设项目承包资格，不惜以低价中标。在中标之后又将工程肢解后以更低价格非法转包给一些没有资质的小的施工队伍。这些建筑施工企业缺乏对承包工程的基本控制步骤和监督手段，进而对工程进度、质量造成严重影响。

6.2　建设工程履约过程中的证据管理

6.2.1　民事诉讼证据的概述

1. 民事诉讼证据的概念

民事诉讼证据（以下称证据），是指能够证明案件真实情况的事实。在民事案件中，所谓事实是指发生在当事人之间的引起当事人权利义务的产生、变更或者消灭的活动。

2. 证据的特征

（1）客观性

证据是客观存在的事实材料，不以人的意志为转移。这一特征是证据最基本的特征，是证据的生命力所在。

《中华人民共和国民事诉讼法》第7条规定："人民法院审理民事案件，必须以事实为

根据，以法律为准绳。"但是，当事人的主张是否属实，是靠证据来证明的。

（2）关联性

证据必须与证明对象有客观的联系，能够证明被证明对象的一部分或全部。关联性是证据的重要特征，是证据材料成为证据的必备条件，与证明对象没有任何联系的，绝不能作为认定事实的证据。

（3）合法性

证据的合法性包含两层含义：

1）当法律对证据形式、证明方法有特殊要求时，必须符合法律的规定，如当事人欲证明房产权属的变更必须提供重新登记的房产权属证明（如房产证）。

2）对证据的调查、收集、审查须符合法定程序，否则不能作为定案的依据，如利用偷录、私拆他人信件等非法方式收集的证据就不符合法定程序。

上述 3 特征为证据的基本特征，证据材料必须同时具备这 3 个特征，方可作为证据使用。查证属实的证据，才能作为判决的依据。

6.2.2　证据的分类

证据的分类是证据理论上（学理上）按不同的标准将证据分为不同的类别。目前来看，主要有本证与反证、直接证据与间接证据、原始证据与传来证据的分类。

1. 本证与反证——依据证据与证明责任之间的关系分类

本证，是指能够证明负有举证责任的一方当事人所主张的事实的证据；反证，是指能否定负有证明责任的一方当事人所主张事实的证据，反证的目的是提出证据否定对方提出的事实。例如，原告诉被告拖欠工程款而提出的合同和付款单是本证，被告提出已付工程款的付款单据为反证。

区分本证与反证的实际意义是为了在具体证据中落实证明责任，明确举证顺序，有利于法官衡量当事人的举证效果，从而依据证明责任作出裁判。

需要注意以下几点：

（1）该分类不是以原、被告的地位为标准，原告、被告都有可能提出反证，也都有可能提出本证。

（2）反证与证据反驳不同，两者最大的区别在于反证是提出证据否定对方所提出的事实；而证据反驳是不提出新的证据。

（3）反证是针对对方所提出的事实的反对，而不是对诉讼请求的反对。

2. 直接证据和间接证据——依据证据与案件事实的关系分类

直接证据是指能单独、直接证明案件主要事实的证据；间接证据是指不能单独、直接证明案件主要事实的证据。

直接证据的证明力一般大于间接证据。在没有直接证据时，从间接证据证明的事实可推导出待证事实，并且在很多情况下通过间接证据可发现直接证据，而在有直接证据时，间接证据可以印证直接证据。

3. 原始证据和传来证据——依据证据的来源分类

原始证据是直接来源于案件事实而未经中间环节传播的证据；传来证据是指经过中间环节辗转得来，非直接来源于案件事实的证据。原始证据的证明力一般大于传来证据。

6.2.3 证据的种类

证据的种类，按照《中华人民共和国民事诉讼法》第 63 条所规定的 8 种证据形式，即：当事人的陈述、书证、物证、视听资料、电子数据、证人证言、鉴定意见、勘验笔录。以上证据必须查证属实，才能作为认定事实的根据。

1. 当事人陈述

当事人陈述是指当事人就案件事实向法院所作的陈述。当事人陈述的内容可分为两种，一是对自己不利事实的陈述，包括承认对方主张的对自己不利事实的陈述和主动陈述对自己不利的事实；二是陈述对自己有利的事实。对于对当事人不利的陈述，视作当事人在诉讼中的承认，免除对方的证明责任；对当事人有利的陈述，应结合该案的其他证据，审查确定能否作为认定事实的证据。

2. 书证

书证，是指以文字、符号、图表所记载或表示的内容、含义来证明案件事实的证据。由于当事人在实施民事法律行为时，常采用书面形式，书证也就成为民事诉讼中最普遍应用的一种证据。对书证从不同的角度可以作以下分类：

（1）公文书和非公文书

书证按制作主体的不同可分为公文书和非公文书。公文书是国家机关及其公务人员在其职权范围内制作的或者由公信权限机构制作的文书，如：判决书、公证书、会计师事务所出具的验资报告等；非公文书是指公民个人、企事业单位和不具有公权力的社会团体制作的文书。

（2）处分性书证和报道性书证

这是根据书证的内容和民事法律关系的联系所作的分类。处分性书证是指确立、变更或终止一定民事法律关系内容的书证，如遗嘱、合同书等；报道性书证是指仅记载一定事实，但不具有使所记载的民事法律关系产生变动效果的书证，如日记、病历等。

（3）普通形式的书证和特殊形式的书证

根据书证是否需具备特定形式和履行特定手续可将书证分为普通形式的书证和特殊形式的书证。普通形式的书证是指不要求具备特定形式或履行一定手续的书证；特殊形式的书证是指法律规定必须具备某种形式或履行某种手续的书证。特殊形式的书证如不具备特定形式或履行特定手续，就不能产生证据效力。

3. 物证

物证是以其外部特征和物质属性，即以其存在、形状、质量等证明案件事实的物品。

4. 视听资料

视听资料是指利用录音带、录像带、光盘等反映的图像和音响以及电脑储存的资料来证明案件事实的证据。视听资料是利用现代科技手段记载法律事件和法律行为的，具有信息量大、形象逼真的特点，具有较强的准确性和真实性，但同时又容易被编造或伪造。为便于有效的搜集视听资料，在搜集时原始的载体应始终保留。

5. 电子数据

指基于计算机应用、通信和现代管理技术等电子化技术手段形成包括文字、图形符号、数字、字母等的客观资料。

6. 证人证言

证人证言是证人向法院所作的能够证明案件情况的陈述。

7. 鉴定意见

鉴定意见是指鉴定人运用自己的专门知识，根据所提供的案件材料，对案件中的专门性问题进行分析、鉴别后做出的建议意见。民事诉讼中常见的鉴定意见有文书鉴定、医学鉴定、技术鉴定、工程造价鉴定等。

为保证鉴定意见的权威性、客观性和准确性，民事诉讼法规定应由法定鉴定部门鉴定，没有法定鉴定部门的，由法院指定。

8. 勘验笔录

勘验笔录是指法院为查明案件事实对有关现场和物品进行勘察检验所作的记录。

在民事诉讼中，有关物体因体积庞大或固定于某处无法提交法庭，有关现场也无法移至法庭，为获取这方面的证据，有必要进行勘验以便在法庭再现现场真相。勘验人员在制作笔录时应客观真实，不能把个人的分析判断记入笔录，否则就会同鉴定意见相混淆。勘验笔录应有勘验人、当事人和被邀请的人签名或盖章。当事人对勘验笔录有不同意见的，可以要求重新勘验，法庭认为当事人的要求有充分理由的，应当重新勘验。

6.2.4 证据的收集与保全

1. 证据收集的基本要求

《中华人民共和国民事诉讼法》第 64 条第 1 款规定："当事人对自己提出的主张，有责任提供证据。"当事人的主张能否成立，取决于其举证的质量。可见，收集证据是一项十分重要的准备工作，根据法律规定和司法实践，收集证据应当遵守如下要求：

（1）为了及时发现和收集到充分、确凿的民事证据，在收集证据前应认真研究已有材料，分析案情，并在此基础上制定收集证据的计划，确定收集证据的方向、调查的范围和对象、应当采取的步骤和方法，同时还应考虑到可能遇到的问题和困难，以及解决问题和克服困难的办法等。

（2）收集证据的程序、方式必须符合法律规定。凡是收集证据的程序和方式违反法律规定的，如以贿赂的方式使证人作证的，或不经过被调查人同意擅自进行录音的等等，所收集到的材料一律不能作为证据来使用。

（3）收集证据必须客观、全面。

（4）收集证据必须深入、细致。实践证明，只有深入、细致地收集证据，才能把握案件的真实情况。

（5）收集证据必须积极主动、迅速，证据虽然是客观存在的事实，但可能由于外部环境或外部条件的变化而变化，如果不及时收集，就有可能灭失。

2. 在建筑施工的几个阶段如何做好证据的收集保管

（1）合同签订阶段

在协议书和通用条款中规定，对合同当事人双方有约束力的合同文件包括签订合同时已形成的文件和履行过程中构成对双方有约束力的文件两大部分。

1）订立合同时已形成的文件

① 施工合同协议书；

② 中标通知书；

③ 投标书及其附件；

④ 施工合同专用条款；

⑤ 施工合同通用条款；

⑥ 标准、规范及有关技术文件；

⑦ 图纸；

⑧ 工程量清单；

⑨ 工程报价单或预算书。

2）合同履行过程中形成的文件

合同履行过程中，双方有关工程的洽商、变更等书面协议或文件也构成对双方有约束力的合同文件，将其视为协议书的组成部分。

（2）开工阶段

1）施工许可证；

2）开工报告；

3）图纸会审；

4）施工现场工作面移交；

5）各类方案及进度计划的批复；

6）合同各项附件（尤其是最终报价文件、图纸等部分）：双方签字盖章；

7）材料设备的到货检验资料；

8）材料设备使用前的检验资料。

（3）履约过程

1）甲方要求延期开工或暂停施工的函件或证据；

2）关于工期存在非承包方原因的资料（发包方付款方面、发包方方案确定方面（等待指令）、设计变更方面、合同约定事由发生、第三方施工配合等）；

3）关于质量存在非承包方原因的资料（甲供材料方案、甲指乙供材方面、设计方案或变更方案方面、材料样品确认、检验检测报告、第三方施工配合等）；

4）证明付款条件满足的证据（施工进度工程量价款报表、工程款支付凭证、催款证据等）；

5）会议记录；

6）验收记录

7）竣工报告的提交证据；

8）工程交付使用的证据。

寻找有实力的分包队伍是指寻找经过合法工商登记的企业，而非个人，涉及产品质量及分包工程质量赔偿的追偿、工伤责任、管理费的合法性。寻找分包还应注意：分包应经过发包方同意；发包方指定分包或材料供应商，应留下书面证据，这涉及质量责任的承担。

（4）竣工结算阶段

1）竣工结算报告；

2）竣工结算报告的提交证据、对方签收证据；

3）工程联络单。

3. 证据的保全

证据保全是指法院对有可能灭失或以后难以取得、对案件有证明意义的证据，根据诉讼参加人的申请或依职权采取措施，预先对证据加以固定和保护的制度。广义上的证据保全还包括诉讼外的保全，指公证机关根据申请，采取公证形式来保全证据。

证据保全可发生在诉讼开始前，也可发生在诉讼过程中。在诉讼开始前法院不依职采取保全措施。对证人证言，一般采用笔录或录音的方式；对书证应尽可能提取原件，如确有困难，可采用复印、拍照等方式保全。法院采取保全措施所收集的证据是否可用作认定事实的根据，应在质证认证后方能确定。

6.2.5 证明过程

1. 举证和举证期限

举证是当事人将收集的证据提交给法院。当事人一般在一审时在举证期限内可随时提出证据，在二审或再审时可提出新的证据。

举证期限是指当事人应当在法定期间内提出证据，逾期将承担证据失效或其他不利后果的诉讼期间制度。

2. 质证

质证是指在法庭上当事人就所提出的证据进行辨认和质对，以确认其证明力的活动。质证的对象包括所有的证据材料，无论是当事人提供的，还是法院调查收集的，都必须经过质证，未经质证的证据不得作为定案依据。

3. 认证

认证是指法官在听取双方当事人对证据材料的说明、质疑和辩驳后，对证据材料做出采信与否的认定，是对当事人举证、质证的评价与认定。认证的方法有逐一认证、分组认证和综合认证三种，认证的时间一般是当庭认证，认证的结果包括有效、无效和暂时不认定。

6.3 建设工程变更及索赔

6.3.1 工程量

1. 工程量的概念

工程量是指以物理计量单位或自然计量单位表示的分项工程的实物计算。工程量计算是确定工程造价的主要依据，也是进行工程建设计划、统计、施工组织和物资供应的参考依据。

2. 工程量的作用

在投标的过程中，投标人需根据招标文件提供的工程量清单所规定的工作内容和工程量编制标书并报价。中标后，建筑施工单位与中标的投标单位根据招投标文件签订建设工程施工合同。合同中的工程造价即为投标所报的单价与工程量的乘积。如单价是闭口价的合同中，招标文件仅列出工程量清单，建筑施工企业在投标时，则以招标单位提供的工程量清单报价。工程量的计算在整个建设工程招投标、合同履行、竣工后的价款结算时都是必不可少的，是确定工程造价的主要依据。

3. 工程量的性质

工程量的性质只是单纯的量的概念，不涉及价格的因素。

6.3.2 工程量签证

1. 工程量签证的概念

工程量签证是指承发包双方在建设工程施工合同履行过程中因设计变更等因素导致工程量发生变化，由承发包双方达成的意思表示一致的协议，或者是按照双方约定（如建设工程施工合同、协议、会议纪要、来往函件等书面形式）的程序确认工程量。

2. 工程量签证的形式

工程量签证分为两种形式：

（1）建设工程施工合同履行过程中因设计变更及其他原因导致工程量变化，由承发包双方达成的意思表示一致的协议。

在建设工程施工合同履行中，建筑施工企业遇到因设计变更或其他原因导致工程量发生变化，应当以书面形式向发包方提出确认因设计变更或其他原因导致工程量变化而需要增加的工程量。

（2）双方对于工程量变更的签证程序已作事先约定，如通过建设工程施工合同、协议或补充协议、会议纪要、来往函件等书面形式所作的约定。

3. 工程量签证的法律性质

工程量签证的性质根据上述表现形式可以分为两种：

（1）在第一种表现形式下的签证性质，首先，是一份协议，是一份补充合同。既然是一份协议，根据合同自治原则，只要不属于《中华人民共和国合同法》第52～54条规定的情形，签证对承发包双方都具有法律约束力。其次，签证还是一份直接的原始证据，是直接作为结算的证据，换句话说，对施工企业而言，签证就是钱。

（2）在第二种表现形式下的签证是对工程量确认的特殊程序，它不适用关于《中华人民共和国合同法》中关于无效及可撤销的规定。

6.3.3 工程索赔

1. 工程索赔的概念

工程索赔指的是建筑施工企业在合同履行过程中，按照发包方的指令和通知进入施工现场后，一旦遇到了不具备开工的条件（现场未移交、图纸未会审、施工许可证未办理等情况）、工程量增加、设计变更、工期延误以及合同约定的可以调整单价的材料价格上涨等，在发包方拒绝签证的情况下，建筑施工企业应在合同约定的期限内进入索赔程序进行索赔。工程索赔是工程合同承发包双方中的任何一方因未能获得按合同约定支付的各种费用，以及对顺延工期、赔偿损失的书面确认，在约定期限内向对方提出索赔请求的一种权利。

2. 工程索赔应符合的条件

工程索赔应符合以下条件：

（1）甲方不同意签证或不完全签证的情况。

（2）在双方约定的期限内提出。

《合同示范文本》第 19 条规定：（1）承包方应在知道或应当知道索赔事件发生后 28 天内，向监理人递交索赔意向通知书，并说明发生索赔事件的事由；承包方未在前述 28 天内发出索赔意向通知书的，丧失要求追加付款和（或）延长工期的权利；（2）承包方应在发出索赔意向通知书后 28 天内，向监理人正式递交索赔报告；索赔报告应详细说明索赔理由以及要求追加的付款金额和（或）延长的工期，并附必要的记录和证明材料；（3）发包方应在知道或应当知道索赔事件发生后 28 天内通过监理人向承包方提出索赔意向通知书，发包方未在前述 28 天内发出索赔意向通知书的，丧失要求赔付金额和（或）延长缺陷责任期的权利。

（3）在索赔时要有确凿、充分的证据。

《合同示范文本》第 19 条还规定：在索赔事件影响结束后 28 天内，承包方应向监理人递交最终索赔报告，说明最终要求索赔的追加付款金额和（或）延长的工期，并附必要的记录和证明材料；发包方应在发出索赔意向通知书后 28 天内，通过监理人向承包方正式递交索赔报告。

为推行工程量清单计价改革，规范建设工程发承包双方计价行为，《建设工程工程量清单计价规范》GB 50500—2013 中也有涉及。

6.4 建设工程工期及索赔

6.4.1 建设工程的工期

1. 工期的概念

根据《合同示范文本》的有关规定，工期是指发包方、承包方在协议书中约定，按总日历天数（包括法定节假日）计算的承包天数。建设工程工期控制的最终目的是确保建设项目按预定的时间动用或提前交付使用，建设工程进度控制的总目标是建设工期。

由于在工程建设过程中存在着许多影响工期的因素，这些因素往往来自不同的单位和不同的时期，它们对建筑工程工期产生着复杂的影响。因此，工期控制人员必须事先对影响建设工程工期的各种因素进行分析，预计它们对建设工程进度的影响程度，确定合理的工期控制目标，编制可行的工期计划，使工程建设工作始终按计划进行。

不管工期计划的周密程度如何，其毕竟是人们的主观设想，在其实施过程中，必然会因为新情况的产生、各种干扰因素和风险因素的作用而发生变化，使人们难以执行原定的工期计划。为此，应将实际情况与计划安排进行对比，从中得出偏离计划的信息，然后在分析偏差及其产生原因的基础上，通过采取组织、技术、合同、经济等措施，维持原计划，使之能正常实施。如果采取措施后不能维持原计划，则需要对原工期计划进行调整或修正，再按新的工期计划实施。这样在工期计划的执行过程中进行不断的检查和调整，以保证建设工程工期得到有效控制。

2. 影响工期的因素

由于建设工程具有规模庞大、工程结构与工艺技术复杂、建设周期长及相关单位多等特点，决定了建设工程工期将受到许多因素的影响。要想有效控制建设工程工期，就必须对影响工期的有利因素和不利因素进行全面、细致的分析和预测。这样，一方面可以促进对有利因素的充分利用和对不利因素的妥善预防；另一方面也便于事先制定预防措施，事中采取有效对策，事后进行妥善补救，以缩小实际工期与计划工期的偏差，实现对建设工程工期的主动控制和动态控制。

影响工期的因素很多，如人为因素，技术因素，设备、材料及构配件因素，机具因素，资金因素，水文、地质与气象因素，以及其他自然与社会环境等方面的因素。其中，人为因素是最大的干扰因素。从产生的根源看，有的来源于建设单位及其上级主管部门；有的来源于勘察设计、施工及材料、设备供应单位；有的来源于政府、建设主管部门、有关协作单位和社会；有的来源于各种自然条件；也有的来源于建设监理单位本身。在工程建设过程中，大致可分成以下几种：

（1）资金因素：建设单位资金投入不足的原因造成工期延缓或停滞的现象最多，比如因拖欠设计费用而造成部分图纸无法交付施工企业付诸实施等，这就属于资金因素的影响。

（2）社会因素：是否符合国家的宏观投资方向、是否及时取得了国家强制办理的批件及许可证，因这类问题延缓停滞也是较多的一种；外单位临近工程施工干扰；节假日交通、市容整顿的限制；临时停水、停电、断路等。

（3）管理因素：建设单位、施工单位自身的计划管理问题，没有一个很好的计划，工程管理推着干、出现安全伤亡事故、出现重大质量事故、特种设备到使用前才想起来采购……，这类问题属于管理问题。再如有些部门提出各种申请审批手续的延误，参加工程建设的各个单位、各个专业、各个施工过程之间交接在配合上发生矛盾等。

（4）建设单位因素：如建设单位使用要求改变而进行设计变更；应提供的施工场地条件不能及时提供或所提供的场地不能满足工程正常需要；不能及时向施工承包单位或材料供应商付款等。

（5）自然环境因素：如不明的水文气象条件；地下埋藏文物的保护、处理；洪水、地震、台风等不可抗力等。

6.4.2 建设工程的竣工日期及实际竣工时间的确定

《最高人民法院关于审理建设工程施工合同纠纷案件适用法律问题的解释》第14条规定："当事人对建设工程实际竣工日期有争议的，按照以下情形分别处理：建设工程经竣工验收合格的，以竣工验收合格之日为竣工日期；建筑施工企业已经提交竣工验收报告，发包方拖延验收的，以建筑施工企业提交验收报告之日为竣工日期；建设工程未经竣工验收，发包方擅自使用的，以转移占有建设工程之日为竣工日期。"

6.4.3 建设工程停工的情形

建设工程能否如期完成，将直接影响到合同双方的切身利益，并将关系到其他一系列合同是否能够顺利履行。比如房地产开发经营项目的建筑工程不能按期完工，则商品房的预售合同也将难以按约履行，这必然又会牵涉到许多购房人的利益是否能得到切实保护。因此，建筑工程的工期是十分重要的。

建设工程工期纠纷的原因主要表现在以下几个方面：

（1）合同对工期的约定脱离实际，不符合客观规律。

每一个建筑工程项目的工期长短都必然取决于工程量的大小、工程等级和建筑施工企业的综合实力等多种因素。而有些建筑承包企业为了承揽工程的需要，通常以短工期取胜，建筑发包方又未充分考虑客观规律，致使双方约定的工期本身就存在极大的不合理性，实际履行起来就难免产生纠纷。

（2）工程建筑施工企业的综合实力欠缺，无论是施工管理，还是技术水平上都不能跟上工程进度的需要，致使合同中双方约定的工期难以切实保证。

（3）建设发包方没有按约提供施工必需的勘察、设计条件、方案确认或者提供的资料不够准确，也会造成建筑工程的延期交付，并引发纠纷。

（4）建设发包方不能按约提供原材料、设备、场地、资金等，也是施工企业不能按约交付并导致纠纷的原因。

由于不同的原因所导致的工程工期延误，其所产生的法律责任及承担主体是各不相同的。为此，我国法律法规对此都做出了明确的规定。

《中华人民共和国合同法》有关工程工期可能引起索赔的规定：

（1）第二百七十八条规定，隐蔽工程在隐蔽以前，建筑施工企业应当通知发包方检查。发包人没有及时检查的，建筑施工企业可以顺延工程工期，并有权要求赔偿停工、窝工等损失。

（2）第二百八十条规定，勘察、设计的质量不符合要求或者未按照期限提交勘察、设计文件拖延工期，造成发包方损失的，勘查人、设计人应当继续完善勘察、设计，减收或者免收勘察、设计费并赔偿损失。

（3）第二百八十一条规定，因施工人的原因致使建设工程质量不符合约定的，发包人有权要求施工人在合理期限内无偿修理或者返工、改建。经过修理或者返工、改建后，造成逾期交付的，施工人应当承担违约责任。

（4）第二百八十三条规定，发包人未按照约定的时间和要求提供原材料、设备、场地、资金、技术资料的，建筑施工企业可以顺延工程工期，并有权要求赔偿停工、窝工等损失。

（5）第二百八十四条规定，因发包人的原因致使工程中途停建、缓建的，发包人应当采取措施弥补或者减少损失，赔偿建筑施工企业因此造成的停工、窝工、倒运、机械设备调迁、材料和构件积压等损失和实际费用。

6.4.4 工期索赔

在工程施工中，常常会发生一些未能预见的干扰事件使施工不能顺利进行，使预定的施工计划受到干扰，造成工期延长，这样，对合同双方都会造成损失。施工单位提出工期索赔的目的通常有两个：

（1）免去或推卸自己对已产生的工期延长的合同责任，使自己不支付或尽可能不支付工期延长的罚款；

（2）进行因工期延长而造成的费用损失的索赔，对已经产生的工期延长。

建设单位一般采用两种解决办法：一是不采取加速措施，工程仍按原方案和计划实施，但将合同期顺延；二是指令施工单位采取加速措施，以全部或部分弥补已经损失的工期。

如果工期延缓责任不是由施工单位造成，而建设单位已认可施工单位工期索赔，则施工单位还可以提出因采取加速措施而增加的费用索赔。

工期索赔一般采用分析法进行计算，其主要依据合同规定的总工期计划、进度计划，以及双方共同认可的对工期修改文件，调整计划和受干扰后实际工程进度记录，如施工日记、工程进度表等。施工单位应在每个月底以及在干扰事件发生时，分析对比上述资料，以发现工期拖延以及拖延原因，提出有说服力的索赔要求。

6.5 建设工程质量

6.5.1 建设工程质量概述

1. 建设工程质量的定义

质量是由一群组合在一起的固有特性组成，这些固有特性是指能够满足顾客和其他相关方面的要求的特性，并由其满足要求的程度加以表征。

建设工程作为一种特定的产品，除具有一般产品共有的质量，如性能、寿命、可靠性、安全性、经济性等满足社会需要的使用价值及其属性外，还有自己特定的内涵。

建设工程质量是指土木工程、建筑工程、线路、管道和设备安装工程及装修工程的新建、扩建和改建的工程特性满足发包方需要的，符合国家法律、法规、技术规范标准、设计文件及合同约定的综合特性。

2. 影响建设工程质量的因素

影响工程质量的因素很多，但归纳起来主要有三个方面，即物的因素、人的因素和环境的因素等。

（1）物的因素

物的因素主要包括材料的因素和机械的因素。

工程材料是工程建设的物质条件之一，它泛指构成工程实体的各类建筑材料、构配件、半成品等。材料的因素是工程质量的基础。

机械设备大致可以分为两类：一是指组成工程实体及配套的工艺设备和各类机具。二是指施工过程中使用的各类机具设备，简称施工机具设备。

（2）人的因素

人的因素主要包括人的专业素质和人所运用的工艺方法。

人是工程项目建设的决策者、管理者、操作者，是工程项目建设过程中的活动主体，人的活动贯穿了工程建设的全过程，如项目的规划、决策、勘察、设计和施工。建筑行业实行经营资质管理和各类专业人员持证上岗制度显得尤为重要。

建设工程工艺方法包括技术方案和组织方案，它是指施工现场采用的施工方案，前者如施工工艺和作业方法，后指如施工区段空间划分及施工流向顺序、劳动组织等。在工程施工中，施工方案是否合理，施工工艺是否先进，施工操作是否正确，都将对工程质量产生重大的影响。大力推进采用新技术、新工艺、新方法，不断提高工艺技术水平，是保证质量稳定提高的有力措施。

（3）环境的因素

环境因素是指在建设项目工程施工过程中对工程质量特性起重要作用的环境因素，包括：工程技术环境，如工程地质、水文、气象等；工程作业环境，如施工环境作业面大小、防护设施、通风照明和通信条件等；工程管理环境，主要指工程实施的合同结构与管理关系的确定，组织体制及管理制度等；周边环境，如工程邻近的地下管线、建（构）筑物等，环境条件往往对工程质量产生特定的影响。改进作业条件，把握好技术环境，加强环境管理，辅以相关必要措施，是控制环境对建设项目工程质量影响的重要保证。

6.5.2 建设工程质量纠纷的处理原则

1. 由于建筑施工企业的原因出现的质量纠纷

（1）关于建设工程质量不符合约定的界定

这里的"约定"是指发包方和建筑施工企业之间关于工程建设具体质量标准的约定，一般通过签订《建设工程施工合同》等书面文件的形式表现出来，目前国家统一的验收质量标准为"合格"。

建设工程质量达到安全标准是国家法律和行政法规的强制性规定，发包方和建筑施工企业之间关于工程建设具体质量标准的约定只能等于或者高于国家的规定。

因此，建设工程质量不符合约定是指由建筑施工企业承建的工程质量不符合《建设工程施工合同》等书面文件对工程质量的具体要求，这些具体要求必须等于或者高于国家对于建设工程质量的规定，否则"约定"无效，建设工程质量仍然使用国家制订的有关标准。

（2）质量不符合约定的责任应由建筑施工企业承担

建筑施工企业承建工程，其最基本、最重要的责任，就是质量责任，这也是法律对建筑施工企业的强制性要求。建筑施工企业交付给发包方的工程，如果不符合他们之间关于质量标准的约定，在没有不可抗力或者其他正当事由等抗辩理由时，建筑施工企业就应当承担相应的工程质量责任。

依据《中华人民共和国合同法》第281条之规定："因施工人的原因致使建设工程质量不符合约定的，发包人有权要求施工人在合理期限内无偿修理或者返工、改建。"因此，在出现此种质量问题时，应发包方的要求，建筑施工企业就必须在合理期限内无偿修理或者返工、改建。

如果承包方拒绝修理或者返工、改建的，依据《最高人民法院关于审理建设工程施工合同纠纷案件适用法律问题的解释》第11条之规定："因承包人的过错造成建设工程质量不符合约定，承包人拒绝修理、返工或者改建，发包人请求减少支付工程价款的，应予支持。"

2. 由于发包方过错出现的质量纠纷

（1）发包方的过错情形

建设工程是一项系统工程，要使其质量符合国家强制性要求，并达到发包方与建筑施工企业约定的标准，是方方面面互动的结果，而发包方作为建设单位，更是在其中扮演了举足轻重的角色。但是，在实践中，发包方往往会在下列方面出现过错：

1）发包方提供的设计本身存在缺陷，或者擅自更改设计图纸以致出现质量问题；

2）发包方提供或者指定购买的建筑材料、建筑购配件、设备不符合国家强制性标准；

3）发包方违反国家关于分包的强制性规定或者《建设工程施工合同》中的约定，直接指定分包人分包专业工程。

（2）发包方过错出现的质量缺陷及由此产生的责任依法应由发包方承担

发包方是建设工程的资金投入者，是工程建筑市场的原动力，同时由于建筑市场的施工竞争越来越激烈，发包方在建筑市场中就占据了优势地位，发包方往往借助自己的强势地位，忽视法律，漠视合同，因此上述过错行为在实践中经常出现。在发包方的上述过错行为导致了损害结果发生时，建筑施工企业没有过错的，则损害结果由发包方承担。

发包方不得明示或者暗示建筑施工企业使用不合格的建筑材料、建筑构配件和设备。《最高人民法院关于审理建设工程施工合同纠纷案件适用法律问题的解释》第12条之规定："发包人具有下列情形之一，造成建设工程质量缺陷，应当承担过错责任：①提供的设计有缺陷；②提供或者指定购买的建筑材料、建筑构配件、设备不符合强制性标准；③直接指定分包人分包专业工程。"

3. 建设工程未经验收发包方擅自使用的法律规定

（1）法律规定

《最高人民法院关于审理建设工程施工合同纠纷案件适用法律问题的解释》第13条规定："建设工程未经竣工验收，发包人擅自使用后，又以使用部分质量不符合约定为由主张权利的，不予支持；但是承包人应当在建设工程的合理使用寿命内对地基基础工程和主体结构质量承担民事责任。"

（2）具体适用

依据上述法律，建筑施工企业要想否定发包方的主张，应当证明满足以下三个前提：

1）建设工程没有竣工，且尚未验收；

2）发包方擅自使用了建设工程；

3）发包方以使用部分质量不符合约定为由，向建筑施工企业索赔。

对于此种情况，发包方向法院主张权利，法院是不予支持的，其损失应当由自己承担。

当然，建筑施工企业应当在建设工程的合理使用寿命内对地基基础工程和主体结构质量承担民事责任。

6.6 工程款纠纷

6.6.1 工程项目竣工结算及其审核

建设工程竣工结算是建筑施工企业所承包的工程按照《建设工程施工合同》所规定的施工内容全部完工交付使用后，向发包单位办理工程竣工后工程价款结算的文件。竣工结算编制的主要依据为：（1）施工承包合同及补充协议；（2）招标文件及答疑文件、投标文件；（3）开、竣工报告书；（4）设计施工图及竣工图；（5）设计变更通知书；（6）现场签证记录；（7）甲、乙方供料手续、工序手续或有关规定；（8）采用有关的工程定额、专用定额与工期相应的市场材料价格以及有关预结算文件等。

建筑施工企业在办理工程竣工结算及报送发包单位审核时就应注意以下问题：

（1）建筑施工企业应当在竣工验收后尽快编制竣工结算报告，并在合同约定的期限内向发包单位递交竣工结算报告。如果《建设工程施工合同》没有对递交竣工结算报告的期限作出约定，建筑施工企业也应尽快递交，以便发包单位审核。

（2）建筑施工企业在向发包单位递交竣工结算报告的同时，应当同时递交完整的竣工结算文件。这些文件通常包括：

1）《建设工程施工合同》及补充协议；2）招标工程招标文件及答疑、投标文件、中标通知书；3）施工图、施工组织设计方案和会审记录；4）设计变更资料、现场签证及竣工图；5）开工报告、隐蔽工程记录；6）工程进度表；7）工程类别核定书；8）特殊工艺及材料的定价分析、报验资料；9）工程量清单；10）工程竣工验收证明等。

发包单位在对竣工结算报告审核时，必须依照施工过程中形成的上述文件加以审核，如果建筑施工企业未能按期提供上述完整文件，发包单位就有可能以此为由拖延决算，其责任不在于发包单位而在于建筑施工企业自身。

（3）发包单位应当在《建设工程施工合同》约定的期限或合理期限内对竣工结算文件进行审核。如果《建设工程施工合同》中约定了发包单位审核竣工结算文件的期限，那么发包单位应当在约定的期限内审核完毕，或者对竣工结算文件进行确认或者提出审核意见。如果合同没有约定审核期限，发包单位也应当在合理的期限内作出审核意见。

（4）充分利用竣工结算默示条款。《建设工程价款结算暂行办法》（财建〔2004〕369号）中虽然对竣工结算的办理期限做了相应规定，如合同未约定则并不能强制适用于工程结算的办理。《最高人民法院关于审理建设工程施工合同纠纷案件适用法律问题的解释》第20条："当事人约定，发包人收到竣工结算文件后，在约定期限内不予答复，视为认可竣工结算文件的，按照约定处理。承包人请求按照竣工结算文件结算工程价款的，应予支持。"因此，建议施工企业在签订《建设工程施工合同》时，可以对发包单位审核结算文件的期限作出相应约定。比如约定："发包人应当在收到竣工结算文件后的60天内予以答复。逾期未答复的，竣工结算文件视为已被认可。"或者直接约定："双方按照《建设工程价款结算暂行办法》（财建〔2004〕369号）办理竣工结算。"如此一来，一旦发包单位在收到施工企业递交的完整结算文件后拖延办理决算，施工企业可以直接以自己的结算金额要求发包单位支付工程款。

6.6.2 工程款利息的计付标准

近年来，我国建筑工程领域蓬勃发展的同时，拖欠工程款问题越来越突出。我国政府为解决这一问题也采取了一些积极的措施。同时也从立法不断改进和完善相关的法律法规。

2005年初，建设部印发了《2005年清理建设领域拖欠工程款工作要点》（建市〔2005〕45号），司法部也发布了《关于为解决建设领域拖欠工程款和农民工工资问题提供法律服务和法律援助的通知》（司发通〔2004〕159号），为解决该问题提供政策支持。《最高人民法院关于审理建设工程施工合同纠纷案件适用法律问题的解释》也自2005年1月1日起施行，为解决该问题提供了一定的法律依据（建设工程施工合同有约定从约定，无约定从法定，约定责任高于法定责任较大时可请求人民法院进行相应调整）。

《最高人民法院关于审理建设工程施工合同纠纷案件适用法律问题的解释》有明确规定：

第十七条规定："当事人对欠付工程价款利息计付标准有约定的，按照约定处理；没有约定的，按照中国人民银行发布的同期同类贷款利率计息。"

第十八条规定："利息从应付工程价款之日计付。当事人对付款时间没有约定或者约定不明的，下列时间视为应付款时间：（1）建设工程已实际交付的，为交付之日；（2）建设工程没有交付的，为提交竣工结算文件之日；（3）建设工程未交付，工程价款也未结算的，为当事人起诉之日。"

6.6.3　违约金、定金与工程款利息

为了统一拖欠工程价款的利息计付时间，维护合同双方的合法权益，《最高人民法院关于审理建设工程施工合同纠纷案件适用法律问题的解释》第17条和第18条分别规定了工程款利息的计算标准和起算时间。法律的出台将有利于保护建筑施工单位的利益，一定程度上使得想借拖欠融资的发包方付出较高的成本，但利息并不是可以随便约定的。如果双方承包合同中没有约定将如何计算？是否可以同时约定利息和约定违约金？

1. 概念

（1）违约金

《中华人民共和国合同法》第114条规定："当事人可以约定一方违约时应当根据违约情况向对方支付一定数额的违约金，也可以约定因违约产生的损失赔偿额的计算方法。约定的违约金低于造成的损失的，当事人可以请求人民法院或者仲裁机构予以增加；约定的违约金过分高于造成的损失的，当事人可以请求人民法院或者仲裁机构予以适当减少。当事人就迟延履行约定违约金的，违约方支付违约金后，还应当履行债务。"因此我们在签订合同时一定要对违约金作出明确的约定，便于发生纠纷时进行索赔。

（2）定金

定金指合同当事人为保证合同履行，由一方当事人预先向对方交纳一定数额的钱款。《中华人民共和国合同法》第115条规定："当事人可以依照《中华人民共和国担保法》约定一方向对方给付定金作为债权的担保。债务人履行债务后，定金应当抵作价款或者收回。给付定金的一方不履行约定的债务的，无权要求返还定金；收受定金的一方不履行约定的债务的，应当双倍返还定金。"

《中华人民共和国合同法》第116条规定："当事人既约定违约金，又约定定金的，一方违约时，对方可以选择适用违约金或者定金条款。"

《中华人民共和国担保法》第90条规定："定金应当以书面形式约定。当事人在定金合同中应当约定交付定金的期限。定金合同从实际交付定金之日起生效。"第91条规定："定金的数额由当事人约定，但不得超过主合同标的额的20％。"

定金作为法定的担保形式，法律有其具体的要求：1）形式要件，必须签订书面的形式；2）数额的限定，定金的总额不得超过合同标的的20％；3）在选择赔偿时只能在定金和违约金中选其一。

2. 迟延付款违约金和利息

《最高人民法院关于审理建设工程施工合同纠纷案件适用法律问题的解释》对当事人拖欠工程款利息作出了规定。但在实践中，常有合同没有约定逾期付款利息，而是约定"逾期付款违约金"，且该违约金通常要比银行利息高出许多，如何认定该违约金的性质与效力呢？

违约金与利息是两个不同性质的概念：第一，违约金在性质上是一种责任形式，是基于债权而产生的。而利息是物的法定孳息，具备物权的性质；第二，违约金基于对方的违约而存在，兼具补偿性和惩罚性，而利息基于对物的所有而取得，具有对物的收益性；第三，通常合同中在约定迟延付款违约金的同时也约定了迟延交付违约金，这对双方都是一种约束，目的是为了保证合同的履行。而利息则固定的属债权方的收益权；第四，违约金的多少由双方约定，双方约定的违约金过高，守约方未遭受损失的，违约方可请求酌情降低违约金数额，但需对守约方的损失负举证责任。利息的多少也可以由双方约定，但不得超过法律规定，违约方对利息高低的合理性不负举证责任。

6.6.4　工程款的优先受偿权

优先受偿权是建筑施工企业的一个很重要的权利，充分运用建设工程价款的优先受偿权，可以保证工程款能及时收回。

《中华人民共和国合同法》第 286 条规定："发包人未按照约定支付价款的，承包人可以催告发包人在合理期限内支付价款。发包人逾期不支付的，除按照建设工程的性质不宜折价、拍卖的以外，承包人可以与发包人协议将该工程折价，也可以申请人民法院将该工程依法拍卖，建设工程的价款就该工程折价或者拍卖的价款优先受偿。"2002 年 6 月 11 日《最高人民法院关于建设工程价款优先受偿权问题的批复》进一步明确了建设工程价款优先受偿权的适用范围、条件、期限等。

施工企业行使优先受偿权应掌握如下要点：

（1）行使优先受偿权的期限为 6 个月，自建设工程竣工之日或者建设工程合同约定的竣工之日起计算。施工企业可以与建设单位协议将工程折价或申请法院直接拍卖。

（2）优先受偿的建筑工程价款包括承包方为建设工程应当支付的工作人员报酬、材料款等实际支出的费用，不包括承包方因发包方违约所造成的损失，比如违约金。

（3）消费者交付购买商品房的全部或者大部分款项（50％以上）后，施工企业就该商品房享有的工程价款优先受偿权不得对抗买受人。

（4）建设单位逾期支付工程款，经施工企业催告后在合理期限内仍不支付，施工企业方能行使工程价款优先受偿权。催告的形式最好是书面的。

（5）建设工程性质必须适合于折价、拍卖。对学校、医院等以公益为目的的工程一般不在优先受偿范围之内。

6.7　建筑施工企业常见的刑事风险

6.7.1　刑事责任风险

刑事责任风险，是指具有刑事责任能力的人或者单位在生产及社会活动中面临的可能因为实施危害行为而触犯刑法并受到刑事制裁的危险。

刑事责任能力，是指行为人构成犯罪和承担刑事责任所必需的，行为人具备的刑法意义上辨认和控制自己行为的能力。我国刑法对刑事责任能力划分了 4 类：

（1）完全刑事责任能力。在我国刑法看来，凡是年满 18 周岁、精神和生理功能健全而智力与知识发展正常的人，都是完全刑事责任能力人。

（2）完全无刑事责任能力。一类是未达责任年龄的幼年人；另一类是因精神疾病而没有达到刑法要求的辨认或控制自己行为能力的人。

（3）相对无刑事责任能力。指行为人仅限于对刑法所明确规定的某些严重犯罪具有刑事责任能力，而对未明确限定的其他危害行为无刑事责任能力。例如我国刑法第 17 条第 2 款规定的已满 14 周岁不满 16 周岁的人。

（4）减轻刑事责任能力。是完全刑事责任能力和完全无刑事责任能力的中间状态，指因年龄、精神状况、生理功能缺陷等原因，而使行为人实施刑法所禁止的危害行为时，虽然具有责任能力，但其辨认或者控制自己行为的能力较完全责任能力有一定程度的减弱、降低的情况。

刑法上所谓的危害行为，是指在人的意志或者意识支配下实施的危害社会的行为。其外在表现是人的行为，这样的一个行为是受意志或意识来支配的，并且在法律上对社会有危害的行为。因此，只有这样的危害行为才可能由刑法来调整。但是如果人的无意志和无意识的行为，即使客观上造成损害，也不是刑法上的危害行为。

危害行为可以归纳为两种基本表现形式，即作为与不作为。作为是指行为人实施的违反禁止性规范的行为，也即法律禁止做而去做。不作为是指行为人负有实施某种行为的特定法律义务，能够履行而不履行的行为。

刑事风险是客观存在的，只要具有相应的刑事责任能力，就会面临刑事风险，建筑施工企业也不例外。

6.7.2　建筑施工企业常见的刑事风险

在市场经济中，企业存在的目的就是为了取得最大经济效益。建筑施工企业也是如此。在一个完全竞争的市场，每个企业是凭借自己真正的实力来进行竞争的，但是这样一个完全竞争的市场需要满足很多条件，毕竟完全竞争的市场至今只是在英国维多利亚女王时期曾出现过。在中国这个建筑市场还很不完善的情况下，尤其是存在行业垄断、地区封锁以及行政干预的情况，完全竞争根本无法做到，建筑企业为了获得更多的利益，为了获得建筑工程承包业务往往会采取一些非正常手段，这样的一些方法可能会为其带来一定的利益，但却是存在极大的风险。同时一些建筑施工企业在建筑施工过程中，片面追求经济利益，忽视安全措施，安全生产规章制度形同虚设，导致建筑施工安全事故高发；甚至有些建筑施工企业在施工过程中，偷工减料，降低工程质量。这些行为轻者要承担民事、行政责任，重者可能被追究刑事责任。

1. 重大责任事故罪

《中华人民共和国刑法修正案（六）》（2006 年 6 月 29 日公布施行）第一百三十四条："在生产、作业中违反有关安全管理的规定，因而发生重大伤亡事故或者造成其他严重后果的，处三年以下有期徒刑或者拘役；情节特别恶劣的，处三年以上七年以下有期徒刑。

强令他人违章冒险作业，因而发生重大伤亡事故或者造成其他严重后果的，处五年以下有期徒刑或者拘役；情节特别恶劣，处五年以上有期徒刑"。

本条比之于修正前的犯罪主体扩大了，由修正前的特殊主体变成一般主体，修正前本条犯罪主体为"工厂、矿山、林场、建筑企业或者其他企业、事业单位的职工"。这样的一个修正反映了目前重大责任事故频出的现状，同时也体现了国家对此重视的程度。

2. 重大劳动安全事故罪

《中华人民共和国刑法修正案（六）》（2006年6月29日公布施行）第一百三十五条："安全生产设施或者安全生产条件不符合国家规定，因而发生重大伤亡事故或者造成其他严重后果的，对直接负责的主管人员和其他直接责任人员，处三年以下有期徒刑或者拘役；情节特别恶劣的，处三年以上七年以下有期徒刑"。

重大劳动安全事故罪也是建筑施工企业常见的刑事风险。这主要是由于建筑市场竞争十分激烈，一些建筑施工企业为节省费用，减少开支，用于安全生产的设备、器材就能省则省，能拖就拖，从而导致安全隐患增加，大大增加了安全事故发生的可能性。

3. 工程重大安全事故罪

《中华人民共和国刑法》第一百三十七条："建设单位、设计单位、施工单位、工程监理单位违反国家规定，降低工程质量标准，造成重大安全事故的，对直接责任人员，处五年以下有期徒刑或者拘役，并处罚金；后果特别严重的，处五年以上十年以下有期徒刑，并处罚金"。

本罪的主体是建设单位、设计单位、施工单位、工程监理单位中，对建筑质量安全负有直接责任的人员。客体是建筑工程质量标准的规定以及公众的生命、健康和重大公私财产的安全。客观表现为，违反国家规定，降低工程质量标准，造成重大安全事故的行为。

4. 串通投标罪

《中华人民共和国刑法》第二百二十三条："投标人相互串通投标报价，损害招标人或者其他投标人利益，情节严重的，处三年以下有期徒刑或者拘役，并处或者单处罚金。

投标人与招标人串通投标，损害国家、集体、公民的合法权益的，依照前款规定处罚"。

招标与投标是市场经济条件下，在发包工程、采购原材料、器材、机械设备等比较重要的民事、经济活动中，经常采用的有组织的市场交易活动。按照我国的法律规定，投标竞标必须在公平竞争的原则下进行，不允许投标人之间、投标人与招标人之间事先串通投标，否则就会损害其他人或者国家、集体的利益。

5. 行贿罪

《中华人民共和国刑法》第三百八十九条："为谋取不正当利益，给予国家工作人员以财物的，是行贿罪。

在经济往来中，违反国家规定，给予国家工作人员以财物，数额较大的，或者违反国家规定，给予国家工作人员以各种名义的回扣、手续费的，以行贿论处。

因被勒索给予国家工作人员以财物，没有获得不正当的利益，不是行贿"。

《中华人民共和国刑法》第三百九十条："对犯行贿罪的，处五年以下有期徒刑或者拘役；因行贿谋取不正当利益，情节严重的，或者使国家利益遭受重大损失的，处五年以上十年以下有期徒刑；情节特别严重的，处十年以上有期徒刑或者无期徒刑，可以并处没收财产。

行贿人在被追诉前主动交代行贿行为的，可以减轻处罚或者免除处罚"。

行贿罪的特征：

（1）本罪的客体是国家工作人员的职务廉洁性。

（2）本罪的客观方面表现为行为人给予国家工作人员财物的行为。

（3）本罪的主体是一般主体，凡是年满16周岁具有刑事责任能力的自然人均能构成本罪的主体。

（4）本罪主观方面是直接故意，即具有谋取不正当利益的目的。

建筑施工企业的行业特点，决定了它所面临的刑事风险始终贯穿于其经营行为过程中。从招投标开始，直至工程结束。

建筑施工企业刑事风险的特点：

（1）高技术风险诱发刑事风险。各种大体量等高技术含量的工程比例越来越高，随之而来的施工技术风险也越来越突出。这类工程往往对项目设计、施工方案组织等技术要求非常高，稍有不慎极易导致项目投资、施工周期和质量、安全等方面的问题。比如，在城市地下轨道交通的建设方面，上海、广州等地都出现过不同程度的地铁工程事故。在这些技术要求高的工程当中，极容易诱发刑事风险。

（2）建筑业从业人员素质低。现阶段我国建筑施工行业施工作业人员中农民工占总从业人数的80%以上，由于绝大部分农民工的文化知识和安全操作技能水平较低，劳务输出地的劳动技能培训落后，农民工进城基本上处于刚放下锄头即拿砖刀、刚洗掉泥脚即戴帽（安全帽）的粗放劳动型。虽然各级主管部门和各建筑施工企业相继出台一些政策、办法和措施，但由于违章作业等农民工自身问题引起的安全生产责任事故仍频频发生，使建筑行业成为继煤炭、交通之后的第三大安全事故高发行业。这些人员给建筑施工企业的安全管理带来很大的难度。

（3）建筑业市场不成熟，行政干预较多。《中华人民共和国招标投标法》（1999年8月30日公布，自2000年1月1日起施行）及《中华人民共和国招标投标法实施条例》（2011年11月30日公布，自2012年2月1日起施行）颁布的主要作用是加强建设工程招投标的管理，维护建设市场的正常秩序，保护当事人的合法权益，防止行政干预，但有的地方或部门对本地或本系统企业提供便利条件，而对外地企业、非本系统企业则以种种方式设置障碍，排除或限制他们参加投标；一些有着这样那样特殊权力的部门，凭借其职权，或是向建设单位"推荐"承包队伍，或是向总包企业"推荐"分包队伍，干预工程的发包承包。如，个别地方和单位以招商引资为借口，采取"先开工建设，再补办手续"的形式，直接干预插手招投标，不按正常招标程序执行。又如，各级各种开发区进行封闭式开发管理，有关部门难以监管，对开发区内的建设工程项目不进行招投标或不公开进行招投标。这样就导致建筑施工企业为能得到施工工程，不惜铤而走险，采取各种手段，于是贿赂大行其道，串通投标也屡见不鲜。

（4）资质挂靠现象多。挂靠是串标哄抬工程的根源，挂靠造成了竞争的不公平，也给工程质量带来隐患。挂靠现象的存在直接导致非法围标，施工队伍通过挂靠多家企业，明为公平投标，实为独家操作，哄抬工程造价，以达到高价中标的目的，不仅给国家造成了很大的经济损失，从另一方面造成了建筑市场的混乱，造成守法经营的企业无法正常参与竞争。挂靠的施工队伍中标后，片面追求经济利益，忽视安全生产，忽视工程质量，偷工减料，是导致"豆腐渣"工程的重要原因。很大一部分重大责任事故、重大劳动安全事故、工程重大安全事故的背后都有挂靠的影子。

（5）低价投标、分包转包普遍。由于总承包商和中间承包商层层分包，层层收取管理费，导致一线施工队伍的利润减少，由此引发不少问题，导致工程质量、劳动安全事故发生的概率增加。

6.7.3 建筑施工企业刑事风险的防范

建筑施工企业刑事风险可以从以下方面进行防范：

1. 严格按照设计要求、技术标准施工，建立施工项目质量保证体系。建筑施工企业组织定期、不定期的质量检查，结合不合格品控制和纠正预防措施程序，找出工程实体质量问题和管理工作中的存在问题，提出改进工作的具体措施，并在下一阶段工作中加以改进提高和在下阶段的工作总结时进行检验，确保工程质量。

2. 建立、健全安全生产责任制度、安全审核制度、安全检查制度、安全教育制度，并切实保证制度的正常运行。施工现场的办公、生活区及作业场所和安全防护用具、机械设备、施工机具及配件符合有关安全生产法律、法规、标准和规程的要求，大力推广应用促进安全生产的科技产品，提高项目施工的科技含量，对现场使用的一些陈旧、过期设备实行强制性的淘汰。

同时加强对农民工的技能培训，提高他们的安全生产技能，加强安全意识教育，只有广大农民工更多地掌握预防事故的知识和技能，才能更好地防止事故的发生。

3. 在市场竞争中，规范经营、遵章守法。注意自我约束和自我保护，通过提高自身的软硬件增强竞争力，抵制串通投标、围标。规范分包行为，不分包给无资质、挂靠资质的施工队伍，加强对分包施工的质量、安全监督。

6.8 建筑施工安全、质量及合同管理相关法律法规节选

6.8.1 《中华人民共和国建筑法》（2011 年 4 月 22 日公布，自 2011 年 7 月 1 日起施行）

第七条 建筑工程开工前，建设单位应当按照国家有关规定向工程所在地县级以上人民政府建设行政主管部门申请领取施工许可证；但是，国务院建设行政主管部门确定的限额以下的小型工程除外。

第十五条 建筑工程的发包单位与承包单位应当依法订立书面合同，明确双方的权利和义务。

第十七条 发包单位及其工作人员在建筑工程发包中不得收受贿赂、回扣或者索取其他好处。

承包单位及其工作人员不得利用向发包单位及其工作人员行贿、提供回扣或者给予其他好处等不正当手段承揽工程。

第二十五条 按照合同约定，建筑材料、建筑构配件和设备由工程承包单位采购的，发包单位不得指定承包单位购入用于工程的建筑材料、建筑构配件和设备或者指定生产厂、供应商。

第二十八条 禁止承包单位将其承包的全部建筑工程转包给他人，禁止承包单位将其承包的全部建筑工程肢解以后以分包的名义分别转包给他人。

第二十九条　建筑工程总承包单位可以将承包工程中的部分工程发包给具有相应资质条件的分包单位；但是，除总承包合同中约定的分包外，必须经建设单位认可。施工总承包的，建筑工程主体结构的施工必须由总承包单位自行完成。

建筑工程总承包单位按照总承包合同的约定对建设单位负责；分包单位按照分包合同的约定对总承包单位负责。总承包单位和分包单位就分包工程对建设单位承担连带责任。

禁止总承包单位将工程分包给不具备相应资质条件的单位。禁止分包单位将其承包的工程再分包。

第五十七条　建筑设计单位对设计文件选用的建筑材料、建筑构配件和设备，不得指定生产厂、供应商

第六十四条　违反本法规定，未取得施工许可证或者开工报告未经批准擅自施工的，责令改正，对不符合开工条件的责令停止施工，可以处以罚款。

第六十五条　发包单位将工程发包给不具有相应资质条件的承包单位的，或者违反本法规定将建筑工程肢解发包的，责令改正，处以罚款。

6.8.2 《中华人民共和国合同法》(1999年3月15日公布，自1999年10月1日起施行)

第四十一条　对格式条款的理解发生争议的，应当按照通常理解予以解释。对格式条款有两种以上解释的，应当作出不利于提供格式条款一方的解释。格式条款和非格式条款不一致的，应当采用非格式条款。

第四十二条　当事人在订立合同过程中有下列情形之一，给对方造成损失的，应当承担损害赔偿责任：

（一）假借订立合同，恶意进行磋商；

（二）故意隐瞒与订立合同有关的重要事实或者提供虚假情况；

（三）有其他违背诚实信用原则的行为。

第四十三条　当事人在订立合同过程中知悉的商业秘密，无论合同是否成立，不得泄露或者不正当地使用。泄露或者不正当地使用该商业秘密给对方造成损失的，应当承担损害赔偿责任。

第五十二条　有下列情形之一的，合同无效：

（一）一方以欺诈、胁迫的手段订立合同，损害国家利益；

（二）恶意串通，损害国家、集体或者第三人利益；

（三）以合法形式掩盖非法目的；

（四）损害社会公共利益；

（五）违反法律、行政法规的强制性规定。

第五十三条　合同中的下列免责条款无效：

（一）造成对方人身伤害的；

（二）因故意或者重大过失造成对方财产损失的。

第五十四条　下列合同，当事人一方有权请求人民法院或者仲裁机构变更或者撤销：

（一）因重大误解订立的；

（二）在订立合同时显失公平的。

一方以欺诈、胁迫的手段或者乘人之危，使对方在违背真实意思的情况下订立的合同，受损害方有权请求人民法院或者仲裁机构变更或者撤销。

当事人请求变更的，人民法院或者仲裁机构不得撤销。

第一百一十四条　当事人可以约定一方违约时应当根据违约情况向对方支付一定数额的违约金，也可以约定因违约产生的损失赔偿额的计算方法。

约定的违约金低于造成的损失的，当事人可以请求人民法院或者仲裁机构予以增加；约定的违约金过分高于造成的损失的，当事人可以请求人民法院或者仲裁机构予以适当减少。

当事人就迟延履行约定违约金的，违约方支付违约金后，还应当履行债务。

第一百一十五条　当事人可以依照《中华人民共和国担保法》约定一方向对方给付定金作为债权的担保。债务人履行债务后，定金应当抵作价款或者收回。给付定金的一方不履行约定的债务的，无权要求返还定金；收受定金的一方不履行约定的债务的，应当双倍返还定金。

第一百一十六条　当事人既约定违约金，又约定定金的，一方违约时，对方可以选择适用违约金或者定金条款。

第二百七十条　建设工程合同应当采用书面形式。

第二百七十八条　隐蔽工程在隐蔽以前，承包人应当通知发包人检查。发包人没有及时检查的，承包人可以顺延工程日期，并有权要求赔偿停工、窝工等损失。

第二百七十九条　建设工程竣工后，发包人应当根据施工图纸及说明书、国家颁发的施工验收规范和质量检验标准及时进行验收。验收合格的，发包人应当按照约定支付价款，并接收该建设工程。

建设工程竣工经验收合格后，方可交付使用；未经验收或者验收不合格的，不得交付使用。

第二百八十一条　因施工人的原因致使建设工程质量不符合约定的，发包人有权要求施工人在合理期限内无偿修理或者返工、改建。经过修理或者返工、改建后，造成逾期交付的，施工人应当承担违约责任。

第二百八十二条　因承包人的原因致使建设工程在合理使用期限内造成人身和财产损害的，承包人应当承担损害赔偿责任。

第二百八十三条　发包人未按照约定的时间和要求提供原材料、设备、场地、资金、技术资料的，承包人可以顺延工程日期，并有权要求赔偿停工、窝工等损失。

第二百八十四条　因发包人的原因致使工程中途停建、缓建的，发包人应当采取措施弥补或者减少损失，赔偿承包人因此造成的停工、窝工、倒运、机械设备调迁、材料和构件积压等损失和实际费用。

第二百八十五条　因发包人变更计划，提供的资料不准确，或者未按照期限提供必需的勘察、设计工作条件而造成勘察、设计的返工、停工或者修改设计，发包人应当按照勘察人、设计人实际消耗的工作量增付费用。

第二百八十六条　发包人未按照约定支付价款的，承包人可以催告发包人在合理期限内支付价款。发包人逾期不支付的，除按照建设工程的性质不宜折价、拍卖的以外，承包人可以与发包人协议将该工程折价，也可以申请人民法院将该工程依法拍卖。建设工程的价款就该工程折价或者拍卖的价款优先受偿。

6.8.3 《中华人民共和国招标投标法》（1999年8月30日公布，自2000年1月1日起施行）

第三条 在中华人民共和国境内进行下列工程建设项目包括项目的勘察、设计、施工、监理以及与工程建设有关的重要设备、材料等的采购，必须进行招标：

（一）大型基础设施、公用事业等关系社会公共利益、公众安全的项目；

（二）全部或者部分使用国有资金投资或者国家融资的项目；

（三）使用国际组织或者外国政府贷款、援助资金的项目。

前款所列项目的具体范围和规模标准，由国务院发展计划部门会同国务院有关部门制订，报国务院批准。

第十条 招标分为公开招标和邀请招标。

公开招标，是指招标人以招标公告的方式邀请不特定的法人或者其他组织投标。

邀请招标，是指招标人以投标邀请书的方式邀请特定的法人或者其他组织投标。

第二十三条 招标人对已发出的招标文件进行必要的澄清或者修改的，应当在招标文件要求提交投标文件截止时间至少十五日前，以书面形式通知所有招标文件收受人。该澄清或者修改的内容为招标文件的组成部分。

第二十四条 招标人应当确定投标人编制投标文件所需要的合理时间；但是，依法必须进行招标的项目，自招标文件开始发出之日起至投标人提交投标文件截止之日止，最短不得少于二十日。

第五十三条 投标人相互串通投标或者与招标人串通投标的，投标人以向招标人或者评标委员会成员行贿的手段谋取中标的，中标无效，处中标项目金额千分之五以上千分之十以下的罚款，对单位直接负责的主管人员和其他直接责任人员处单位罚款数额百分之五以上百分之十以下的罚款；有违法所得的，并处没收违法所得；情节严重的，取消其一年至二年内参加依法必须进行招标的项目的投标资格并予以公告，直至由工商行政管理机关吊销营业执照；构成犯罪的，依法追究刑事责任。给他人造成损失的，依法承担赔偿责任。

第六十六条 涉及国家安全、国家秘密、抢险救灾或者属于利用扶贫资金实行以工代赈、需要使用农民工等特殊情况，不适宜进行招标的项目，按照国家有关规定可以不进行招标。

6.8.4 《中华人民共和国招标投标法实施条例》（2011年11月30日公布，自2012年2月1日起施行）

第八条 国有资金占控股或者主导地位的依法必须进行招标的项目，应当公开招标；但有下列情形之一的，可以邀请招标：

（一）技术复杂、有特殊要求或者受自然环境限制，只有少量潜在投标人可供选择；

（二）采用公开招标方式的费用占项目合同金额的比例过大。

有前款第二项所列情形，属于本条例第七条规定的项目，由项目审批、核准部门在审批、核准项目时作出认定；其他项目由招标人申请有关行政监督部门作出认定。

第九条 除招标投标法第六十六条规定的可以不进行招标的特殊情况外，有下列情形之一的，可以不进行招标：

（一）需要采用不可替代的专利或者专有技术；

（二）采购人依法能够自行建设、生产或者提供；

（三）已通过招标方式选定的特许经营项目投资人依法能够自行建设、生产或者提供；

（四）需要向原中标人采购工程、货物或者服务，否则将影响施工或者功能配套要求；

（五）国家规定的其他特殊情形。

招标人为适用前款规定弄虚作假的，属于招标投标法第四条规定的规避招标。

第十六条 招标人应当按照资格预审公告、招标公告或者投标邀请书规定的时间、地点发售资格预审文件或者招标文件。资格预审文件或者招标文件的发售期不得少于 5 日。

招标人发售资格预审文件、招标文件收取的费用应当限于补偿印刷、邮寄的成本支出，不得以营利为目的。

第十七条 招标人应当合理确定提交资格预审申请文件的时间。依法必须进行招标的项目提交资格预审申请文件的时间，自资格预审文件停止发售之日起不得少于 5 日。

第二十一条 招标人可以对已发出的资格预审文件或者招标文件进行必要的澄清或者修改。澄清或者修改的内容可能影响资格预审申请文件或者投标文件编制的，招标人应当在提交资格预审申请文件截止时间至少 3 日前，或者投标截止时间至少 15 日前，以书面形式通知所有获取资格预审文件或者招标文件的潜在投标人；不足 3 日或者 15 日的，招标人应当顺延提交资格预审申请文件或者投标文件的截止时间。

第二十六条 招标人在招标文件中要求投标人提交投标保证金的，投标保证金不得超过招标项目估算价的 2%。投标保证金有效期应当与投标有效期一致。

依法必须进行招标的项目的境内投标单位，以现金或者支票形式提交的投标保证金应当从其基本账户转出。

招标人不得挪用投标保证金。

第三十四条 与招标人存在利害关系可能影响招标公正性的法人、其他组织或者个人，不得参加投标。

单位负责人为同一人或者存在控股、管理关系的不同单位，不得参加同一标段投标或者未划分标段的同一招标项目投标。

违反前两款规定的，相关投标均无效。

第三十五条 投标人撤回已提交的投标文件，应当在投标截止时间前书面通知招标人。招标人已收取投标保证金的，应当自收到投标人书面撤回通知之日起 5 日内退还。

投标截止后投标人撤销投标文件的，招标人可以不退还投标保证金。

第三十九条 禁止投标人相互串通投标。

有下列情形之一的，属于投标人相互串通投标：

（一）投标人之间协商投标报价等投标文件的实质性内容；

（二）投标人之间约定中标人；

（三）投标人之间约定部分投标人放弃投标或者中标；

（四）属于同一集团、协会、商会等组织成员的投标人按照该组织要求协同投标；

（五）投标人之间为谋取中标或者排斥特定投标人而采取的其他联合行动。

第四十条　有下列情形之一的，视为投标人相互串通投标：

（一）不同投标人的投标文件由同一单位或者个人编制；

（二）不同投标人委托同一单位或者个人办理投标事宜；

（三）不同投标人的投标文件载明的项目管理成员为同一人；

（四）不同投标人的投标文件异常一致或者投标报价呈规律性差异；

（五）不同投标人的投标文件相互混装；

（六）不同投标人的投标保证金从同一单位或者个人的账户转出。

第四十一条　禁止招标人与投标人串通投标。

有下列情形之一的，属于招标人与投标人串通投标：

（一）招标人在开标前开启投标文件并将有关信息泄露给其他投标人；

（二）招标人直接或者间接向投标人泄露标底、评标委员会成员等信息；

（三）招标人明示或者暗示投标人压低或者抬高投标报价；

（四）招标人授意投标人撤换、修改投标文件；

（五）招标人明示或者暗示投标人为特定投标人中标提供方便；

（六）招标人与投标人为谋求特定投标人中标而采取的其他串通行为。

第五十八条　招标文件要求中标人提交履约保证金的，中标人应当按照招标文件的要求提交。履约保证金不得超过中标合同金额的 10%。

6.8.5　《中华人民共和国担保法》（1995 年 6 月 30 日公布，自 1995 年 10 月 1 日起施行）

第五条　担保合同是主合同的从合同，主合同无效，担保合同无效。担保合同另有约定的，按照约定。

担保合同被确认无效后，债务人、担保人、债权人有过错的，应当根据其过错各自承担相应的民事责任。

第三十四条　下列财产可以抵押：

（一）抵押人所有的房屋和其他地上定着物；

（二）抵押人所有的机器、交通运输工具和其他财产；

（三）抵押人依法有权处分的国有的土地使用权、房屋和其他地上定着物；

（四）抵押人依法有权处分的国有的机器、交通运输工具和其他财产；

（五）抵押人依法承包并经发包方同意抵押的荒山、荒沟、荒丘、荒滩等荒地的土地使用权；

（六）依法可以抵押的其他财产。

抵押人可以将前款所列财产一并抵押。

第三十七条　下列财产不得抵押：

（一）土地所有权；

（二）耕地、宅基地、自留地、自留山等集体所有的土地使用权，但本法第三十四条第（五）项、第三十六条第三款规定的除外；

（三）学校、幼儿园、医院等以公益为目的的事业单位、社会团体的教育设施、医疗卫生设施和其他社会公益设施；

（四）所有权、使用权不明或者有争议的财产；

（五）依法被查封、扣押、监管的财产；

（六）依法不得抵押的其他财产。

6.8.6 《建设工程质量管理条例》（2000 年 1 月 10 日发布施行）

第十四条　按照合同约定，由建设单位采购建筑材料、建筑构配件和设备的，建设单位应当保证建筑材料、建筑构配件和设备符合设计文件和合同要求。

建设单位不得明示或者暗示施工单位使用不合格的建筑材料、建筑构配件和设备。

第十五条　涉及建筑主体和承重结构变动的装修工程，建设单位应当在施工前委托原设计单位或者具有相应资质等级的设计单位提出设计方案；没有设计方案的，不得施工。

房屋建筑使用者在装修过程中，不得擅自变动房屋建筑主体和承重结构。

第二十五条　施工单位应当依法取得相应等级的资质证书，并在其资质等级许可的范围内承揽工程。

禁止施工单位超越本单位资质等级许可的业务范围或者以其他施工单位的名义承揽工程。禁止施工单位允许其他单位或者个人以本单位的名义承揽工程。

施工单位不得转包或者违法分包工程。

第二十八条　施工单位必须按照工程设计图纸和施工技术标准施工，不得擅自修改工程设计，不得偷工减料。

施工单位在施工过程中发现设计文件和图纸有差错的，应当及时提出意见和建议。

第二十九条　施工单位必须按照工程设计要求、施工技术标准和合同约定，对建筑材料、建筑构配件、设备和商品混凝土进行检验，检验应当有书面记录和专人签字；未经检验或者检验不合格的，不得使用。

第三十条　施工单位必须建立、健全施工质量的检验制度，严格工序管理，作好隐蔽工程的质量检查和记录。隐蔽工程在隐蔽前，施工单位应当通知建设单位和建设工程质量监督机构。

第三十一条　施工人员对涉及结构安全的试块、试件以及有关材料，应当在建设单位或者工程监理单位监督下现场取样，并送具有相应资质等级的质量检测单位进行检测。

第三十二条　施工单位对施工中出现质量问题的建设工程或者竣工验收不合格的建设工程，应当负责返修。

第三十三条　施工单位应当建立、健全教育培训制度，加强对职工的教育培训；未经教育培训或者考核不合格的人员，不得上岗作业。

第三十九条　建设工程实行质量保修制度。

建设工程承包单位在向建设单位提交工程竣工验收报告时，应当向建设单位出具质量保修书。质量保修书中应当明确建设工程的保修范围、保修期限和保修责任等。

第四十条　在正常使用条件下，建设工程的最低保修期限为：

（一）基础设施工程、房屋建筑的地基基础工程和主体结构工程，为设计文件规定的该工程的合理使用年限；

（二）屋面防水工程、有防水要求的卫生间、房间和外墙面的防渗漏，为 5 年；

（三）供热与供冷系统，为 2 个采暖期、供冷期；

（四）电气管线、给排水管道、设备安装和装修工程，为 2 年。

其他项目的保修期限由发包方与承包方约定。

建设工程的保修期，自竣工验收合格之日起计算。

第五十四条 违反本条例规定，建设单位将建设工程发包给不具有相应资质等级的勘察、设计、施工单位或者委托给不具有相应资质等级的工程监理单位的，责令改正，处 50 万元以上 100 万元以下的罚款。

第五十五条 违反本条例规定，建设单位将建设工程肢解发包的，责令改正，处工程合同价款百分之零点五以上百分之一以下的罚款；对全部或者部分使用国有资金的项目，并可以暂停项目执行或者暂停资金拨付。

第五十六条 违反本条例规定，建设单位有下列行为之一的，责令改正，处 20 万元以上 50 万元以下的罚款：

（一）迫使承包方以低于成本的价格竞标的；

（二）任意压缩合理工期的；

（三）明示或者暗示设计单位或者施工单位违反工程建设强制性标准，降低工程质量的；

（四）施工图设计文件未经审查或者审查不合格，擅自施工的；

（五）建设项目必须实行工程监理而未实行工程监理的；

（六）未按照国家规定办理工程质量监督手续的；

（七）明示或者暗示施工单位使用不合格的建筑材料、建筑构配件和设备的；

（八）未按照国家规定将竣工验收报告、有关认可文件或者准许使用文件报送备案的。

第五十七条 违反本条例规定，建设单位未取得施工许可证或者开工报告未经批准，擅自施工的，责令停止施工，限期改正，处工程合同价款百分之一以上百分之二以下的罚款。

第六十二条 违反本条例规定，承包单位将承包的工程转包或者违法分包的，责令改正，没收违法所得，对勘察、设计单位处合同约定的勘察费、设计费百分之二十五以上百分之五十以下的罚款；对施工单位处工程合同价款百分之零点五以上百分之一以下的罚款；可以责令停业整顿，降低资质等级；情节严重的，吊销资质证书。

第七十条 发生重大工程质量事故隐瞒不报、谎报或者拖延报告期限的，对直接负责的主管人员和其他责任人员依法给予行政处分。

6.8.7 《建设工程安全生产管理条例》（2003 年 11 月 12 日公布，自 2004 年 2 月 1 日起施行）

第三条 建设工程安全生产管理，坚持安全第一、预防为主的方针。

第四条 建设单位、勘察单位、设计单位、施工单位、工程监理单位及其他与建设工程安全生产有关的单位，必须遵守安全生产法律、法规的规定，保证建设工程安全生产，依法承担建设工程安全生产责任。

第六条 建设单位应当向施工单位提供施工现场及毗邻区域内供水、排水、供电、供气、供热、通信、广播电视等地下管线资料，气象和水文观测资料，相邻建筑物和构筑物、地下工程的有关资料，并保证资料的真实、准确、完整。

建设单位因建设工程需要，向有关部门或者单位查询前款规定的资料时，有关部门或者单位应当及时提供。

第十七条 在施工现场安装、拆卸施工起重机械和整体提升脚手架、模板等自升式架设设施，必须由具有相应资质的单位承担。

第十八条 施工起重机械和整体提升脚手架、模板等自升式架设设施的使用达到国家规定的检验检测期限的，必须经具有专业资质的检验检测机构检测。经检测不合格的，不得继续使用。

6.8.8 《中华人民共和国安全生产法》（2002年6月29日公布，自2002年11月1日起施行）

第三条 安全生产管理，坚持安全第一、预防为主的方针。

第四条 生产经营单位必须遵守本法和其他有关安全生产的法律、法规，加强安全生产管理，建立、健全安全生产责任制度，完善安全生产条件，确保安全生产。

第十九条 矿山、建筑施工单位和危险物品的生产、经营、储存单位，应当设置安全生产管理机构或者配备专职安全生产管理人员。

前款规定以外的其他生产经营单位，从业人员超过三百人的，应当设置安全生产管理机构或者配备专职安全生产管理人员；从业人员在三百人以下的，应当配备专职或者兼职的安全生产管理人员，或者委托具有国家规定的相关专业技术资格的工程技术人员提供安全生产管理服务。

生产经营单位依照前款规定委托工程技术人员提供安全生产管理服务的，保证安全生产的责任仍由本单位负责。

第二十条 生产经营单位的主要负责人和安全生产管理人员必须具备与本单位所从事的生产经营活动相应的安全生产知识和管理能力。

危险物品的生产、经营、储存单位以及矿山、建筑施工单位的主要负责人和安全生产管理人员，应当由有关主管部门对其安全生产知识和管理能力考核合格后方可任职。考核不得收费。

第二十一条 生产经营单位应当对从业人员进行安全生产教育和培训，保证从业人员具备必要的安全生产知识，熟悉有关的安全生产规章制度和安全操作规程，掌握本岗位的安全操作技能。未经安全生产教育和培训合格的从业人员，不得上岗作业。

6.8.9 《中华人民共和国侵权责任法》（2009年12月26日公布，自2010年7月1日起施行）

第八十五条 建筑物、构筑物或者其他设施及其搁置物、悬挂物发生脱落、坠落造成他人损害，所有人、管理人或者使用人不能证明自己没有过错的，应当承担侵权责任。所有人、管理人或使用人赔偿后，有其他责任人的，有权向其他责任人追偿。

第八十六条 建筑物、构筑物或者其他设施倒塌造成他人损害的，由建设单位与施工单位承担连带责任。建设单位、施工单位赔偿后，有其他责任人的，有权向其他责任人追偿。

因其他责任人的原因，建筑物、构筑物或者其他设施倒塌造成他人损害的，由其他责任人承担侵权责任。

第八十七条　从建筑物中抛掷物品或者从建筑物上坠落的物品造成他人损害，难以确定具体侵权人的，除能够证明自己不是侵权人的外，由可能加害的建筑物使用人给予补偿。

第八十八条　堆放物倒塌造成他人损害，堆放人不能证明自己没有过错的，应当承担侵权责任。

第八十九条　在公共道路上堆放、倾倒、遗撒妨碍通行的物品造成他人损害的，有关单位或者个人应当承担侵权责任。

6.8.10　《中华人民共和国物权法》（2007年3月16日公布，自2007年10月1日起施行）

第十五条　当事人之间订立有关设立、变更、转让和消灭不动产物权的合同，除法律另有规定或者合同另有约定外，自合同成立时生效；未办理物权登记的，不影响合同效力。

第十六条　不动产登记簿是物权归属和内容的根据。不动产登记簿由登记机构管理。

第一百八十条　债务人或者第三人有权处分的下列财产可以抵押：

（一）建筑物和其他土地附着物；

（二）建设用地使用权；

（三）以招标、拍卖、公开协商等方式取得的荒地等土地承包经营权；

（四）生产设备、原材料、半成品、产品；

（五）正在建造的建筑物、船舶、航空器；

（六）交通运输工具；

（七）法律、行政法规未禁止抵押的其他财产。

抵押人可以将前款所列财产一并抵押。

第一百八十二条　以建筑物抵押的，该建筑物占用范围内的建设用地使用权一并抵押。以建设用地使用权抵押的，该土地上的建筑物一并抵押。

抵押人未依照前款规定一并抵押的，未抵押的财产视为一并抵押。

第一百八十四条　下列财产不得抵押：

（一）土地所有权；

（二）耕地、宅基地、自留地、自留山等集体所有的土地使用权，但法律规定可以抵押的除外；

（三）学校、幼儿园、医院等以公益为目的的事业单位、社会团体的教育设施、医疗卫生设施和其他社会公益设施；

（四）所有权、使用权不明或者有争议的财产；

（五）依法被查封、扣押、监管的财产；

（六）法律、行政法规规定不得抵押的其他财产。

第一百八十七条　以本法第一百八十条第一款第一项至第三项规定的财产或者第五项规定的正在建造的建筑物抵押的，应当办理抵押登记。抵押权自登记时设立。

第7章　计算机知识

7.1　计算机技术在建筑装饰行业中的应用

所谓的计算机技术，有很多定义，我们可以简明扼要地概括为研究计算设备的科学技术。它包括计算机硬件、计算机软件以及技术应用等诸多内容。不但涉及面广，内容广泛，而且计算机技术还具有鲜明的综合性特征。它和数学、电子技术、现代通信技术、工程学科、应用学科等紧密结合，相辅相成，并加快了计算机技术的发展进程。

7.1.1　计算机技术的广泛应用

计算机信息技术在现代社会得到了广泛应用，与计算机信息技术相关的现代技术和产品几乎无处不在。计算机信息产业，其技术早已广泛而深入地渗透到包括建筑工程、生产制造、产品设计、教育科研、商业、电力等各行各业的各方面。

首先，计算机具有最为普遍的存储功能、运算和控制功能、输入输出功能。这些功能，能够很快提高效率，节约时间，不断缩小计算成本、人力成本，同时它还比手工化操作更具有科学性、规范性、准确性。

其次，不同的应用软件，满足了不同用户各种各样的需求。一般比较常见的应用软件有以下几种：

1. 文字处理软件，可以应用于各类型文稿的写作，例如工作报告、论文写作，除此之外，还可制作工作表格，简化数据，使数据显得更加清晰明了。它还能满足不同字体的选择，字体大小的条件，颜色上的处理，间距行距等等各种个性化的要求。

2. 多媒体软件，它可以支持各类型视频、音频的播放，使观看方便无阻，除此之外，还能对视频、音频进行剪辑、接合等各种相关处理。

3. 信息安全软件，包括了防火墙软件、杀毒软件等等，用以保证计算机的安全以及信息安全。

4. 图像图形处理软件，这类型的软件也是应用广泛，可以用于广告设计、画作品制作、摄影作品后期处理等等。

5. 软件开发辅助型工具软件。协作软件的开发，为软件开放提供一个基础的温床。

6. 互联网软件。这是一个比较大的概念，有我们常用的通讯软件，例如即时通讯软件腾讯 QQ 与 MSN、浏览器等，这些互联网软件工具都是我们经常使用的，并与我们的生活、工作、娱乐休闲息息相关。此外，还有行业管理软件、信息管理软件等商务化的软件，各学科教育软件以及娱乐游戏等方面的软件。这些应用软件，给许多工作人员提供了巨大的便利性，既能节约成本，又能带来良好的工作效果，也给人民群众带来了身心上的娱乐。

各个行业领域的工作运作都逐渐向信息化发展，对计算机操作越来越具有依赖性。

7.1.2 计算机技术在建筑装饰行业的应用

随着信息、电子等相关产业突飞猛进的发展，计算机在建筑工程领域的应用也越来越广泛，它为建筑工程造价管理、建筑工程项目管理、施工管理、监理管理以及混凝土质量检测等提供了更为先进的处理手段。计算机硬件技术的突飞猛进，极大地提升了计算机在建筑装饰设计方面的应用。

1. 计算机技术在建筑工程项目管理中的应用

建筑工程项目管理是一类智力劳动，主要任务是按照建筑工程建设实践的规律，综合协调各有关方面的需求，将不同种类型的项目资源配置到适当的环境和时段，并进行动态调整，以经济有效的手段达到预设的目标。计算机在建筑工程项目管理中的作用主要有以下几个方面：

（1）实现建筑工程公司范围的数据共享

现代建筑工程项目计算机管理系统使用完善的关系数据库管理数据，最大优点是保证数据共享。数据共享意味着有条件做到在建筑工程公司范围内所采用的标准的统一。现代计算机数据库管理系统使用有效的查找算法，使得从几百万数据中查找特定要求的数据仅需几毫秒到几秒即可得到，同时还可实现复杂的组合条件查询、模糊查询等。

（2）保证统计资料的准确性

项目数据可以动态地以指定的精确度直接提供给项目管理人员，杜绝了人工层层汇总带来的种种弊端，避免了对情况的错误判断和时间延误。所有这些，给积累项目经验带来了很大的困难。计算机项目管理系统可以使模拟技术，在几分钟内将同一项目实施数千次，取得的统计数据可以辅助项目管理人员进行科学决策。

（3）实现数据通信

借助计算机建筑工程项目管理系统和网络技术，可以实现项目管理人员之间的数据传输和信息发布，利用 Internet 和公用通讯传输手段还可实现公司本部与施工现场、业主、供货商的数据交流，实现远程数据操纵。

建筑工程项目计算管理系统并非一种实时系统，项目实施过程中发生的变化，并不是立即自动输入计算机，而是事后定期人工输入计算机。因此，输入的次序与实际数据发生的次序可能颠倒。建筑工程项目本身是一个复杂的系统，实施过程的各个阶段，既密切相关又有着不同的规律，要处理大量的信息，以满足错综复杂的目标要求。因此，对建筑工程项目实现动态、定量和系统化的管理与控制，必须借助于计算机系统来完成。

2. 计算机技术在施工管理中的作用

施工管理人员应懂得利用现代信息技术去管理，以增强在国内的建筑市场，尤其是国际上竞争，利用信息技术有助于：

（1）提高管理水平

目前国内施工企业之间的竞争已进入白热化，以前承接建筑工程可以说是国内施工企业经营的决定性因素，能接到建筑工程就有赚钱的概念在许多施工企业中根深蒂固，从而导致很多施工企业对建筑工程项目管理不很重视。现在这种观点已经渐渐不能适应目前的施工企业形势，现在绝大部分的项目采用合理低价中标，利润、价格是非常低的。施工企业即使中标了一个项目，管理的不好，亏损也是很常见的。搞好管理，降低成本，提高经营能力，提高企业的竞争力，对施工企业来讲是很重要的。

（2）利用网络信息技术，大幅度提高管理效率

目前大多数项目参与各方的工作协调和信息交流还是处于传统的方式和模式上，速度和效率还都非常低。这其中最主要的原因就是既懂项目管理、施工技术，又能熟练使用计算机的项目管理人员太少了。主要的项目管理人员，特别是私企的老板，对计算机和网络技术完全没有认识，从而没有积极性进行应用。

项目管理科学化是大势所趋，可以加强我们的施工项目管理，提高工作效率和准确性，从而提高整个施工企业的核心竞争力。

3. 计算机技术在装饰设计中的应用

计算机软件技术的发展，也极大地提升了建筑设计的效率，从计算机平面辅助设计到各种三维建模软件的成功研制，实现了从平面到立体设计的转变，再加上动态三维，模仿人眼的动画效果，则能够通过计算机设计出让人觉得身临其境的建筑装饰设计效果来。

特别是计算机技术已经完成了对手绘作品的全兼容，能够让手绘的结果能够在计算机里面进行针对性的处理，这样就能够让传统的建筑装饰设计师，利用自己手绘专长，再加上计算机辅助设计，三维建模等工具，非常轻松的构建建筑设计虚拟效果，从而实现了传统设计和计算机设计的完美融合；如今建筑设计工程师，能够通过功能丰富的计算机技术，能够随心所欲地设计出自己想象的任何作品，而且还可以将想象通过电脑变成虚拟现实，这样的建筑装饰设计就能够表现的更具冲击力。

随着计算机技术的不断进步，相关建筑辅助设计软件的不断创新和功能操作的不断简化，已经能够让很多建筑装饰设计师轻松掌握这些计算机辅助设计软件，这能够极大地提升当前建筑装饰设计师的工作效率，而且各种三维技术和 CG 技术的进步，已经能够让建筑装饰设计师设计出逼真的建筑，并且通过立体的展示，让整个建筑装饰设计完美地展现给客户，让客户在还没有看到真实的设计结果前，就能够感受到这些建筑装饰设计成功后的效果，从而有助于这些建筑装饰设计获得用户的青睐。

7.2　建筑装饰行业中的常用软件

在建筑装饰行业中运用的软件有很多，这里仅对辅助设计软件 AutoCAD、项目管理软件 Microsoft Project、BIM 技术、办公软件 Microsoft Office 相关知识作一些简单介绍。

7.2.1　辅助设计软件 AutoCAD

AutoCAD（Auto Computer Aided Design）是美国 Autodesk 公司首次于 1982 年开发的自动计算机辅助设计软件，用于二维绘图、详细绘制、设计文档和基本三维设计。现已经成为国际上广为流行的绘图工具。AutoCAD 具有良好的用户界面，通过交互菜单或命令行方式便可以进行各种操作。它的多文档设计环境，让非计算机专业人员也能很快地学会使用。在不断实践的过程中更好地掌握它的各种应用和开发技巧，从而不断提高工作效率。AutoCAD 具有广泛的适应性，它可以在各种操作系统支持的微型计算机和工作站上

运行。

AutoCAD 已广泛应用于土木建筑、装饰装潢、城市规划、园林设计、电子电路、机械设计、服装鞋帽、航空航天、轻工化工等诸多领域。

1. AutoCAD 软件的优点

（1）具有完善的图形绘制功能。

（2）有强大的图形编辑功能。

（3）可以采用多种方式进行二次开发或用户定制。

（4）可以进行多种图形格式的转换，具有较强的数据交换能力。

（5）支持多种硬件设备。

（6）支持多种操作平台

（7）具有通用性、易用性，适用于各类用户

此外，从 AutoCAD2000 开始，该系统又增添了许多强大的功能，如 AutoCAD 设计中心（ADC）、多文档设计环境（MDE）、Internet 驱动、新的对象捕捉功能、增强的标注功能以及局部打开和局部加载的功能。

2. AutoCAD 的基本功能

（1）平面绘图

1）能以多种方式创建直线、圆、椭圆、多边形、样条曲线等基本图形对象。

2）AutoCAD 提供了正交、对象捕捉、极轴追踪、捕捉追踪等绘图辅助工具。正交功能使用户可以很方便地绘制水平、竖直直线，对象捕捉可帮助拾取几何对象上的特殊点，而追踪功能使画斜线及沿不同方向定位点变得更加容易。

（2）编辑图形

1）AutoCAD 具有强大的编辑功能，可以移动、复制、旋转、阵列、拉伸、延长、修剪、缩放对象等。

2）标注尺寸。可以创建多种类型尺寸，标注外观可以自行设定。

3）书写文字。能轻易在图形的任何位置、沿任何方向书写文字，可设定文字字体、倾斜角度及宽度缩放比例等属性。

4）图层管理功能。图形对象都位于某一图层上，可设定图层颜色、线型、线宽等特性。

（3）三维绘图

可创建 3D 实体及表面模型，能对实体本身进行编辑。

（4）网络功能

可将图形在网络上发布，或是通过网络访问 AutoCAD 资源。

（5）数据交换

AutoCAD 提供了多种图形图像数据交换格式及相应命令。

（6）二次开发

AutoCAD 允许用户定制菜单和工具栏，并能利用内嵌语言 Autolisp、Visual Lisp、VBA、ADS、ARX 等进行二次开发

目前常用的 AutoCAD 软件版本有 2007 版、2010 版本。最新版本 AutoCAD 2013 中文版的经典工作界面如图 7-1 所示，由标题栏、菜单栏、工具栏、绘图区（绘图窗口）、光标、命令窗口、坐标、模型/布局选项卡、状态栏（坐标显示区、辅助工具栏）、工具选

项板、信息中心、滚动条等部分组成，可以根据需要及绘图习惯打开或关闭相应的工具栏。

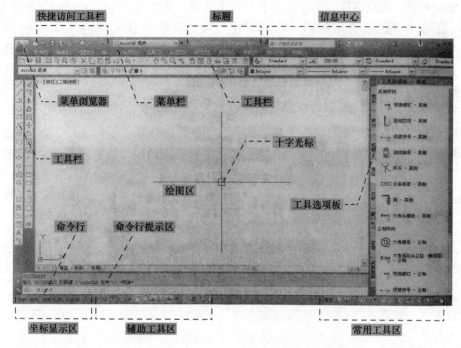

图 7-1　Auto CAD 2013 中文版界面示意图

7.2.2　项目管理软件 Microsoft Project

项目管理是一门实践丰富的艺术与科学，就其核心而言，项目管理是一种融合技能与工具的"工具箱"，有助于预测和控制组织工作的成果。除了项目，组织还有其他工作。项目（如电影项目）与持续业务（Ongoing Operation）（如工资单服务）截然不同，因为项目是临时性的工作，产生唯一性的成果或最终结果。凭借优秀的项目管理系统，可以解决以下问题：

（1）要取得项目的可交付成果，必须执行什么任务，以何种顺序执行？

（2）应于何时执行每一个任务？

（3）谁来完成这些任务？

（4）成本是多少？

（5）如果某些任务没有按计划完成，该怎么办？

（6）对那些关心项目的人而言，交流项目详情的最佳方式是什么？

良好的项目管理并不能保证每个项目一定成功，但不良的项目管理却会是失败的成因之一。

Microsoft Project（或 MSP）是一个国际上享有盛誉的通用的项目管理工具软件，凝集了许多成熟的项目管理现代理论和方法，可以帮助项目管理者实现时间、资源、成本的计划、控制。

Microsoft Project 不仅可以快速、准确地创建项目计划，而且可以帮助项目经理实现项目进度、成本的控制、分析和预测，使项目工期大大缩短，资源得到有效利用，提高经济效益。专案管理软件程序由微软开发销售。软件设计目的在于协助专案经理发展计划、为任务分配资源、跟踪进度、管理预算和分析工作量。第一个 Windows 的 Project 发布于 1990 年，目前常用的版本有 2003 年版、2007 年版、2010 年版及 2013 年版。本应用程序可产生关键路径日程表——虽然第三方 ProChain 和 Spherical Angle 也有提供关键链关联软件。日程表可以以资源标准的，而且关键链以甘特图形象化。另外，Project 可以辨认不同类别的用户。这些不同类的用户对专案、概观和其他资料有不同的访问级别。自订物件如行事历、观看方式、表格、筛选器和字段在企业领域分享给所有用户。

新版本的 Project 2013 具有一个崭新的界面，在新的外观之下，它还包含功能强大的新的日程排定、任务管理和视图改进，这样您就能够更好地控制如何管理和呈现项目，如图 7-2。Project Web Access 的新版本还具有新的外观，以及可帮助工作组进行协作的许多新功能。

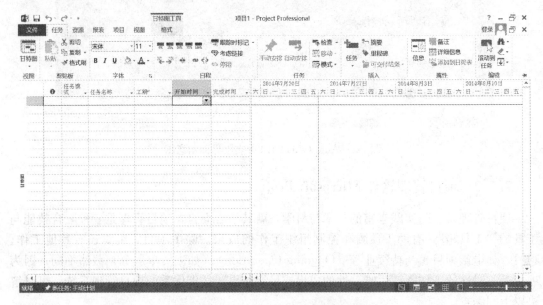

图 7-2　Project 2013 中文版界面示意图

7.2.3　BIM 技术

1. 什么是 BIM

BIM 的全称是 Building Information Modeling（建筑信息模型），这一方法和理念起源于 20 世纪 80 年代美国。

BIM 是指基于最先进的三维数字设计解决方案所构建的"可视化"的数字建筑模型，为设计师、建筑师、水电暖铺设工程师、开发商乃至最终用户等各环节人员提供"模拟和分析"的科学协作平台，帮助他们利用三维数字模型对项目进行设计、建造及运营管理。

对于设计师、建筑师和工程师而言，应用 BIM 不仅要求将设计工具实现从二维到三维的转变，更需要在设计阶段贯彻协同设计、绿色设计和可持续设计理念。其最终目的是使得整个工程项目在设计、施工和使用等各个阶段都能够有效地实现节省能源、节约成本、降低污染和提高效率。

所谓建筑信息模型（BIM），是指通过数字信息仿真模拟建筑物所具有的真实信息，在这里，信息的内涵不仅仅是几何形状描述的视觉信息，还包含大量的非几何信息，如材料的耐火等级、材料的传热系数、构件的造价、采购信息等。实际上，BIM 就是通过数字化技术，在计算机中建立一座虚拟建筑，一个建筑信息模型就是提供了一个单一的、完整一致的、逻辑的建筑信息库。

BIM 的技术核心是一个由计算机三维模型所形成的数据库，不仅包含了建筑师的设计信息，而且可以容纳从设计到建成使用，甚至是使用周期终结的全过程信息，并且各种信息始终是建立在一个三维模型数据库中。

BIM 可以持续即时地提供项目设计范围、进度以及成本信息，这些信息完整可靠并且完全协调。建筑信息模型（BIM）能够在综合数字环境中保持信息不断更新并可提供访问，使建筑师、工程师、施工人员以及业主可以清楚全面地了解项目。这些信息在建筑设计、施工和管理的过程中能促使加快决策进度、提高决策质量，从而使项目质量提高，收益增加。

2. BIM 的特点

（1）可视化（Visualization）

对于 BIM 来说，可视化是其中的一个固有特性，BIM 的工作过程和结果就是建筑物的实际形状（几何信息，当然是三维的），加上构件的属性信息（例如门的宽度和高度）和规则信息（例如墙上的门窗移走了，墙就应该自然封闭）。

在 BIM 的工作环境里，由于整个过程是可视化的，所以，可视化的结果不仅可以用来汇报和展示，更重要的是，项目设计、建造、运营过程中的沟通、讨论、决策都在可视化的状态下进行。

（2）协调（Coordination）

BIM 服务应该是目前能帮项目经理们解决多方协调问题的最有效的手段了。通过使用 BIM 技术，建立建筑物的 BIM 模型，可以完成的设计协调工作可以包括（但不限于）下述内容：

1）地下排水布置与其他设计布置之协调；

2）不同类型车辆于停车场之行驶路径与其他设计布置及净空要求之协调；

3）楼梯布置与其他设计布置及净空要求之协调；

4）市政工程布置与其他设计布置及净空要求之协调；

5）公共设备布置与私人空间之协调；

6）竖井/管道间布置与净空要求之协调；

7）设备房机电设备布置与维护及更换安装之协调；

8）电梯井布置与其他设计布置及净空要求之协调；

9）防火分区与其他设计布置之协调；

10）排烟管道布置其他设计布置及净空要求之协调；

11）房间门户与其他设计布置及净空要求之协调；

12）主要设备及机电管道布置与其他设计布置及净空要求之协调；

13）预制件布置与其他设计布置之协调；

14）玻璃幕墙布置与其他设计布置之协调；

15）住宅空调喉管及排水管布置与其他设计布置及净空要求之协调；

16）排烟口布置其他设计布置及净空要求之协调；

17）建筑、结构、设备平面图布置及楼层高度之检查及协调。

（3）模拟（Simulation）

没有BIM能做模拟吗？当然是能做的，就像没有BIM也能造房子一样。问题是，没有BIM的模拟和实际建筑物的变化发展是没有关联的，实际上只是一种可视化效果。"设计-分析-模拟"一体化才能动态表达建筑物的实际状态，设计有变化，紧跟着就需要对变化以后的设计进行不同专业的分析研究，同时马上需要把分析结果模拟出来，供业主对此进行决策。非BIM不能完成此任务。

目前基于BIM的模拟有以下几类：

1）设计阶段：日照模拟、视线模拟、节能（绿色建筑）模拟、紧急疏散模拟、CFD模拟等；

2）招投标和施工阶段：4D模拟（包括基于施工计划的宏观4D模拟和基于可建造性的微观4D模拟），5D模拟（与施工计划匹配的投资流动模拟）等；

3）销售运营阶段：基于web的互动场景模拟，基于实际建筑物所有系统的培训和演练模拟（包括日常操作、紧急情况处置）等。

（4）优化（Optimization）

事实上整个设计、施工、运营的过程就是一个不断优化的过程，优化是我们天天都在干的事情。优化和BIM也没有必然的联系，但在BIM的基础上可以做更好的优化、更好地做优化。

大家知道，优化受三样东西的制约：信息、复杂程度、时间。没有准确的信息做不出合理的优化结果，BIM模型提供了建筑物的实际存在（几何信息、物理信息、规则信息），包括变化以后的实际存在。

目前基于BIM的优化可以做下面的工作：

1）项目方案优化：把项目设计和投资回报分析集成起来，设计变化对投资回报的影响可以实时计算出来；这样业主对设计方案的选择就不会主要停留在对形状的评价上。

2）特殊（异型）设计优化：裙楼、幕墙、屋顶、大空间到处可以看到异型设计，这些内容看起来占整个建筑的比例不大，但是占投资和工作量的比例和前者相比却往往要大得多，而且通常也是施工难度比较大和施工问题比较多的地方，对这些内容的设计施工方案进行优化，可以带来显著的工期和造价改进。

3）限额设计：限额设计是按照投资或造价的限额进行满足技术要求的设计，BIM可以让限额设计名副其实。

3. BIM的价值及作用

（1）解决当前建筑领域信息化的瓶颈问题需建立单一工程数据源

推动现代CAD技术的应用；促进建筑生命期管理，实现建筑生命期各阶段的工程性能、质量、安全、进度和成本的集成化管理，对建设项目生命期总成本、能源消耗、环境影响等进行分析、预测和控制。

（2）用于工程设计实现三维设计

实现不同专业设计之间的信息共享；实现虚拟设计和智能设计，实现设计碰撞检测、能耗分析、成本预测等。

（3）用于施工及管理实现集成项目交付 IPD（Integrated Project Delivery）管理

实现动态、集成和可视化的 4D 施工管理：将建筑物及施工现场 3D 模型与施工进度相链接，并与施工资源和场地布置信息集成一体，建立 4D 施工信息模型。实现建设项目施工阶段工程进度、人力、材料、设备、成本和场地布置的动态集成管理及施工过程的可视化模拟。实现项目各参与方协同工作：项目各参与方信息共享，基于网络实现文档、图档和视档的提交、审核、审批及利用。项目各参与方通过网络协同工作，进行工程洽商、协调，实现施工质量、安全、成本和进度的管理和监控。实现虚拟施工是指在计算机上执行建造过程，虚拟模型可在实际建造之前对工程项目的功能及可建造性等潜在问题进行预测，包括施工方法实验、施工过程模拟及施工方案优化等。

4. 实现 BIM 的软件

目前建筑信息模型的概念已经在学术界和软件开发商中获得共识，Graphisoft 公司的 ArchiCAD、Bentley 公司的 TriForma 以及 Autodesk 公司的 Revit 这些引领潮流的建筑设计软件系统，都是应用了建筑信息模型技术开发的，可以支持建筑工程全生命周期的集成管理环境。

ArchiCAD 是 Graphisoft 公司的旗舰产品。其基于全三维的模型设计，拥有剖/立面、设计图档、参数计算等自动生成功能。

MicroStation 是美国 Bentley 公司研发的 CAD 软件。MicroStation 的第三方软件超过 1000 种以上，其领域覆盖了土木、建筑、交通、结构、机电、管线、图纸管理、地理信息系统等多方面。

芬兰 Progman 公司开发的 MagiCAD 建筑设备专业设计软件是整个北欧建筑设备（包括暖通空调、给排水、消防和电气专业）设计领域内主导和领先的三维设计软件，占有绝对的市场优势。经过不懈地努力，85％的北欧知名建筑设计企业都已成为其忠实客户，并且该款三维设计软件正在越来越多地成为波罗的海国家以及俄罗斯技术咨询公司的首选。

Autodesk 的 Revit 系列软件构建于 Revit 平台之上，是完整的、针对特定专业的建筑设计和文档系统，支持所有阶段的设计和施工图纸。

3D® 软件是一款面向土木工程设计与文档编制的建筑信息模型（BIM）解决方案。AutoCAD Civil 3D 能够帮助从事交通运输、土地开发和水利项目的土木工程专业人员保持协调一致，更轻松、更高效地探索设计方案，分析项目性能，并提供相互一致、更高质量的文档——一切均在熟悉的 AutoCAD 环境中进行。

Rhino 是美国 Robert McNeel & Assoc. 开发的 PC 上强大的专业 3D 造型软件，它可以广泛地应用于三维动画制作、工业制造、科学研究以及机械设计等领域。

ECOTECT 是当今市场上最全面最具创新的建筑分析软件。它提供了友好的三维建模设计界面，并提供了用途广泛的性能分析和仿真功能。ECOTECT 与众不同之处在于它完全可视化的物理计算过程回馈。使用 ECOTECT 作前期的方案设计感觉就像最终确定方案一样的精确。

Sketchup 是一套直接面向设计方案创作过程的设计工具，其创作过程不仅能够充分表达设计师的思想而且完全满足与客户即时交流的需要，它使得设计师可以直接在电脑上进行十分直观的构思，是三维建筑设计方案创作的优秀工具。

Autodesk Navisworks 软件能够将 AutoCAD 和 Revit® 系列等应用创建的设计数据，与来自其他设计工具的几何图形和信息相结合，将其作为整体的三维项目，通过多种文件格式进行实时审阅，而无需考虑文件的大小。

Projectdelivery 是利用模型功能，促成相互协作的决策，整合项目交付更早的将主要的施工管理、贸易、制造、供应商以及生产商专业人士聚集到一处，与设计方和业主一起，共同将质量、美学、制造可能性、经济可行性、及时性及无缝流程融入设计的生命周期管理，并实现最佳组合。在整合项目交付中，使用模型检查应用软件来检测系统冲突。

7.2.4 办公软件 Microsoft Office

Microsoft Office 是微软公司开发的一套基于 Windows 操作系统的办公软件套装，目前最新版本为 Office 2013 及 Office 365。

Microsoft Office 常用的组件有字处理软件 Word、电子表格软件 Excel、电子邮件通信软件 Outlook、数据库管理软件 Access、幻灯片软件 Powerpoint、流程图及矢量绘图软件 Visio、网页设计制作软件 FrontPage 等。

1. Word

Microsoft Word 是文字处理软件。它被认为是 Office 的主要程序。它在文字处理软件市场上拥有统治份额，它私有的 DOC 格式被尊为一个行业的标准。

2. Excel

Microsoft Excel 是电子数据表程序（进行数字和预算运算的软件程序）。是最早的 Office 组件。Excel 内置了多种函数，可以对大量数据进行分类、排序甚至绘制图表等。与 Microsoft Word 的地位类似，它在市场拥有统治份额。

3. Powerpoint

Microsoft Powerpoint，简称 PPT，是一款微软开发的办公程序，用于演示文稿和幻灯片的放映。可以编辑文字和图片，有效清晰地提供信息，通常用于工作汇报、产品推介会议分享、教育培训或者项目总结等。

第8章 岗位职责与职业道德

8.1 职业道德概述

8.1.1 职业道德的基本概念

道德是以善恶为标准，通过社会舆论、内心信念和传统习惯来评价人的行为，调整人与人之间以及个人与社会之间相互关系的行为规范的总和。只涉及个人、个人之间、家庭等的私人关系的道德，称为私德；涉及社会公共部分的道德，称为社会公德。一个社会一般有社会公认的道德规范，不过，不同的时代，不同的社会，往往有一些不同的道德观念；不同的文化中，所重视的道德元素以及优先性、所持的道德标准也常常会有所差异。

1. 道德与法纪的区别和联系

遵守道德是指按照社会道德规范行事，不做损害他人的事。遵守法纪是指遵守纪律和法律，按照规定行事，不违背纪律和法律的规定条文。法纪与道德既有区别也有联系。它们是两种重要的社会调控手段，自人类进入文明社会以来，任何社会在建立与维持秩序时，都必须借助于这两种手段。遵守道德与遵守法纪是这两种规范的实现形式，两者是相辅相成、相互促进、相互推动的。

（1）法纪属于制度范畴，而道德属于社会意识形态范畴。道德侧重于自我约束，是行为主体"应当"的选择，依靠人们的内心信念、传统习惯和社会舆论发挥其作用和功能，不具有强制力；而法纪则侧重于国家或组织的强制，是国家或组织制定和颁布，用以调整、约束和规范人们行为的权威性规则。

（2）遵守法纪是遵守道德的最低要求。道德可分为两类：第一类是社会有序化要求的道德，是维系社会稳定所必不可少的最低限度的道德，如不得暴力伤害他人、不得用欺诈手段谋取利益、不得危害公共安全等；第二类是那些有助于提高生活质量、增进人与人之间紧密关系的原则，如博爱、无私、乐于助人、不损人利己等。第一类道德通常会上升为法纪，通过制裁、处分或奖励的方法得以推行。而第二类道德是对人性较高要求的道德，一般不宜转化为法纪，需要通过教育、宣传和引导等手段来推行。法纪是道德的演化产物，其内容是道德范畴中最基本的要求，因此遵纪守法是遵守道德的最低要求。

（3）遵守道德是遵守法纪的坚强后盾。首先，法纪应包含最低限度的道德，没有道德基础的法纪，是一种"恶法"，是无法获得人们的尊重和自觉遵守的。其次，道德对法纪的实施有保障作用，"徒善不足以为政，徒法不足以自行"，执法者职业道德的提高，守法者的法律意识、道德观念的加强，都对法纪的实施起着推动的作用。再者，道德对法纪有补充作用，有些不宜由法纪调整的，或本应由法纪调整但因立法的滞后而尚"无法可依"的，道德约束往往起到了补充作用。

2. 公民道德的主要内容

公民道德主要包括社会公德、职业道德和家庭美德三个方面：

（1）社会公德。社会公德是全体公民在社会交往和公共生活中应该遵循的行为准则，涵盖了人与人、人与社会、人与自然之间的关系。在现代社会，公共生活领域不断扩大，人们相互交往日益频繁，社会公德在维护公众利益、公共秩序和保持社会稳定方面的作用更加突出，成为公民个人道德修养和社会文明程度的重要表现。以文明礼貌、助人为乐、爱护公物、保护环境、遵纪守法为主要内容的社会公德，旨在鼓励人们在社会上做一个好公民。

（2）职业道德。职业道德是所有从业人员在职业活动中应该遵循的行为准则，涵盖了从业人员与服务对象、职业与职工、职业与职业之间的关系。随着现代社会分工的发展和专业化程度的增强，市场竞争日趋激烈，整个社会对从业人员职业观念、职业态度、职业技能、职业纪律和职业作风的要求越来越高。以爱岗敬业、诚实守信、办事公道、服务群众、奉献社会为主要内容的职业道德，旨在鼓励人们在工作中做一个好建设者。

（3）家庭美德。家庭美德是每个公民在家庭生活中应该遵循的行为准则，涵盖了夫妻、长幼、邻里之间的关系。家庭生活与社会生活有着密切的联系，正确对待和处理家庭问题，共同培养和发展夫妻爱情、长幼亲情、邻里友情，不仅关系到每个家庭的美满幸福，也有利于社会的安定和谐。以尊老爱幼、男女平等、夫妻和睦、勤俭持家、邻里团结为主要内容的家庭美德，旨在鼓励人们在家庭里做一个好成员。

党的"十八大"对未来我国道德建设也做出了重要部署。强调要坚持依法治国和以德治国相结合，加强社会公德、职业道德、家庭美德、个人品德教育，弘扬中华传统美德，弘扬时代新风，指出了道德修养的"四位一体"性。"十八大"报告中"推进公民道德建设，弘扬真善美、贬斥假恶丑，引导人们自觉履行法定义务、社会责任、家庭责任，营造劳动光荣、创造伟大的社会氛围，培育知荣辱、讲正气、作奉献、促和谐的良好风尚"，强调了社会氛围和社会风尚对公民道德品质的塑造；"深入开展道德领域突出问题专项教育和治理，加强政务诚信、商务诚信、社会诚信和司法公信建设"，突出了"诚信"这个道德建设的核心。

3. 职业道德的概念

所谓职业道德，是指从事一定职业的人们在其特定职业活动中所应遵循的符合职业特点所要求的道德准则、行为规范、道德情操与道德品质的总和。职业道德是对从事这个职业所有人员的普遍要求，它不仅是所有从业人员在其职业活动中行为的具体表现，同时也是本职业对社会所负的道德责任与义务，是社会公德在职业生活中的具体化。每个从业人员，不论是从事哪种职业，在职业活动中都要遵守职业道德，如教师要遵守教书育人、为人师表的职业道德；医生要遵守救死扶伤的职业道德；企业经营者要遵守诚实守信、公平竞争、合法经营等职业道德。具体来讲，职业道德的含义主要包括以下八个方面：

（1）职业道德是一种职业规范，受社会普遍的认可。

（2）职业道德是长期以来自然形成的。

（3）职业道德没有确定形式，通常体现为观念、习惯、信念等。

（4）职业道德依靠文化、内心信念和习惯，通过职工的自律来实现。

（5）职业道德大多没有实质的约束力和强制力。

（6）职业道德的主要内容是对职业人员义务的要求。

（7）职业道德标准多元化，代表了不同企业可能具有不同的价值观。

（8）职业道德承载着企业文化和凝聚力，影响深远。

8.1.2　职业道德的基本特征

职业道德是从业人员在一定的职业活动中应遵循的、具有自身职业特征的道德要求和行为规范。根据《中华人民共和国公民道德建设实施纲要》，我国现阶段各行各业普遍使用的职业道德的基本内容包括"爱岗敬业、诚实守信、办事公道、服务群众、奉献社会"。上述职业道德内容具有以下基本特征：

1. 职业性

职业道德的内容与职业实践活动紧密相连，反映着特定职业活动对从业人员行为的道德要求。每一种职业道德都只能规范本行业从业人员的执业行为，在特定的职业范围内发挥作用。由于职业分工的不同，各行各业都有各自不同特点的职业道德要求。如医护人员有以"救死扶伤"为主要内容的职业道德，营业员有以"优质服务"为主要内容的职业道德。建设领域特种作业人员的职业道德则集中体现在"遵章守纪，安全第一"上。职业道德总是要鲜明地表达职业义务、职业责任以及职业行为上的道德准则，反映职业、行业以至产业特殊利益的要求；它往往表现为某一职业特有的道德传统和道德习惯，表现为从事某一职业的人们所特有的道德心理和道德品质。甚至形成从事不同职业的人们在道德品貌上的差异。如人们常说，某人有"军人作风"、"工人性格"等等。

2. 继承性

在长期实践过程中形成的职业道德内容，会被作为经验和传统继承下来。即使在不同的社会经济发展阶段，同样一种职业，虽然服务对象、服务手段、职业利益、职业责任有所变化，但是职业道德基本内容仍保持相对稳定，与职业行为有关的道德要求的核心内容将被继承和发扬，从而形成了被不同社会发展阶段普遍认同的职业道德规范。如"有教无类"、"学而不厌，诲人不倦"，从古至今都是教师的职业道德。

3. 多样性

不同的行业和不同的职业，有不同的职业道德标准，且表现形式灵活，涉及范围广泛。职业道德的表现形式总是从本职业的交流活动实际出发，采用制度、守则、公约、承诺、誓言、条例，以至标语口号之类来加以体现，既易于为从业人员所接受和实行，而且便于形成一种职业的道德习惯。

4. 纪律性

纪律也是一种行为规范，但它是介于法律和道德之间的一种特殊的规范。它既要求人们能自觉遵守，又带有一定的强制性。就前者而言，它具有道德色彩；就后者而言，又带有一定的法律色彩。就是说，一方面遵守纪律是一种美德，另一方面，遵守纪律又带有强制性，具有法令的要求。例如，工人必须执行操作规程和安全规定；军人要有严明的纪律等。因此，职业道德有时又以制度、章程、条例的形式表达，让从业人员认识到职业道德又具有纪律的约束性。

8.1.3 职业道德建设的必要性和意义

在现代社会里，人人都是服务对象，人人又都为他人服务。社会对人的关心、社会的安宁和人们之间关系的和谐，是同各个岗位上的服务态度、服务质量密切相关的。在构建和谐社会的新形势下，大力加强社会主义的职业道德建设，具有十分重要的意义，一个人对社会贡献的大小，主要体现在职业实践中。

1. 加强职业道德建设，是提高职业人员责任心的重要途径

行业、企业的发展有赖于好的经济效益，而好的经济效益源于好的员工素质。员工素质主要包含知识、能力、责任心三个方面，其中责任心即是职业道德的体现。职业道德水平高的从业人员其责任心必然很强，因此，职业道德能促进行业企业的发展。职业道德建设要把共同理想同各行各业、各个单位的发展目标结合起来，同个人的职业理想和岗位职责结合起来，这样才能增强员工的职业观念、职业事业心和职业责任感。职业道德要求员工在本职工作中不怕艰苦，勤奋工作，既讲团结协作，又争个人贡献，既讲经济效益，又讲社会效益。

在现代社会里，各行各业都有它的地位和作用，也都有自己的责任和权力。有些人凭借职权钻空子，谋私利，这是缺乏职业道德的表现。加强职业道德建设，就要紧密联系本行业本单位的实际，有针对性地解决存在的问题。比如，建筑行业要针对高估多算、转包工程从中渔利等不正之风，重点解决好提高质量、降低消耗、缩短工期、杜绝敲诈勒索和拖欠农民工工资等问题；商业系统要针对经营商品以次充好、以假乱真和虚假广告等不正之风，重点解决好全心全意为顾客服务的问题；运输行业要针对野蛮装卸、以车谋私和违章超载等不正之风，重点解决好人民交通为人民的问题。当职业人员的职业道德修养提升了，就能做到：干一行，爱一行，脚踏实地工作，尽心尽责地为企业为单位创造效益。

2. 加强职业道德建设，是促进企业和谐发展的迫切要求

职业道德的基本职能是调节职能。它一方面可以调节从业人员内部的关系，即运用职业道德规范约束职业内部人员的行为，促进职业内部人员的团结与合作，加强职业、行业内部人员的凝聚力。如职业道德规范要求各行各业的从业人员，都要团结、互助、爱岗、敬业、齐心协力地为发展本行业、本职业服务。另一方面，职业道德又可以调节从业人员和服务对象之间的关系，用来塑造本职业从业人员的社会形象。

企业是具有社会性的经济组织，在企业内部存在着各种复杂的关系。这些关系既有相互协调的一面，也有矛盾冲突的一面，如果解决不好，将会影响企业的凝聚力。这就要求企业所有的员工都应从大局出发，光明磊落、相互谅解、相互宽容、相互信赖、同舟共济，而不能意气用事、互相拆台。总之，要求职工必须具有较高的职业道德觉悟。

现在，各行各业从宏观到微观都建立了经济责任制，并与企业、个人的经济利益挂钩，从业者的竞争观念、效益观念、信息观念、时间观念、物质利益观念、效率观念都很强，这使得各行各业产生了新的生机和活力。但另一方面，由于社会观念的相对转弱，又往往会产生只顾小集体利益，不顾大集体利益；只顾本企业利益，不顾国家利益；只顾个人利益，不顾他人利益；只顾眼前利益，不顾长远利益等问题。因此，加强职业道德建设，教育员工顾大局、识大体，正确处理国家、集体和个人三者之间的关系，防止各种旧思想、旧道德对员工的腐蚀就显得尤为重要。要促进企业内部党政之间、上下级之间、干群之间团结协作，使企业真正成为一个具有社会主义精神风貌的和谐集体。

3. 加强职业道德建设，是提高企业竞争力的必要措施

当前市场竞争激烈，各行各业都讲经济效益，这就促使企业的经营者在竞争中不断开拓创新。但行业之间为了自身的利益，会产生很多新的矛盾，形成自我力量的抵消，使一些企业的经营者在竞争中单纯追求利润、产值，不求质量，或者以次充好、以假乱真，不顾社会效益，损害国家、人民和消费者的利益。这只能给企业带来短暂的收益，当企业失去了消费者的信任，也就失去了生存和发展的源泉，难以在竞争的激流中不倒。在企业中加强职业道德建设，可使企业在追求自身利润的同时，创造社会效益，从而提升企业形象，赢得持久而稳定的市场份额；同时，可使企业内部员工之间相互尊重、相互信任、相互合作，从而提高企业凝聚力。如此，企业方能在竞争中稳步发展。

现阶段的企业，在人财物、产供销方面都有极大的自主权。但粗放型经济增长方式在建设、生产、流通等各个领域，突出表现为管理水平低、物资消耗高、科技含量低、资金周转慢、经济效益差，新旧经济体制的转变已进入了交替的胶着状态，旧经济体制在许多方面失去了效应，而新经济体制还没有完全建立起来。同时，人们在认识上缺乏科学的发展观念。解决这些问题，当然要坚定不移地推进改革，进一步完善经济、法制、行政的调节机制，但运用道德手段来调节和规范企业及员工的经济行为也是合乎民心的极其重要的工作。因此，随着改革的深入，人们的道德责任感应当加强而不是削弱。

4. 加强职业道德建设，是个人健康发展的基本保障

市场经济对于职业道德建设有其积极一面，也有消极的一面，它的自发性、自由性、注重经济效益的特性，诱惑一些人"一切向钱看"，唯利是图，不择手段追求经济效益，从而走上不归路，断送前程。通过加强职业道德建设，提高从业人员的道德素质，使其树立职业理想，增强职业责任感，形成良好的职业行为。当从业人员具备职业道德精神，将职业道德作为行为准则时，就能抵抗物欲诱惑，而不被利益所熏心，脚踏实地在本行业中追求进步。在社会主义市场经济条件下，弄虚作假、以权谋私、损人利己的人不但给社会、国家利益造成损害，自身发展也会受到影响，只有具备"爱岗敬业、诚实守信、办事公道、服务群众、奉献社会"职业道德精神的从业人员，才能在社会中站稳脚跟，成为社会的栋梁之材，在为社会创造效益的同时，也保障了自身的健康发展。

5. 加强职业道德建设，是提高全社会道德水平的重要手段

职业道德是整个社会道德的主要内容，它一方面涉及每个从业者如何对待职业，如何对待工作，同时也是一个从业人员的生活态度、价值观念的表现，是一个人的道德意识和道德行为发展到成熟阶段的体现，具有较强的稳定性和连续性。另一方面，职业道德也是一个职业集体甚至一个行业全体人员的行为表现，如果每个行业、每个职业集体都具备优良的道德，那么对整个社会道德水平的提高就会发挥重要作用。

8.2　建设行业从业人员的职业道德

对于建设行业从业人员来说，一般职业道德要求主要有忠于职守、热爱本职，质量第一、信誉至上，遵纪守法、安全生产，文明施工、勤俭节约，钻研业务、提高技能等内容，这些都需要全体人员共同遵守。对于建设行业不同专业、不同岗位从业人员，还有更加具有针对性和更加具体的职业道德要求。

8.2.1 一般职业道德要求

1. 忠于职守，热爱本职

一个从业人员不能尽职尽责，忠于职守，就会影响整个企业或单位的工作进程。严重的还会给企业和国家带来损失，甚至还会在国际上造成不良影响。因此，应当培养高度的职业责任感，以主人翁的态度对待自己的工作，从认识上、情感上、信念上、意志乃至习惯上养成"忠于职守"的自觉性。

（1）忠实履行岗位职责，认真做好本职工作

岗位责任一般包括：岗位的职能范围与工作内容；在规定的时间内完成的工作数量和质量。忠实履行岗位职责是国家对每个从业人员的基本要求，也是职工对国家、对企业必须履行的义务。

（2）反对玩忽职守的渎职行为

玩忽职守，渎职失责的行为，不仅影响企事业单位的正常活动，还会使公共财产、国家和人民的利益遭受损失，严重的将构成渎职罪、玩忽职守罪、重大责任事故罪，因而受到法律的制裁。作为一个建设行业从业人员，就要从一砖一瓦做起，忠实履行自己的岗位职责。

2. 质量第一、信誉至上

"质量第一"就是在施工时要对建设单位（用户）负责，从每个人做起，严把质量关，做到所承建的工程不出次品，更不能出废品，争创全优工程。建筑工程的质量问题不仅是建筑企业生产经营管理的核心问题，也是企业职业道德建设中的一个重大课题。

（1）建筑工程的质量是建筑企业的生命

建筑企业要向企业全体职工，特别是第一线职工反复地进行"百年大计，质量第一"的宣传教育，增强执行"质量第一"的自觉性，同时要"奖优罚劣"，严格制度，检查考核。

（2）诚实守信、实践合同

信誉，是信用和名誉两者在职业活动中的统一。一旦签订合同，就要严格认真履行，不能"见利忘义"，"取财无道"，不守信用。"信招天下客，誉从信中来"，企业生产经营要真诚待客，服务周到，产品上乘，质量良好，以获得社会肯定。

建设行业职工应该从我做起，抓职业道德建设，抓诚信教育，使诚实守信成为每个建筑企业的精神，成为每个建筑职工进行职业活动的灵魂。

3. 遵纪守法，安全生产

遵纪守法，是一种高尚的道德行为，作为一个建筑业的从业人员，更应强调在日常施工生产中遵守劳动纪律。自觉遵守劳动纪律，维护生产秩序，不仅是企业规章制度的要求，也是建筑行业职业道德的要求。

严格遵守劳动纪律，要求做到：听从指挥，服从调配，按时、按质、按量完成上级交给的生产劳动任务；保证劳动时间，不迟到、不早退、不旷工，遵守考勤制度；认真执行岗位责任制和承包责任制，坚守工作岗位，不玩忽职守，在施工劳动中精力要集中，

不"磨洋工"，不干私活，不拉扯闲谈开玩笑，不做与本职工作无关的事；要文明施工、安全生产，严格遵守操作规程，不违章指挥、违章作业；做遵纪守法、维护生产秩序的模范。

4. 文明施工、勤俭节约

文明施工就是坚持合理的施工程序，按既定的施工组织设计，科学地组织施工，严格地执行现场管理制度，做到经常性的监督检查，保证现场整洁，工完场清，材料堆放整齐，施工秩序良好。

勤俭就是勤劳俭朴，节约就是把不必使用的节省下来。换句话说，一方面要多劳动、多学习、多开拓、多创造社会财富；另一方面又要俭朴办企业，合理使用人力、物力、财力，精打细算，节省开支、减少消耗，降低成本、提高劳动生产率，提高资金利用率，严格执行各项规章制度，避免浪费和无谓的损失。

5. 钻研业务，提高技能

当前，我国建立了社会主义市场经济体制，建筑企业要在优胜劣汰的竞争中立于不败之地，并保持蓬勃的生机和活力，从内因来看，很大程度上取决于企业是否拥有现代化建设所需要的各种适用人才。企业要实现技术先进、管理科学、产品优良，关键是要有人才优势。企业的职工素质优劣（包括文化、科学、技术、业务水平的高低，政治思想、职业道德品质的好坏）往往决定了企业的兴衰。科学技术越进步，人才在生产力发展中的作用也就越大，作为建设行业从业人员，要努力学习先进技术和专门知识，了解行业发展方向，适应新的时代要求。

8.2.2 个性化职业道德要求

在遵守一般职业道德要求的基础上，建设行业从业人员还应遵守各自的特殊、详细职业道德要求。为进一步加强建筑业社会主义精神文明建设，提高全行业的整体素质，树立良好的行业形象，一九九七年九月，中华人民共和国建设部建筑业司组织起草了《建筑业从业人员职业道德规范（试行）》，并下发施行。其中，重点对项目经理、工程技术人员、管理人员、工程质量监督人员、工程招标投标管理人员、建筑施工安全监督人员、施工作业人员的职业道德规范提出了要求。

对于项目经理，重点要求有：强化管理，争创效益对项目的人财物进行科学管理；加强成本核算，实行成本否决，厉行节约，精打细算，努力降低物资和人工消耗。讲求质量，重视安全，加强劳动保护措施，对国家财产和施工人员的生命安全负责，不违章指挥，及时发现并坚决制止违章作业，检查和消除各类事故隐患。关心职工，平等待人，不拖欠工资，不敲诈用户，不索要回扣，不多签或少签工程量或工资，搞好职工的生活，保障职工的身心健康。发扬民主，主动接受监督，不利用职务之便谋取私利，不用公款请客送礼。用户至上，诚信服务，积极采纳用户的合理要求和建议，建设用户满意工程，坚持保修回访制度，为用户排忧解难，维护企业的信誉。

对于工程技术人员，重点要求有：热爱科技，献身事业，不断更新业务知识，勤奋钻研，掌握新技术、新工艺。深入实际，勇于攻关，不断解决施工生产中的技术难题以提高生产效率和经济效益。一丝不苟，精益求精，严格执行建筑技术规范，认真编制施工组织设计，积极推广和运用新技术、新工艺、新材料、新设备，不断提高建筑科学技术水平。

以身作则，培育新人，既当好科学技术带头人，又做好施工科技知识在职工中的普及工作。严谨求实，坚持真理，在参与可行性研究时，协助领导进行科学决策；在参与投标时，以合理造价和合理工期进行投标；在施工中，严格执行施工程序、技术规范、操作规程和质量安全标准。

对于管理人员，重点要求有：遵纪守法，为人表率，自觉遵守法律、法规和企业的规章制度，办事公道。钻研业务，爱岗敬业，努力学习业务知识，精通本职业务，不断提高工作效率和工作能力。深入现场，服务基层，积极主动为基层单位服务，为工程项目服务。团结协作，互相配合，树立全局观念和整体意识，遇事多商量、多通气，互相配合，互相支持，不推、不扯皮，不搞本位主义。廉洁奉公，不谋私利，不利用工作和职务之便吃拿卡要。

对于工程质量监督人员，重点要求有：遵纪守法，贯彻执行国家有关工程质量监督管理的方针、政策和法规，依法监督，秉公办事，树立良好的信誉和职业形象。敬业爱岗，严格监督，严格按照有关技术标准规范实行监督，严格按照标准核定工程质量等级。提高效率，热情服务，严格履行工作程序，提高办事效率，监督工作及时到位。公正严明，接受监督，公开办事程序，接受社会监督、群众监督和上级主管部门监督，提高质量监督、检测工作的透明度，保证监督、检测结果的公正性、准确性。严格自律，不谋私利，严格执行监督、检测人员工作守则，不在建筑业企业和监理企业中兼职，不利用工作之便介绍工程进行有偿咨询活动。

对于工程招标投标管理人员，重点要求有：遵纪守法，秉公办事，在招标投标各个环节要依法管理、依法监督，保证招标投标工作的公开、公平，公正。敬业爱岗，优质服务，以服务带管理，以服务促管理，寓管理于服务之中。接受监督，保守秘密，公开办事程序和办事结果，接受社会监督、群众监督及上级主管部门的监督，维护建筑市场各方的合法权益。

廉洁奉公，不谋私利，不吃宴请，不收礼金，不指定投标队伍，不准泄露标底，不参加有妨碍公务的各种活动。

对于建筑施工安全监督人员，重点要求有：依法监督，坚持原则，宣传和贯彻"安全第一，预防为主"的方针，认真执行有关安全生产的法律、法规、标准和规范。敬业爱岗、忠于职守，以减少伤亡事故为本，大胆管理。实事求是，调查研究，深入施工现场，提出安全生产工作的改进措施和意见，保障广大职工群众的安全和健康。努力钻研，提高水平，学习安全专业技术知识，积累和丰富工作经验，推动安全生产技术工作的不断发展和完善。

对于施工作业人员，重点要求有：苦练硬功，扎实工作，刻苦钻研技术，熟练掌握本工作的基本技能，努力学习和运用先进的施工方法，练就过硬本领，立志岗位成才。热爱本职工作，不怕苦、不怕累，认认真真，精心操作。精心施工，确保质量，严格按照设计图纸和技术规范操作，坚持自检、互检、交接检制度，确保工程质量。安全生产，文明施工，树立安全生产意识，严格执行安全操作规程，杜绝一切违章作业现象。维护施工现场整洁，不乱倒垃圾，做到工完场清。不断提高文化素质和道德修养。遵守各项规章制度，发扬劳动者的主人翁精神，维护国家利益和集体荣誉，听从上级领导和有关部门的管理，争做文明职工。

8.3 建设行业职业道德的核心内容

8.3.1 爱岗敬业

爱岗敬业，顾名思义就是认真对待自己的岗位，对自己的岗位职责负责到底，无论在任何时候，都尊重自己的岗位职责，对自己的岗位勤奋有加。

爱岗敬业是人类社会最为普遍的奉献精神，它看似平凡，实则伟大。一份职业，一个工作岗位，都是一个人赖以生存和发展的基本保障。同时，一个工作岗位的存在，往往也是人类社会存在和发展的需要。所以，爱岗敬业不仅是个人生存和发展的需要，也是社会存在和发展的需要。爱岗敬业是一种普遍的奉献精神。只有爱岗敬业的人，才会在自己的工作岗位上勤勤恳恳，不断地钻研学习，一丝不苟，精益求精，才有可能为社会为国家做出崇高而伟大的奉献。

热爱本职工作、热爱自己的单位。职工要做到爱岗敬业，首先应该热爱单位，树立坚定的事业心。只有真正做到甘愿为实现自己的社会价值而自觉投身这种平凡，对事业心存敬重，甚至可以以苦为乐、以苦为趣才能产生巨大的拼搏奋斗的动力。我们的劳动是平凡的，但是要求是很高的。人的一生应该有明确的工作和生活目标，为理想而奋斗，虽苦然乐在其中，热爱事业，关心单位事业发展，这是每个职工都应具备的。

爱岗敬业需要有强烈的责任心。责任心是指对事情能敢于负责、主动负责的态度；责任心，是一种舍己为人的态度。一个人的责任心如何，决定着他在工作中的态度，决定着其工作的好坏和成败。如果一个人没有责任心，即使他有再大的能耐，也不一定能做出好的成绩来。有了责任心，才会认真地思考，勤奋地工作，细致踏实，实事求是；才会按时、按质、按量完成任务，圆满解决问题；才能主动处理好分内与分外的相关工作，从事业出发，以工作为重，有人监督与无人监督都能主动承担责任而不推卸责任。

8.3.2 诚实守信

诚实守信就是指言行一致，表里如一，真实无欺，相互信任，遵守诺言，信守约定，践行规约，注重信用，忠实地履行自己应当承担的责任和义务。诚实守信作为社会主义职业道德的基本规范，是和谐社会发展的必然要求，对推进社会主义市场经济体制建立和发展具有十分重要的作用。它不仅是建筑行业职工安身立命的基础，也是企业赖以生存和发展的基石。

在公民道德建设中，把"诚实守信"融入职业道德的各个领域和各个方面，使各行各业的从业人员，都能在各自的职业中，培养诚实守信的观念，忠诚于自己从事的职业，信守自己的承诺。对一个人来说，"诚实守信"既是一种道德品质和道德信念，也是每个公民的道德责任，更是一种崇高的"人格力量"，因此"诚实守信"是做人的"立足点"。对一个团体来说，它是一种"形象"，一种品牌，一种信誉，一个使企业兴旺发达的基础。对一个国家和政府来说，"诚实守信"是"国格"的体现，对国内，它是人民拥护政府、支持政府、赞成政府的一个重要的支撑；对国际，它是显示国家地位和国家尊严的象征，是国家自立自强于世界民族之林的重要力量，也是良好"国际形象"和"国际信誉"的标志。

"以诚实守信为荣，以见利忘义为耻"，是社会主义荣辱观的重要内容。市场经济是交换经济、竞争经济，又是一种契约经济。保证契约双方履行自己的义务，是维护市场经济秩序的关键。而"诚实守信"对保证市场经济沿着社会主义道路向前发展，有着特殊的指向作用。一些企业之所以能兴旺发达，在世界市场占有重要地位，尽管原因很多，但"以诚信为本"，是其中的一个决定的因素；相反，如果为了追求最大利润而弄虚作假、以次充好、假冒伪劣和不讲信用，尽管也可能得利于一时，但最终必将身败名裂、自食其果。在前一段时期，我国的一些地方、企业和个人，曾以失去"诚实守信"而导致"信誉扫地"，在经济上、形象上蒙受了重大损失。一些地方和企业，"痛定思痛"，不得不以更大的代价，重新铸造自己"诚实守信"形象，这个沉痛教训，是值得认真吸取的。

一个行业、一个企业的信誉，也就是它们的形象、信用和声誉，是指企业及其产品与服务在社会公众中的信任程度，提高企业的信誉主要靠产品的质量和服务质量，而从业人员职业道德水平高是产品质量和服务质量的有效保证。如江苏省的建筑队伍，由于素质过硬，吃苦耐劳、能征善战，狠抓工程质量、工程进度和安全生产，在全国建造了众多荣获鲁班奖的地标建筑，被誉为江苏建筑铁军。这支队伍在世博会的建设上再展风采，江苏建筑铁军凭借过硬的质量、创新的科技、可靠的信誉和一流的素质，成为世博会场馆建设的主力军。江苏建筑企业承接完成了英国馆、比利时馆、奥地利馆、阿曼馆、俄罗斯馆、沙特馆、爱尔兰馆、意大利馆和震旦馆、万科馆、气象馆、航空馆、H1世博村酒店等14个世博会展馆和附属工程的总包项目，63个分包项目，合同额计28.8亿元。江苏是除上海以外，承担场馆建设项目最多、工程科技含量最大、施工技术要求最高的省份，江苏铁军为国家再立新功。

8.3.3 安全生产

近年来，建筑工程领域对工程的要求由原来的"三控"（质量，工期，成本）变成"四控"（质量，工期，成本，安全），特别增加了对安全的控制，可见安全越来越成为建筑业一个不可忽视的要素。

安全，通常是指各种（指天然的或人为的）事物对人不产生危害、不导致危险、不造成损失、不发生事故、运行正常、进展顺利等状态，近年来，随着安全科学（技术）学科的创立及其研究领域的扩展，安全科学（技术）所研究的问题已不再仅局限于生产过程中的狭义安全内容，而是包括人们从事生产、生活以及可能活动的一切领域、场所中的所有安全问题，即称为广义的安全。这是因为，在人的各种活动领域或场所中，发生事故或产生危害的潜在危险和外部环境有害因素始终是存在的，即事故发生的普遍性不受时空的限制，只要有人和危害人身心安全与健康的外部因素同时存在的地方，就始终存在着安全与否的问题。换句话说，安全问题存在于人的一切活动领域中，伤亡事故发生的可能性始终存在，人类遭受意外伤害的风险也永远存在。

虽然目前我国已经建立了一套较为完整的建筑安全管理组织体系，建筑安全管理工作也取得了较为显著的成绩，但整体形势依然严峻。近十年来我国建筑业百亿元产值死亡率一直呈下降趋势，然而从绝对数上看死亡人数和事故发生数却一直居高不下。因此安全第一、预防为主、综合治理就成了建设行业一项十分重要的工作。

文明生产是指以高尚的道德规范为准则，按现代化生产的客观要求进行生产活动的行为，具体表现为物质文明和精神文明两个方面。在这里物质文明是指为社会生产出优质的符合要求的建筑或为住户提供优质的服务。精神文明体现出来的是建筑员工的思想道德素质和精神面貌。安全施工就是在施工过程中强调安全第一，没有安全的施工，随时都会给生命带来危害、给财产造成损失。文明生产、安全施工是社会主义文明社会对建筑行业的要求，也是建筑行业员工的岗位规范要求。

要达到文明生产、安全施工的要求，一些最基本的要求首先必须做到：

1. 相互协作，默契配合

在生产施工中，各工序、工种之间、员工与领导之间要发扬协作精神，互相学习，互相支援。处理好工地上土建与水电施工之间经常会出现的进度不一、各不相让的局面，使工程能够按时按质的完成。

2. 严格遵守操作规程

从业人员在施工中要强化安全意识，认真执行有关安全生产的法律、法规、标准和规范，严格遵守操作规程和施工程序，进入工地要戴安全帽，不违章作业，不野蛮施工，不乱堆乱扔。

3. 讲究施工环境优美，做到优质、高效、低耗

做到不乱排污水，不乱倒垃圾，不遗撒渣土，不影响交通，不扰民施工。

8.3.4 勤俭节约

勤俭节约是指在施工、生产中严格履行节省的方针，爱惜公共财物和社会财物以及生产资料。降低企业成本是指企业在日常工作中将成本降低，通过技术提高效率、减少人员投入、降低人员工资或提高设备性能或批量生产等方法，将成本降低。作为建筑施工企业的施工员，必须要做到杜绝资源的浪费。资源是有限的，但人类利用资源的潜力是无限的，我们应该杜绝不合理的浪费资源现象的发生。在当今建筑施工企业竞争日益激烈的局面中，勤俭节约，降低成本是每一个从业人员都应该努力做到的。员工与公司的关系实质上是同舟共济，并肩前进的关系，只有每个员工都从自身做起，严格要求自己，我们的建筑施工企业才能不断发展壮大。

人才也是重要的社会资源，建筑企业要充分发挥员工的才能，让员工在合适的岗位上做出相应的业绩。企业更应当采取各种措施培养人才，留住人才，避免人才流动频繁。每一个员工也都应该关心本企业的发展，以积极向上的精神奉献社会。

8.3.5 钻研技术

技术、技巧、能力和知识是为职业服务的最基本的"工具"，是提高工作效率的客观需要，同时也是搞好各项工作的必要前提。从业人员要努力学习科学文化知识，刻苦钻研专业技术，精通本岗位业务。创新是人类发展之本，从业人员应该在实际中不断探索适于本职工作的新知识，掌握新本领，才能更好地获得人生最大的价值。

8.4 建设行业职业道德建设的现状、特点与措施

8.4.1 建设行业职业道德建设现状

1. 质量安全问题频发，敲响职业道德建设警钟

从目前我国建筑业总的发展形势来看，总体上各方面还是好的，无论是工程规模、业绩、质量、效益、技术等都取得了很大突破。虽然行业的主流是好的，但出现的一些问题必须引起人们的高度重视。因为，作为百年大计的建筑物产品，如果质量差，则损失和危害无法估量。例如 5.12 汶川大地震中某些倒塌的问题房屋，杭州地铁坍塌，上海、石家庄在建楼房倒楼事件，以及由于其他一些因为房屋质量、施工技术问题引发的工程事故频发，对建设行业敲响了职业道德建设警钟。

2. 营造市场经济良好环境，急切呼唤职业道德

众所周知，一座建筑物的诞生需要有良好的设计、周密的施工、合格的建筑材料和严格的检验与监督。然而，在一段时间内许多设计不仅结构不合理、计算偏差，而且根本不考虑相关因素，埋下很大隐患；施工过程中秩序混乱；建筑材料伪劣产品层出不穷，人情关系和金钱等因素严重干扰建筑工程监督的严肃性。这一系列环节中的问题，使我国近几年的建筑工程质量事故屡见不鲜。影响建筑工程质量的因素很多，但是道德因素是重要因素之一，所以，新形势下的社会主义市场经济急切呼唤职业道德。

面对市场经济大潮，建筑企业逐渐从传统的计划经济体制中走了出来。面对市场竞争，人们要追求经济效益，要讲竞争手段。我国的建筑市场竞争激烈，特别是我国各省市发展不平衡，建筑行业的法规不够健全，在竞争中引发出一些职业道德病。每当我国大规模建设高潮到来时，总伴随着工程质量问题的增加。一些建筑企业为了拿到工程项目，使用各种手段，其中手段之一就是盲目压价，用根本无法完成工程的价格去投标。中标后就在设计、施工、材料等方面做文章，启用非法设计人员搞黑设计；施工中偷工减料；材料上买低价伪劣产品，最终，使建筑物的"百年大计"大大打了折扣。

搞社会主义市场经济，不仅要重视经济效益，也要重视社会效益，并且，这两种效益密不可分。一个建筑企业如果只重视经济效益，而不重视社会效益，最终必然垮台。实践证明，许多企业并不是垮在技术方面，而是垮在思想道德方面。我国的建筑业要振兴，必须大力加强建筑行业职业道德建设。否则，有可能给中华大地留下一堆堆建筑垃圾，建筑业的发展和繁荣最终成为一句空话。一个企业不仅要在施工技术和经营管理方面有发展，在企业员工职业道德建设方面也不可忽视。两个品牌建设都要创。我国的建筑业要振兴，必须大力加强建筑行业职业道德建设。否则，将会严重影响我们国家的社会主义经济建设的发展。

8.4.2 建设行业职业道德建设的特点

开展建设行业职业道德建设，要注意结合行业自身的特点。以建筑行业为例，职业道德建设具有以下几个方面特点：

1. 人员多、专业多、岗位多、工种多

我国建筑行业有着逾千万人员，40多个专业，30多个岗位，100多个职业工种。且众多工种的从业人员中，80％左右来自广大农村，全国各地都有，语言不一，普遍文化程度较低，基本上从业前没有受过专门专业的岗位培训教育，综合素质相对不高。对这些员工来讲应该积极参加各类教育培训、认真学习文化、专业知识、努力提高职业技能和道德素质。

2. 条件艰苦，工作任务繁重

建筑行业大部分属于露天作业、高空作业，有些工地差不多在人烟荒芜地带，工人常年日晒雨淋，生产生活场所条件艰苦，作业人员缺乏必要的安全作业生产培训，安全作业存在隐患，安全设施落后和不足，安全事故频发。随着经济社会的不断发展和国家社会越来越注重以人为本的理念，经济发达地区的企业对于现场工地人员的生活条件有了明显改善。同时对建筑行业中房屋的质量、工期、人员安全要求也更高，加强职业道德建设成为一项必要的内容。

3. 施工面大，人员流动性大

建筑行业从业人员的工作地点很难长期固定在一个地方，人员来自全国各地又流向全国各地，随着一个施工项目的完工，建设者又会转移到别的地方，可以说这些人是四海为家，随处奔波。很难长期定点接受一定的职业道德教育培训。

4. 各工种之间联系紧密

建筑行业职业的各专业、岗位和工种之间有一种承前启后的紧密联系。所有工程的建设，都是由多个专业、岗位、工种共同来完成的。每个职业所完成的每项任务，既是对上一个岗位的承接，也是对下一个岗位的延续，直到工程竣工验收。

5. 社会性

一座建筑物的完工，凝聚了多方面的努力，体现了其社会价值和经济价值。同时，建筑行业随着国民经济的发展，其行业地位和作用也越来越重要，行业发展关乎国计民生。建筑工程项目生产过程中，几乎与国民经济中所有部门都有协作关系，而且一旦建成为商品，其功能应满足社会的需要，满足国民经济发展的需要。建筑物只有在体现出自身的社会价值之后才能体现出自身的经济价值。

因此，开展建筑行业的职业道德建设，一定要联系上述特点，因地制宜地实施行业的职业道德建设。要以人为本，遵守职业道德规范，一切为了社会广大人民和子孙后代的利益，坚持社会主义、集体主义原则，发挥行业人员优秀品质，严谨务实，艰苦奋斗、团结协作，多出精品优质工程，体现其社会价值和经济价值。

8.4.3 加强建设行业职业道德建设的措施

职业道德建设是塑造建筑行业员工行业风貌的一个窗口，也是提高行业竞争力和发展势头的重要保证。职业道德建设涉及政府部门、行业企业、职工队伍等方方面面，需要齐抓共管，共同参与，各司其职，各负其责。

1. 发挥政府职能作用，加强监督监管和引导指导

政府各级建设主管部门要加强监督和引导，要重视对建设行业职业道德标准的建立完善，在行政立法上约束那些不守职业道德规范的员工，建立健全建设行业职业道德规范和制度。坚持"教育是基础"，编制相关教材，开展骨干培训，积极采用广播电视网络开展宣传教育。不仅要努力贯彻实施建设部制定颁布的行业职业道德准则，有条件的也可以下企业了解并制定和健全不同行业、工种、岗位的职业道德规范，并把企业的职业道德建设作为企业年度评优的重要参考内容。

2. 发挥企业主体作用，抓好工作落实和服务保障

企业要把员工职业道德建设作为自身发展的重要工作来抓，领导班子和管理者首先要有对职业道德建设重要性的充分认识，要起模范带头作用。企业领导应关注职业道德建设的具体工作落实情况，企业的相关部门要各负其责，抓好和布置具体活动计划，使企业的职业道德建设工作有序开展。

3. 改进教学手段，创新方式方法

由于目前建设行业特别是建筑行业自身的特点，建筑队伍素质整体上文化水平不是很高，大部分职工再接受文化教育能力有限。因此，在教育时要改进教学手段，创新方式方法，尽量采用一些通俗易懂的方法，防止生硬、呆板、枯燥的教学方式，努力营造良好的学习教育氛围，增加职工对职业道德学习的兴趣。可以采用报纸、讲演、座谈、黑板报、企业报、网络新闻电视传媒等多种有效的宣传教育形式，使职工队伍学习到更多的施工技术、科学文化、道德法律等方面知识。可以充分利用工地民工学校这样便捷教育场地，在时间和教育安排上利用员工工作的业余时间或集中专门培训；岗位业务培训和职业道德教育培训相结合；班前班后上岗针对性安全技术教育培训等。使广大员工受到全面有效的职业技能和职业道德教育学习，从而为行业员工队伍建设打好坚实基础。

4. 结合项目现场管理，突出职业道德建设效果

项目部等施工现场作为建设行业的第一线，是反映建设行业职业道德建设的窗口，在开展职业道德建设中要认真做好施工现场管理工作，做到现场道路畅通，材料堆放整齐，防护设备完备，周围环境整洁，努力创建安全文明样板工地，充分展示建设工地新形象。把提高项目工程质量目标、信守合同作为职业道德建设的一个重要环节，高度注重：施工前为用户着想；施工中对用户负责；完工后使用户满意。把它作为建设企业职业道德建设工作实践的重要环节来抓。

5. 开展典型性教育，发挥惩奖激励机制作用

在职业道德教育中，应当大力宣传身边的先进典型，用先进人物的精神、品质和风格去激发职工的工作热情。此外，应当在项目建设中建立惩奖激励机制。一个品质项目的诞生，离不开那些有着特别贡献的员工，要充分调动广大员工的积极性和主动性，激发其创新潜能和发挥其奉献精神，对优秀施工班组和先进个人实行物质精神奖励，作为其他员工的学习榜样。同时，对于不遵章守规、作风不良的应该曝光、批评，指出缺点错误，使其在接受教育中逐步改变原来的陈规陋习，得到正确的职业道德教育。

6. 倡导以人为本理念，改善职工工作生活环境

随着经济社会的发展，政府和社会对人的关心、关怀变的更加重视，确保广大职工有一个良好的工作生活环境，为他们解决生产生活方面的困难，如夏季的降温解暑工作，冬天供热保暖工作，每年春节、中秋等节假日的慰问、团拜工作，以及其他一些业余文化活动，使广大职工感觉到企业和社会对他们的关爱，更加热爱这份职业，更能在实现自身价值中充分展现职业道德风貌。

8.5 装饰施工员职业道德和岗位职责

8.5.1 建筑装饰施工员的职业道德标准

建筑装饰施工员是指在项目经理的领导下，在工程师的指导下，在施工全过程中组织和管理施工现场的基层技术人员。其主要任务是：根据建筑装饰工程的要求结合现场的施工条件，把参与施工的人员、施工机具和建筑装饰材料等，科学地、有序地协调组织起来，并使他们在时间和空间上获得最佳的组合，取得最高的效益。

建筑装饰行业的职业道德标准是：

（1）坚持质量第一；

（2）信守合同，维护企业信誉；

（3）安全生产，文明施工；

（4）做好建筑装饰施工现场的环境保护工作；

（5）坚持良好的产后服务，主动定期回访返修。

作为施工现场的管理人员，除了遵守上述的行业道德标准以外，施工员根据自身的职责，还应做好以下几点：

（1）科学组织，周密安排；

（2）按图施工，不谋非分；

（3）实事求是，准确签证；

（4）勤俭节约，精打细算。

8.5.2 建筑装饰施工员应具备的条件

1. 建筑装饰施工员应具备的专业知识

建筑装饰施工员应当掌握建筑装饰施工技术、施工组织与管理、建筑及装饰识图知识，熟悉常用的建筑及装饰材料、经营管理、施工测量放线、相关法律法规、工程项目管理和建筑设备（水、暖、电、卫等）安装基本知识，了解工程建设监理和其他相关知识。

2. 建筑装饰施工员应具备的工作能力

建筑装饰施工员应具备的工作能力作为一名施工员，除了应具备本岗位必需的专业知识外，更重要的是具有丰富的施工实践经验。只有具备了实践经验，才能处理好可能遇到的各种实际问题。

（1）应有一定的组织和管理能力。能有效地组织、指挥人力、物力和财力进行科学施工，取得最佳的经济效益；熟悉施工预算、能进行工程统计、劳务管理和现场经济活动分析。

（2）应有一定的协调能力。能根据工程的需要，协调各工种、人员、上下级之间的关系，正确处理施工现场的各种社会关系，保证施工能按计划高效、有序地进行。

（3）应具有丰富的施工经验。能比较熟练地承担施工现场的测量、图纸会审和向操作人员交底的工作；能正确地按照国家施工规范进行施工；能根据施工要求，合理选用和管理施工机具，具有一定的电工知识，能管理施工用电；能运用质量管理方法指导施工，控制施工质量；对施工中的安全问题具有鉴别能力，对安全质量事故能进行初步的分析。

8.5.3　建筑装饰施工员的岗位职责

1. 在项目经理的直接领导下开展工作，贯彻安全第一、预防为主的方针，按规定搞好安全防范措施，把安全工作落到实处，做到讲效益必须讲安全，抓生产首先必须抓安全。

2. 在项目经理领导下，深入施工现场，协助搞好施工监理，与施工队一起复核工程量，提高工程量正确性。

3. 认真熟悉施工图纸、编制各项施工组织设计方案和施工安全、质量、技术方案，编制各单项工程进度计划及人力、物力计划和机具、用具、设备计划。

4. 及时提供施工现场所需材料规格、型号和所需日期，做好现场材料的验收签证和管理。向各班组下达施工任务书及材料限额领料单。配合项目经理工作。

5. 组织职工按期开会学习，合理安排、科学引导、顺利完成本工程的各项施工任务。

6. 工作到施工现场，及时对隐蔽工程进行验收和工程量签证，对自己不能解决的问题及时向项目经理汇报。

7. 协同项目经理认真履行《建设工程施工合同》条款，保证施工顺利进行，维护企业的信誉和经济利益。

8. 编制文明工地实施方案，根据本工程施工现场合理规划平面图，安排布局，组织实施，创建文明工地。

9. 编制工程总进度计划表和月进度计划表及各施工班组的月进度计划表。

10. 协助做好分项总承包的成本核算工作，以便及时改进施工计划及方案，争创更高效益。

11. 工程竣工提供详细的工作量及主材、设备等基础资料。协助预、决算员搞好工程决算。

12. 协助项目经理做好工程的资料收集、保管和归档。

8.5.4　建筑装饰施工员的工作程序

1. 技术准备

（1）熟悉图纸

了解建筑装饰设计要求、质量要求和细部做法；了解建筑装饰工程预算。

（2）熟悉施工组织设计

了解施工部署、施工方法、施工顺序、施工进度计划、施工平面布置和施工技术措施。

（3）准备施工技术交底

一般工程应准备简要的操作要点和技术措施要求，特殊工程必须准备图纸（或施工大样）和细部做法。

（4）确定施工方法和施工程序

选择确定比较科学、合理的施工（作业）方法和施工程序。

2. 现场准备

（1）临时设施的准备

搭建好生产和生活等的临时设施。

（2）工作面的准备

包括现场清理、道路畅通、临时水电引到现场和准备好操作面。

（3）施工机械的准备

施工机械进场按照施工平面图的布置安装就位，并试运转和检查安全装置。

（4）材料工具的准备

材料按施工平面布置图进行堆放。工具按班组人员配备。

3. 作业队伍组织准备

（1）掌握施工班组情况，包括人员配备、技术力量和生产能力。

（2）研究施工工序。

（3）确定工种间的搭接次序、搭接时间和搭接部位。

（4）协助施工班组长做好人员安排。根据工作面计划流水和分段，根据流水分段和技术力量进行人员分配，根据人员分配情况配备施工机（工）具、运输、供料的力量。

4. 向施工班组交底

（1）计划交底

包括生产任务数量、任务的开始及完成时间、工程中对其他工序的影响和重要程度。

（2）定额交底

包括劳动定额、材料消耗定额和机械配合台班及台班产量。

（3）施工技术和操作方法交底

包括施工规范及工艺标准的有关部分、施工组织设计中的有关规定，以及有关施工图纸及细部做法。

（4）安全生产交底

包括施工操作运输过程中的安全注意事项、机电设备安全事项、消防事项等。

（5）工程质量交底

包括自检、互检几交接检的时间和部位，分部分项工程质量验收标准和要求。

（6）管理制度交底

包括现场场容管理制度的要求、成品保护制度的要求、样板的建立和要求等。

5. 施工中的具体指导和检查

（1）检查测量、抄平、放线准备工作是否符合要求。

（2）施工班组能否按交底要求进行施工。

（3）关键部位是否符合要求，有问题及时向施工班组提出改正。

（4）经常提醒施工班组在安全、质量和现场场容管理中的倾向性问题。

（5）根据工程进度及时进行隐蔽工程预检和交接检查，配合质量检查人员做好分部分项工程的质量检查与验收。

6. 做好施工日记

施工日记记载的主要内容：气候实况，工程进展及施工内容，工人调动情况，材料供应情况，材料及构配件检验试验情况，施工中的质量及安全问题，设计变更和其他重大决定，施工中的经验和教训。

7. 工程质量的检查与验收

完成分部分项工程后，施工员一方面需检查技术资料是否齐全；另一方面需通知技术员、质量检查员、施工班组长对所施工的部位或项目按质量标准进行检查验收，合格产品必须填写表格并进行签字，不合格产品应立即组织原施工班组进行维修或返工。

8. 提交工程技术档案资料

主要负责提供隐蔽签证、设计变更、竣工图等工程结算资料，协助结算员办理工程结算。

参 考 文 献

[1]　房屋建筑室内装饰装修制图标准 JGJ/T 244—2011. 北京：中国建筑工业出版社，2011

[2]　建筑内部装修设计防火规范 GB 50222—95（2001 版）. 北京：中国建筑工业出版社，2001

[3]　纪士斌等编著. 建筑装饰装修材料（第二版）. 北京：中国建筑工业出版社，2011

[4]　张明轩等编著. 机械员一本通. 北京：中国建材工业出版社，2007

[5]　建筑工程管理与实务（全国一级建造师执业资格考试用书，第四版）. 北京：中国建筑工业出版社，
　　　2014

[6]　张明轩等编著. 机械员一本通. 北京：中国建材工业出版社，2007

[7]　纪迅主编. 施工员（建筑工程）专业基础知识. 南京：河海大学出版社，2012